博碩文化

U0077500

零程式基礎超入門
HTML+CSS
網頁設計的12堂特訓課

鄭苑鳳 著、ZCT 策劃

- ☑ HTML 標籤
- ☑ CSS排版樣式
- ☑ 網頁區塊彈性版面編排
- ☑ RWD 響應式網頁
- ☑ 兩欄式 / 格狀式網頁
- ☑ 線上購物表單
- ☑ 導覽列佈局 / 重置網頁
- ☑ HTML SEO
- ☑ 網頁圖像與色彩
- ☑ JavaScript 快速入門
- ☑ 內嵌 YouTube 影片

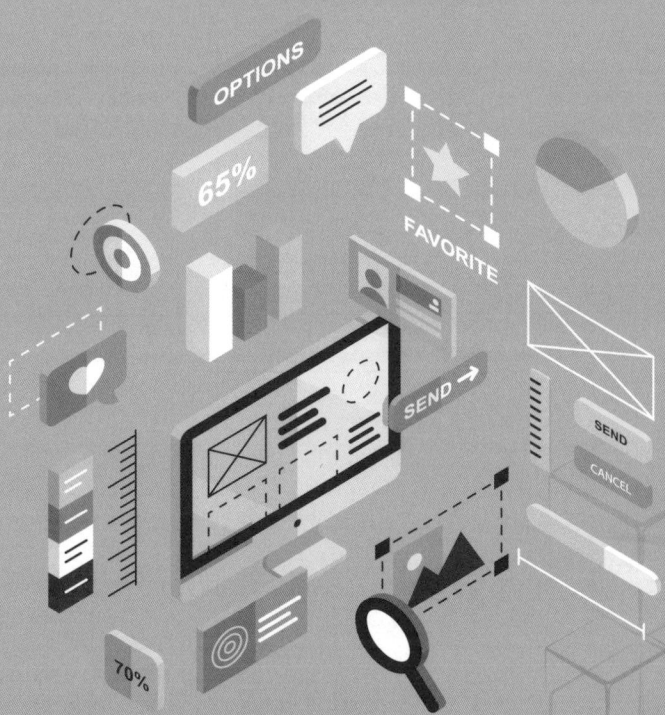

正確運用 *HTML* 標籤及 *CSS* 屬性表格樣式，
零程式基礎美編人員，照樣輕鬆掌握網頁設計技巧

作　　者：鄭苑鳳 著 ZCT 策劃
責任編輯：Cathy

董 事 長：陳來勝
總 編 輯：陳錦輝

出　　版：博碩文化股份有限公司
地　　址：221 新北市汐止區新台五路一段 112 號 10 樓 A 棟
　　　　　電話 (02) 2696-2869 傳真 (02) 2696-2867

發　　行：博碩文化股份有限公司
郵撥帳號：17484299　戶名：博碩文化股份有限公司
博碩網站：http://www.drmaster.com.tw
讀者服務信箱：dr26962869@gmail.com
訂購服務專線：(02) 2696-2869 分機 238、519
（週一至週五 09:30 ～ 12:00；13:30 ～ 17:00）

版　　次：2022 年 11 月初版

建議零售價：新台幣 600 元
I S B N：978-626-333-311-6
律師顧問：鳴權法律事務所 陳曉鳴律師

本書如有破損或裝訂錯誤，請寄回本公司更換

國家圖書館出版品預行編目資料

零程式基礎超入門：HTML+CSS 網頁設計的
12 堂特訓課 / 鄭苑鳳著 . -- 初版 . -- 新北市
：博碩文化股份有限公司 , 2022.11

面；　公分

ISBN 978-626-333-311-6(平裝)

1.CST: HTML(文件標記語言) 2.CST: CSS(電
腦程式語言) 3.CST: 網頁設計 4.CST: 全球資
訊網

312.1695　　　　　　　　　　111018360

Printed in Taiwan

歡迎團體訂購，另有優惠，請洽服務專線
博碩 粉絲團　(02) 2696-2869 分機 238、519

序言

　　近年來全球吹起了網際網路的風潮，從電子商務網站到個人的個性化網頁，一瞬間幾乎所有的資訊都連上了網際網路。然而這些資訊取得的介面大多靠的是五花八門的網頁介紹，因此網頁設計已成為全民學習的浪潮。而 HTML 是 HyperText Markup Language 的縮寫，它是一般的文字檔加上各種標記（Tag），利用這些種標記語言可讓瀏覽器知道以何種方式來呈現文件內容與各種元素，舉凡文字格式的設定、圖片、表格、表單、超連結、影音、動畫等，都可透過它來組合。另外 CSS 是串接樣式表（Cascading Style Sheet）的作用是補足 HTML 所欠缺的排版樣式，讓網頁的視覺效果可以像一般的排版文件那樣令人賞心悅目。

　　本書是以 HTML 和 CSS 為主體，將網頁設計必備知識由淺入深，分成 12 個章節來做介紹，內容依序為網站設計必備知識、HTML 入門標籤、表格 / 表單與多媒體素材、CSS 樣式基礎語法、超夯的網頁區塊規劃、必學的吸睛網頁工作術、輕鬆搞定網站圖像與色彩、實作 -HTML+CSS 整合網頁設計、實作 - 兩欄式網頁設計、實作 - 格狀式網頁設計、實作 - 線上購物表單設計及 HTML 網頁的 SEO 視角。

　　每一章中談到的 HTML 或 CSS 語法都會搭配完整的實例，輕易看出不同語法執行結果的差異。書中介紹風格盡量以簡潔、清楚的方式呈現，方便讀者學習正確語法，輕鬆掌握網頁設計技巧。第 8 章到第 11 章的實作範例更是結合區塊的應用與 CSS 樣式檔的使用，讓學習者精熟 CSS 各種添加方式的使用技巧，最後一章則介紹 HTML 標籤 SEO 相關常識。

　　另外附錄整理了許多實用的參考資料，這些精心單元包括開發環境與 JavaScript 快速入門、NotePad++ 文字編輯器安裝與簡介、內嵌 YouTube 影片、常用的 HTML 標籤及常用的 CSS 屬性等。

　　本書介紹的筆法循序漸近，並輔以步驟及圖說，期望大家降低閱讀的壓力，輕鬆掌握 HTML5 與 CSS 樣式來設計與眾不同的網頁，同時能夠學以致用，我們相信這會是一本學習 HTML 與 CSS 零程式基礎網頁設計的最佳入門書。雖然本書編輯過程中，力求正確無誤，但恐有疏漏不足之處，還望各位先進不吝指教。

目錄

01 網站設計必備知識

CHAPTER

02 HTML 入門標籤

CHAPTER 03　表格 / 表單與多媒體素材

CHAPTER 04　CSS 樣式基礎語法

05 超夯的網頁區塊規劃

06 必學的吸睛網頁工作術

07 輕鬆搞定網站圖像與色彩

CHAPTER 08 實作—全螢幕 HTML5+CSS3 網頁設計

CHAPTER 09 實作—兩欄式網頁設計

10 實作—格狀式版面網頁設計

11 表單綜合範例應用—線上購物表單

12 HTML 網頁的 SEO 視角

JavaScript 快速入門

APPENDIX

B

NotePad++ 文字編輯器

APPENDIX

C 內嵌 YouTube 影音

APPENDIX

D 常用的 HTML 標籤

APPENDIX

E 常用的 CSS 屬性

01

網站設計必備知識

近年來由於網際網路盛行，不管是個性化的網頁或是電子商務網站，甚至是要找尋各種知識，幾乎都是透過網際網路來完成，而很多人也想要透過網路來行銷或賺錢，因此學習網站的架設與製作儼然成為一股風潮。

什麼是網站？網頁？網頁畫面有哪些元素？如何設計製作？可以使用哪些格式？HTML 標籤又是什麼？相信這些問題都是第一次設計網頁的新手都會面臨到的問題。這一章節我們將簡單扼要地為各位做說明，讓你的網站規劃與設計製作能夠順暢無礙。

1-1 網站基礎知識

本單元我們將為各位介紹一些網站基礎知識，包括什麼是網站與網頁、網站運作原理、網頁畫面基礎元素、URL 簡介、常用的上網裝置、常用的瀏覽器的介紹等，接著就先從網站與網頁的認識開始談起。

1-1-1 認識網站與網頁

近年來全球吹起了網際網路的風潮，從電子商務網站到個人的個性化網頁，一瞬間幾乎所有的資訊都連上了網際網路。然而這些資訊取得的介面大多靠的是五花八門的網頁介紹，因此網頁架設已成為全民學習的浪潮。所謂「網站」，簡單的講就是放置網頁及相關資料的地方。在使用工具設計網頁之前，必須先在個人電腦上建立一個資料夾，用以儲存所有設計的網頁檔案，這個檔案資料夾就是「網站資料夾」，放置設計頁面的資料夾就算是一個「網站」，而放置網站資料夾的電腦主機則稱為「網站伺服器（Web Server）」。

當所有網頁設計完成後，其他人可經由網際網路連線到我們的網站，其中一個頁面是瀏覽者最先看到的，這個頁面被稱為「首頁」，透過首頁可方便連結到其他的「網頁」。其關係如下：

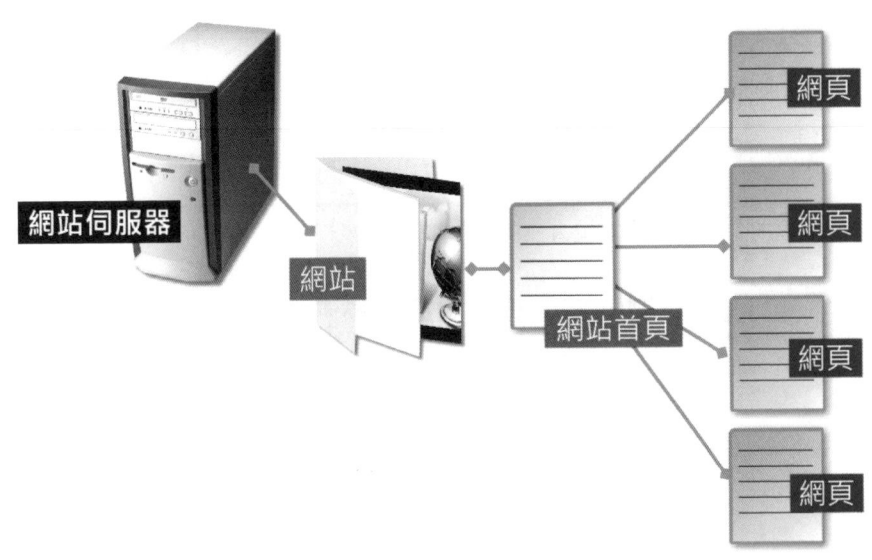

🌐 網站伺服器、網站、首頁、網頁關聯圖

　　簡單來說,「網頁」(Webpage)實際上只是一份文件,存放在網頁伺服器中,我們可以透過網址(URL)來存取網頁。網頁文件一般是由 HTML 語法所構成,必須經過瀏覽器(Browser)解析成我們平常所看到的網頁。網站既然是由許多的網頁所組成,接下來瞧瞧網頁所組成的元素有哪些?利用 HTML 標籤語言所製作的網頁,主要提供靜態的資訊;透過「文字」可以傳達知識訊息,如果文字不易描述或說明的部分,可以「圖片」來輔助說明,另外藉由「超連結」的功能,讓瀏覽者快速找到並連結到想要了解的主題上。

</> 文字

　　由於網際網路上的資訊相當多,為了方便瀏覽者可以快速讀取網頁的重點,通常在處理文字內容時,都會盡量以簡潔明瞭為上策,諸如:文字設置在容易閱讀的字體和大小,可利用項目符號或標號來強調文章重點,或是以條列式來傳達訊息,甚至以表格方式呈現…,諸如以上等方式,都可以讓瀏覽者在最短時間內取得重點。如下圖所示,旅遊的相關資訊若以條列式或表格的說明則會變得簡單明瞭又易懂。

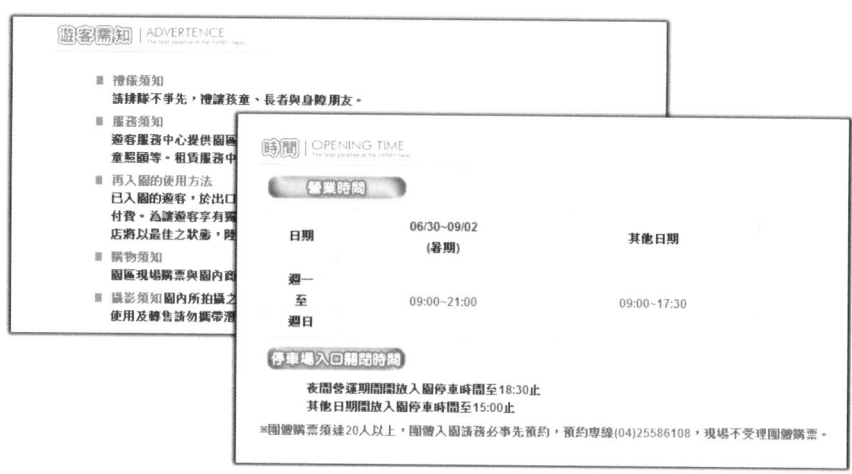

圖片

　　圖片主要用來補足文字說明的不足，讓不易表達的抽象概念變得簡單些，或是讓複雜的數據資料變得簡單易懂，這樣的圖片在網頁上的效益就很大。另外，網頁設計師也會將圖片當作裝飾的元素，讓網頁看起來更美觀更具特色，以吸引瀏覽者的目光。如果當作背景圖案來使用，那麼還必須考慮到圖片與文字的顏色對比是否強烈，對比不夠強烈，這樣網頁內容閱讀起來就會顯得吃力些。如下圖為例，透過地圖的指引說明，想要瀏覽哈瑪星的相關文化景點就變得簡單容易了！

高雄市文化公車

資料來源：http://culturalbus.khcc.gov.tw/internet/route/route_hamasen.htm

</> 超連結

　　超連結可以是文字或圖形，它就像指示牌一樣，指引瀏覽者前往想要觀看的主題。如果網頁中的資料內容過於龐大時，需要耗費較多的時間來讀取時，最好適時地分割內容成為若干個主題或段落，再以超連結功能，讓瀏覽者可以往返於主頁和主題段落之間，這樣更利於資料的讀取，瀏覽者也能夠有效率的理解網頁內容；或是直接條列各項主題，再以另一視窗顯示連結的內容。

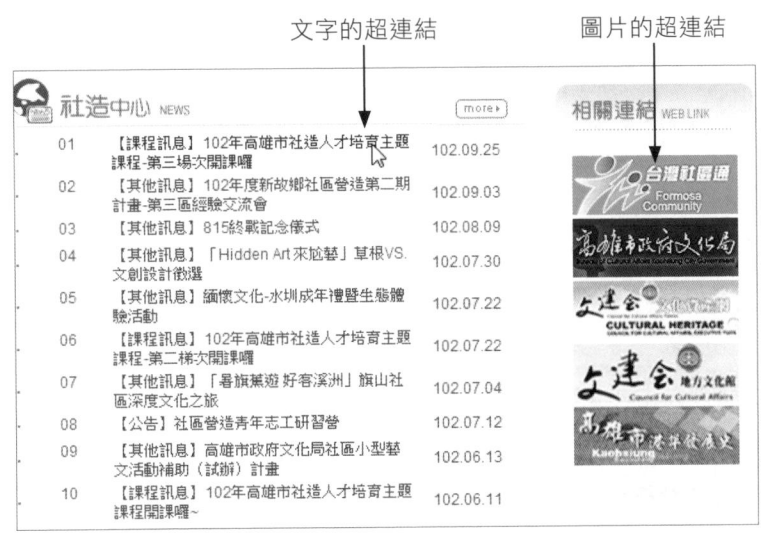

文字的超連結　　　　　　　圖片的超連結

🔘 高雄社區網

資料來源：http://community.khcc.gov.tw/home01.aspx?ID=1

　　隨著網路技術的進步，原先單純的文字、圖片及超連結已經無法滿足設計者和瀏覽者的需求。因為在浩瀚的網際網路上，各式各樣的網站何其多，想要在網海中吸引瀏覽者的目光，就非得要比其他網站更精緻完美、更新奇古怪、又炫又酷、或是內容豐富…，唯有加入更多的媒體、特效和互動性，才能讓規劃的網站門庭若市，所以網頁中加入背景音效、小巧動畫、視訊影片、互動式特效，就能讓網站與眾不同，增加瀏覽者的參訪意願。如下圖是麗寶樂園的園區導覽地圖，精緻細膩的地圖，加上可以動態移動滑鼠或點選景點，就能夠吸引瀏覽者點閱的欲望。

● 麗寶樂園官網

資料來源：http://www.lihpaoland.com.tw/mala/park-map.php

　　雖然網頁非必要的元素已慢慢變成網頁設計的主流，但有時也得考慮到瀏覽者的立場。像是廣告橫幅的設計，早期剛流行的時候，由於還不會影響正常的瀏覽，大部份的瀏覽者還能接受，後來流行彈出式視窗，大家也都隨手一關，後來還有浮動視窗的使用…等等。若是這些非必要的元素過多，因而影響到網頁資訊的正常瀏覽，那麼會讓瀏覽者產生反感而不再造訪，反而得不償失。

1-1-2　網站是如何運作

　　「網站」（Website）可以想像成一部主機裡的資料夾存放著網頁文件，網址就相當於網頁文件存放的路徑位址，使用者只要在瀏覽器輸入網址就可以瀏覽或存取這台主機裡的資料。這台主機的角色也就是所謂的「網頁伺服器」（Web Server），通常我們稱為「伺服器端」（Server）或「後端」，而使用者使用的裝置（像是電腦、手機）稱為「用戶端」（Client）或「前端」，伺服器端與用戶端之間透過 HTTP 或 HTTPS 協定來傳送與接收資料。

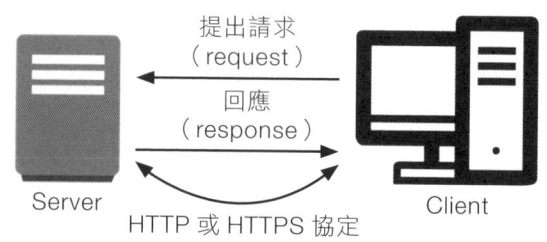

提出請求
（request）

回應
（response）

Server

HTTP 或 HTTPS 協定

Client

當您瀏覽網頁時只需要點幾下滑鼠，網頁很快就會呈現在眼前，事實上，網頁資料傳送與接收要經過 TCP/IP 層層檢查與處理，過程非常繁雜。簡單來說，當使用者在瀏覽器輸入網址之後，大致會經過以下的流程：

1. 用戶端發出請求（**Request**）：透過 DNS Server 對 Domain Name 進行解析，取得伺服器的 IP，找到 IP 之後，用戶端會向 Server 發出連線的要求，如果 Server 接受連線，就會在預設的 80 port 建立起 TCP 連線（Socket）。

2. 伺服器解析請求：Socket 建立之後，伺服器開始解析用戶端的請求，根據 HTTP 協定，用戶端發出的請求包含瀏覽器類型、HTTP 方法（如 GET/POST）以及讀取的檔案位置。

3. 伺服器給予回應（**Response**）：伺服器執行請求的動作，如果找到檔案並可正常讀取，伺服器就發出 200 OK 的訊息告訴用戶端找到檔案並將開始傳送資料封包；如果沒有找到網頁或執行有錯誤，就會回傳 HTTP 錯誤碼給用戶端（例如 HTTP 錯誤碼 404 表示找不到頁面；500 表示內部伺服器錯誤）。

4. 伺服器端釋放 **TCP** 連線，用戶端顯示網頁：當伺服器回應完成，將結束通訊，關閉被請求的文件，結束連線。用戶端則將收到的封包重組回原始資料之後，交給瀏覽器將網頁完整呈現出來。

知識小學堂 **什麼是 HTTP 與 HTTPS？**

HTTP 稱為「超文件傳輸協定」（HyperText Transfer Protocol），是 Internet 應用最為廣泛的一種通訊協定，它在兩個不同裝置之間搭起橋梁，讓彼此能相互溝通；HTTPS 稱為「超文件傳輸安全協定」（Hypertext Transfer Protocol Secure），HTTPS 同樣是經由 HTTP 進行傳輸，但是封包會利用 SSL/TLS 技術加密，因此安全性更高。

1-1-3 認識網頁伺服器

了解了整個網頁請求與回應的過程之後，我們再進一步來看看，網頁伺服器的架構及其運作流程。網頁伺服器是一台 24 小時網路連線的主機並且指定一個固定 IP，裡面至少安裝一個以上的網路伺服器軟體、伺服器語言以及網頁使用到的檔案，目前使用最普遍的網頁伺服器軟體有 Apache、IIS，熱門的伺服器程式語言（也稱為後端程式語言）像是 Python、ASP、PHP、ASP.NET、JSP、Ruby、Node.js 以及 Go。

當伺服器軟體安裝完成，會產生放置網頁檔案的資料夾，稱為「根目錄」，譬如我們架設了一台網頁伺服器，Domain Name 是 www.abc.com.tw，IP 是 1.1.1.1 安裝的伺服器軟體是 Apache，當使用者在瀏覽器輸入 http://www.abc.com.tw/，就會先連到 DNS server 取得 Domain Name 的真實 IP，就能找到 IP 為 1.1.1.1 的伺服器，開始前一節所提到的一連串用戶端請求與伺服器回應過程。

一般來說，網頁是指由 HTML 文件、圖片、CSS 文件、JavaScript 檔案組成。網頁又可區分為「靜態網頁」與「動態網頁」。靜態網頁是指單純使用 HTML 語法構成的網頁，最常見的檔名為 .HTM 或 .HTML。動態網頁又可依執行程式的位置區分為「客戶端處理」與「伺服器端處理」兩種。

客戶端處理的動態網頁是 HTML 語法加入 JavaScript 語法，能夠讓網頁產生一些多媒體效果，例如：隨著滑鼠游標移動的圖片、捲動的文字訊息、隨著時間更換圖片等等，讓網頁更活潑生動，客戶端處理的動態網頁程式是在使用者電腦進行處理。

伺服器端處理的動態網頁通常是指加入動態伺服器語言的網頁，常見的動態伺服器語言有 ASP（Active Server Pages）、ASP.NET、PHP（Hypertext Preprocessor）、JSP（Java Server Pages）等。其運作原理是當使用者向網頁伺服器要求瀏覽某個動態網頁時，網頁伺服器會先送到動態程式的引擎（例如：PHP Engine）進行處理，再將處理過的內容回傳給客戶端的瀏覽器，如下圖所示。

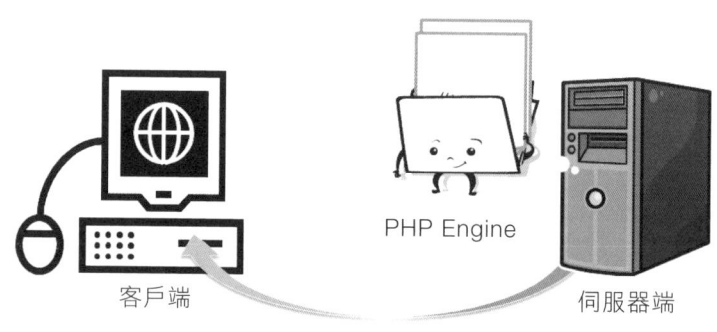

PHP Engine

客戶端　　　　　　　　　　　　伺服器端

這類型的網頁最大的優點是能與使用者互動,並且能存取資料庫,將執行結果即時回應給使用者,網站維護時不需要重新製作網頁,只要更新資料庫中的內容就可以了,可節省網站維護的時間和成本,例如網頁上的購物車、留言板、討論區、會員系統等等,都是屬於伺服器端處理的動態網頁。

1-1-4　靜態網頁與 HTML

靜態網頁是指單純使用 HTML 語法構成的網頁,HTML 是 HyperText Markup Language 的縮寫,它是一般的文字檔加上各種標記(Tag),利用這些標記語言可讓瀏覽器知道以何種方式來呈現文件內容與各種元素,舉凡文字格式的設定、圖片、表格、表單、超連結、影音、動畫等,都可透過它來組合。通常 HTML 網頁的主檔名為 index 或 default,副檔名則為 htm、html、asp 與 aspx 等。由於大多數的伺服器的檔案都是半形英文小寫,如:htm、gif、jpg 等,為了避免檔案上傳到網站空間之後,出現無法瀏覽的窘境,建議最好在命名時,注意一下檔案或資料夾命名的規則。

- 檔案名稱可以使用小寫 a-z、大寫 A-Z、數字 0-9、減號(-)、下底線(_)等字元,但不要使用特殊字元或其他符號,例如:@#$%* 等符號。

- 檔案名稱盡量以簡單短小為原則,盡可能使用容易明白的英文縮寫,而且檔名之間不能有空白,如果需要可使用下底線「_」來代替。

- 首頁檔名是網頁伺服器預設好的,所以首頁檔名必須依照網頁伺服器的定義來命名,通常是 index.htm、index.html,或是 default.htm。

- 大多數的網頁伺服器會將英文字的大小寫視為不同,因此最好習慣統一使用小寫英文字母,尤其是關鍵的網頁檔案,例如首頁「index.htm」最好使用小寫。

另外,網頁檔存放的位置也要特別注意,通常會在 C 槽下方建立一個網站資料夾,用以放置網站所有的 HTML 文件與圖檔。網站資料夾中可再新增資料夾,用以放置圖檔或其他媒體,一般習慣將網頁圖檔放置在「images」資料夾中,依此方式製作網站,這樣檔案在上傳之後才不會出現連結錯誤的情形。

當各位建立好一份 HTML 文件之後，只要開啟瀏覽器讀取該檔案，就可以依 HTML 標記的指示，將 HTML 文件以網頁的方式呈現在瀏覽器中。舉例來說使用者在瀏覽器輸入 http://www.abc.com.tw/search.htm，http://www.abc.com.tw/ 是指向網站根目錄，因此網頁伺服器就知道要讀取的文件是位於網站根目錄的 search.htm 檔案，屬於靜態網頁，伺服器找到網頁之後，將它傳送回用戶端。

1-1-5　URL 簡介

在客戶端所看到的網頁內容是利用 HTML 標籤所編寫而成，當瀏覽器向伺服器網站要求開啟網頁時，伺服器便會將整份網頁傳送至客戶端，再由瀏覽器進行網頁解譯的動作。由於都是透過 HTML 標籤來設計網站，為了在成千上萬的網頁中，瞬間找到特定的網頁，就必須靠「資源定址器」，也就是我們常說的 URL（Uniform Resource Locator）位址。瀏覽者在網址列輸入特定網址後，它會在全球資訊網上進行搜尋，然後依序找到網站伺服器、其下的網站資料夾及網頁檔案，然後將該檔案呈現於瀏覽器上。

URL 全名是全球資源定址器（Uniform Resource Locator），主要是在 WWW 上指出存取方式與所需資源的所在位置來享用網路上各項服務。使用者只要在瀏覽器網址列上輸入正確的 URL，就可以取得需要的資料，例如「http://www.yahoo.com. tw」就是 Yahoo! 奇摩網站的 URL，而正式 URL 的標準格式如下：

『存取協定：// 網頁所在主機名稱 / 存放路徑 / 網頁名稱』，如下所示：

http://www.zct.com.tw/bookerror/A302.asp

存取協定　　完整主機網域名稱　　存放路徑　　網頁名稱

</> 存取協定

上述「存取協定」是指電腦相互之間進行資料通訊時，所必須訂立的共同協議。唯有雙方都使用相同的通訊協定，才能建立起溝通的管道，否則就會產生雞同

鴨講的狀況。除了 http 協定是經常用於存取全球資訊網的文件外,其他的通訊協
定說明如下:

通訊協定	說明	範例
http	HyperText Transfer Protocol,超文件傳輸協定,用來存取 WWW 上的超文字文件(Hypertext Document)。	https://www.yam.com/ (蕃薯藤 URL)
ftp	File Transfer Protocol,是一種檔案傳輸協定,用來存取伺服器的檔案。	ftp://ftp.nsysu.edu.tw/ (中山大學 FTP 伺服器)
mailto	寄送 E-Mail 的服務	mailto://txw5558@zct.com.tw
telnet	遠端登入服務	telnet ptt.cc (批踢踢實業坊)
gopher	存取 gopher 伺服器資料	gopher://gopher.edu.tw/ (教育部 gopher 伺服器)

至於在使用 URL 時,我們可以設定存取協定的傳輸埠(Port)預設值,以加速
傳輸時的封包處理。以下是常見的傳輸埠預設值:

存取協定	傳輸埠預設值
ftp	21
http	80
telnet	23

完整主機網域名稱 [:port]

完整主機網域名稱(Fully Qualified Domain Name, FQDN)是主機名稱(Host
Name)加上網域名稱(Domain Name),以高鐵網址 www.thsrc.com.tw 為例,
www 是主機名稱,thsrc.com.tw 為網域名稱。主機名稱通常是依照主機所提供的
服務種類來命名,例如提供 WWW 服務的主機,完整領域名稱的開頭常常會是
www,而提供 FTP 服務的主機,完整領域名稱的開頭就是 ftp。

　　網域名稱是獨一無二的，就像門牌號碼必須是唯一而且不可重複的，否則將會造成網路大亂，因此每個國家都有一個單位或機構負責管理網域名稱，例如台灣就是由台灣網路資訊中心（TWNIC）負責，網址是 www.twnic.net.tw。網域名稱通常包含三部分，分別是機構名稱、機構型態以及國碼，例如：

機構名稱

　　機構名稱是自訂的，通常會以企業組織的名稱或縮寫來命名，例如：台北市政府（taipei）、高雄市政府（kcg）、台灣大學（ntu）、中山大學（nsysu）、雅虎奇摩（yahoo）、Hinet（hinet）。

機構型態

　　為了方便各行各業的辨識及管理，網域名稱分為多種型態，常見的型態如下表：

機構型態	代表機構
.com	公司行號
.gov	政府機構
.org	民間組織單位
.edu	教育機構
.net	ISP 服務商
.idv	個人

國碼

　　由國碼我們可以很容易判別網站是向哪一個國家申請註冊，下表列出常見的國碼：

國碼	國別	國碼	國別
.tw	台灣	.us	美國
.cn	中國	.eu	歐洲
.hk	香港	.uk	英國
.jp	日本	.de	德國
.kr	韓國	.fr	法國

TIPS 有些網址是沒有國碼的，表示該網域名稱是向美國申請。您可能會有疑問，美國的國碼不是「.us」嗎？這是因為「.us」必須是美國公民或永久居民或在美國設有公司才能申請，而其他國家的人想要向美國當局申請網域名稱時，網域名稱裡就不帶有國碼。

　　熟悉了網址的組成之後，日後您看到網址時，應該可以判斷是哪一個公司行號的網站囉！讀者不妨猜猜看下列網址各是哪一個單位的網站。

- www.kcg.gov.tw
- www.seed.net.tw
- www.ntu.edu.tw
- www.pchome.com.tw
- www.narl.org.tw

1-1-6　常用的上網裝置

　　隨著科技的進步，現在已變成是一種多元化上網裝置的時代，尤其是網際網路的發達，造成了行動裝置的快速發展，現代常用的上網裝置包括了電腦、平板裝置、智慧型手機…等，甚至在物聯網時代的來臨，甚至連電視到智能型家電都能有上網功能，因此因應各種多元化的上網裝置，網頁的設計工作又顯得特別重要。以智慧型手機或平板電腦為例，每家廠牌做出來的螢幕尺寸又不一樣，如果您希望網站的內容呈現能自行根據不同裝置長寬去調整內容的呈現，就可以導入響應式網頁設計的技術，它能根據上網裝置螢幕尺寸的不同大小，自行調整網頁的呈現內容，以期可以幫助使用者有更佳的網頁使用體驗。

1-1-7 常用的瀏覽器

網頁文件一般是由 HTML 語法所構成，必須經過瀏覽器（Browser）解析成我們平常所看到的網頁，常見的網頁瀏覽器包括微軟的 Internet Explorer（簡稱 IE）、Mozilla 的 Firefox、Google 的 Chrome。

這是 HTML 文件　　　　　　　　　　　　　　這是 Chrome 瀏覽器

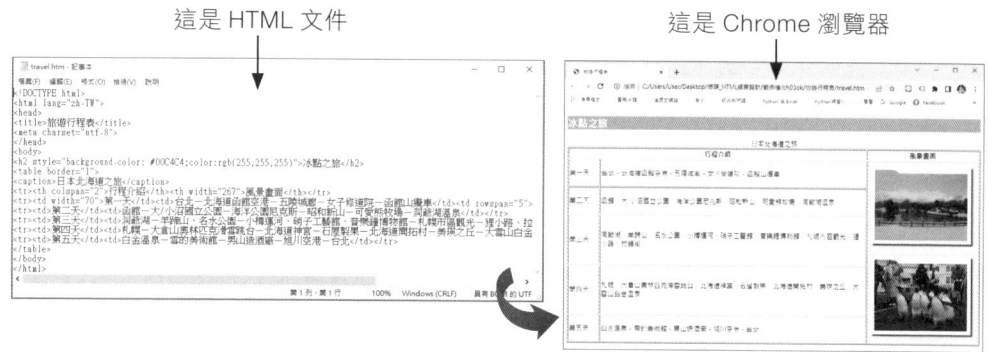

🌀 HTML 文件必須經過瀏覽器解析後才能看到完整的網頁

1-2 網站設計要領

網站設計要領包括層面很廣，但主要可以歸納成下列幾項重點：確認網站目的與用途、正確傳達重點訊息、視覺風格的一致性、易用易識的操作介面、確認色彩對比性、視覺動線的引導、提高版面的易讀性、使用雲端字型，接著我們就來針對這些方向分別陳述。

1-2-1 確認網站目的與用途

在設計網站前必須先了解網站的主要用途，是屬於企業網站、購物網站、社群網站…，清楚了網站的定位後，才可以在規劃上有不同的設計思維。以下列出幾種常見的網頁類型：

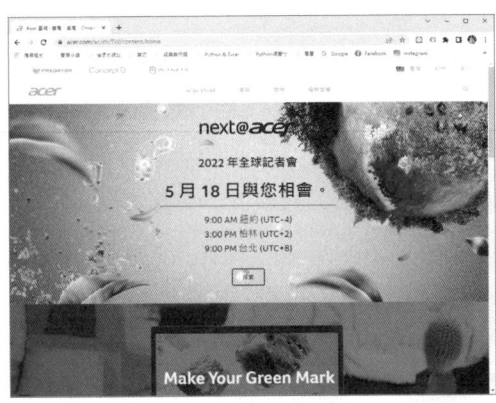

企業網站

購物網站

社群網站

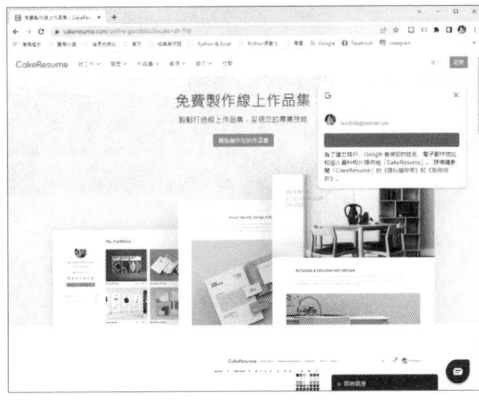

作品集網站

媒體類網站

活動類網站

1-2-2　正確傳達重點訊息

網站設計的目的就是希望透過照片、表格、文字、影片…等多媒體元素來傳達訊息給閱讀者，因此網站設計的原則就必須把握住正確傳達重點訊息，而不是藉助大量圖片的包裝作為網站設計的主軸，應該著重在這些美觀設計的背後是否可以真實傳送網站想要給使用者正確的訊息。

1-2-3　視覺風格的一致與動線引導

在相同網站的不同網頁必須要留意視覺風格的一致性，這樣才不會給使用者感覺出網頁的版面設計相當不一致的感覺，甚至讓使用者覺得網頁設計有種拼裝車的感覺，這樣的不一致性就是一種非常失敗的設計案例。為了保有視覺風格的一致性的網頁設計重點，建議網站內各個網頁的色系、導覽列安排、商品或企業 LOGO…等共通的相近設計元素，要特別留意有共通的設計風格。

🖥 Udemy 網站把握了視覺風格的一致與動線引導

資料來源：https://www.udemy.com/

1-2-4 良好感受的 UI/UX 操作介面

近來對於 UI/UX 話題的討論大幅提升，畢竟 App 的 UI/UX 設計與動線規劃結果扮演著能否留下使用者舉足輕重的角色，也是顧客吸睛的主要核心依據。

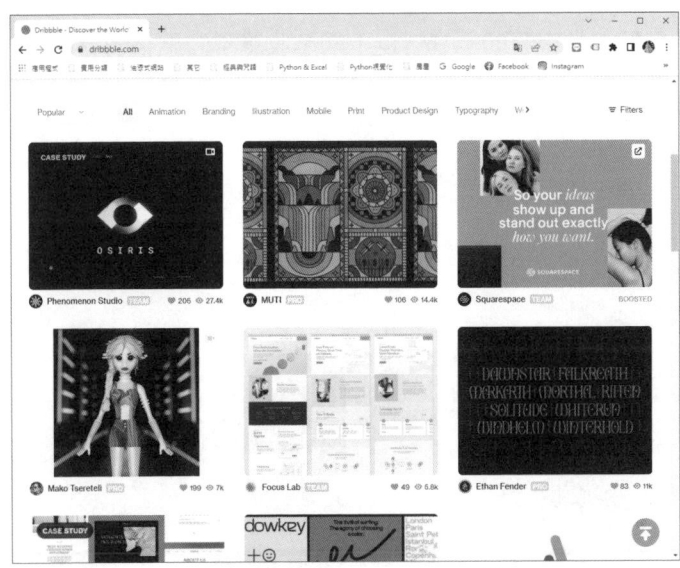

🖥 Dribbble 網站有許多最新潮的 UI/UX 設計樣品

　　UI（User Interface，使用者介面）是屬於一種虛擬與現實互換資訊的橋梁，主要考慮「產品怎麼呈現」，以使用者便利性與整個視覺美學為出發點設計，包括整個 App 產品的顏色、字型、字體大小，我們可以運用視覺風格讓介面看起來更加清爽美觀，因為良好的互動設計配合直觀達意的 UI 設計，不僅較好地傳遞品牌訊息，還能讓用戶在體驗中提升品牌好感度，減少因為等待造成的煩躁感。

　　除了維持網站上視覺元素的一致外，盡可能著重在具體的功能和頁面的設計。同時在網站開發流程中，UX（User Experience，使用者體驗）研究所占的角色也越來越重要，UX 的範圍則不僅關注介面設計，更包括所有會影響使用體驗的所有細節，包括視覺風格、程式效能、正常運作、動線操作、互動設計、色彩、圖形、心理等。真正的 UX 是建構在使用者需求之上，是使用者操作過程當中的感覺，主要考量點是「產品用起來的感覺」，目標是要定義出互動模型、操作流程和詳細 UI 規格。

　　談到 UI/UX 設計規範的考量，也一定要以使用者為中心，例如視覺風格的時尚感更能增加使用者的黏著度，或者如文字與圖形的排列會使設計更具層次，還可以將介面上的內容做優先順序的區分，也能提高用戶在瀏覽的可讀性。設計師在設計 App 的 UI 時，還是必須以「人」作為設計中心，傳遞任何行銷訊息最重要的就是讓人「一看就懂」，所以盡可能將資訊整理得簡潔易懂，不用讀文字也能看圖操作，同時能夠掌握網站服務的全貌。以下網站收錄不同風格的頁面設計：

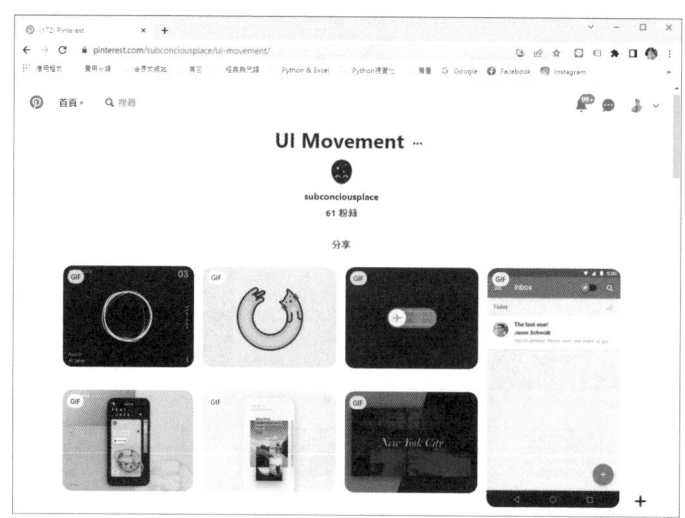

資料來源：https://www.pinterest.com/subconciousplace/ui-movement/

1-2-5　確認色彩對比性

網頁設計師在規劃網頁內容時，也必須要針對網頁的配色問題下點功夫，如果網頁畫面的呈現使用了不適當的配色安排，容易造成網頁中文字與圖片的辨識度大幅降低，會讓觀看者疏忽掉一些精彩的文字重點或圖片展現。

其實要提高網頁辨識度，最簡單的作法就是提高顏色的對比度，為了幫助各位調整顏色的明度，以判斷哪些網頁內容的辨識度不佳，各位可以先使用繪圖軟體（例如 Photoshop）將網頁畫面進行截圖，再利用繪圖軟體轉換成「灰階」模式，就可以輕易看出網頁中哪些地方的辨識度不足，接著再進行色彩明度的調整，以拉高網頁內容色彩對比性。

例如下圖中背景圖像加入文字及有說明文字的色塊，我們使用紅色使配色維持和背景圖像維持協調，如果將圖片轉成灰階，會發現字的顏色和背景圖像的色彩過於融合，而使得整體看起來會偏暗，因而造成文字不易辨識。

但是如果將顏色改成白色，色塊的底色改成明度較高的色彩，這樣不僅可以維持配色的協調性，當我們將圖片轉成「灰階模式」時，可以發現圖像上的文字及色塊的對比更加地強烈，大幅提高整張圖片的辨識度。

　　因此確認網頁內容色彩對比性，也是網站設計的要領之一，尤其是當網頁內容使用較多色彩時，這項確認色彩對比性的重要工作，常常會被網頁設計師所忽略，造成網頁中文字及圖片的辨識度降低。

1-2-6　提高版面內文的易讀性

　　在資訊爆炸的時代，要接收的資訊相當多，因此一般人在瀏覽網頁時，通常沒有耐心看完整篇內容。因此在表達網頁內文時除了要簡明扼要外，還要善用標題、關鍵字、換行、條列清單…等網頁版面的編排技巧。另外還要注意內文為了達到淺顯易懂，最好在內文文字的一開始的主題句就寫結論，接著再列出相關的支持論點或佐證資料，這樣內文的表現方式可以有助於使用者瀏覽文章中的前面一兩句就可以快速掌握網頁所要強調的重點，如果再適時搭配表格及圖片的輔助，可以大幅提高版面內文的易讀性。

🖱 用標題、圖片、換行等技巧可以提高內文的易讀性

資料來源：https://www.adobe.com/tw/products/photoshop.html

1-2-7　使用雲端字型（Web Font）

　　網頁字體通常有三種取得式：第一種是使用系統內建字體（例如新細明體），第二種是使用免費網路字體（例如 Google Font），第三種方式則是使用雲端字型（Web Font，例如 justfont）。其中雲端字型主要用途在使用於網頁上的字型顯示，擺脫以往字型需安裝方能顯示的限制。

　　其實在網頁上呈現中文字體通常是網頁設計者常會面臨的問題，如果網頁設計者的電腦安裝了某一個好看的中文字體，所設計出來的網頁在自己電腦看是正常的，但因為別人的電腦不一定安裝網頁中所設定的字體，這種情況下，網站就會以新細明體（以 Windows 系統為例）來呈現，就無法精準呈現網頁設計師原先所安排的設計美感。

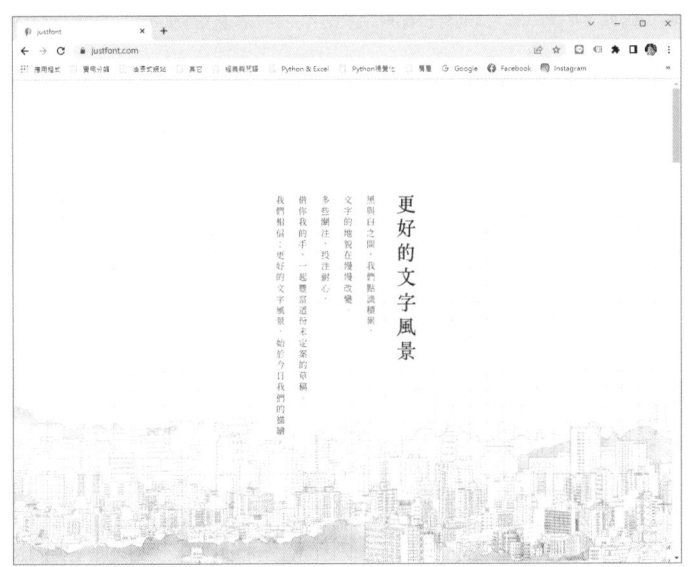

🔵 justfont 雲端字體（Web Font）

資料來源：https://justfont.com/

　　為了讓網站有更多的字型選擇，後來就有所謂的雲端字型服務，雲端字型允許使用者不用每台電腦都安裝你設定的字體也可以看到網頁中特殊的字型效果。目前在英文語系國家，雲端字型的使用甚為方便，但是像中文字數太多，導致單一字型檔的大小，少則占用 5~6M，甚至有些字型檔案大小還更大，因此當使用者在瀏覽網頁時，必須下載整個字型檔，就會造成系統的負擔及增加下載過程中所增加的時間而造成的效能的降低。而雲端字型機制，會根據網頁上使用的文字，動態下載網頁上所使用到的字即可，而且不需要額外設定，可以大幅降低了所需下載檔案的大小。例如「justfont」這一類網路字體服務，因為檔案不大，網頁設計人員就可以試著各種漂亮字型的搭配，來使網頁呈現出更具美感的設計風格。

1-3 版面布局、動線規劃與響應式網頁

網頁內容布局是指整個網頁中，各種頁面元素的比重分配與擺設位置。不同的主題會有不同的編排方式，但重點就是要能呈現主題風格，並且方便瀏覽者瀏覽網頁內容。現今的網頁規劃很多都以區塊作分割，這樣除了可以清楚定義出網站架構，讓搜尋引擎快速找到網頁重點外，在版面安排上也更具彈性。

🔵 台北市政府官方網站

資料來源：http://www.gov.taipei/

另外，在繁複的網站中，為了方便瀏覽者快速找到想要瀏覽的主題，首頁通常都會設置導覽列或導覽按鈕，以便瀏覽者一層層的進入。如下圖所示，是台北市政

府的新官網，除了上方導覽列在按下按鈕時可看到各個細項外，按於下方的圓鈕則是另一種表現方式。

按下導覽列的按鈕，可在下方顯示各細部選項

按下圓形按鈕也會顯示下層的內容

🔘 台北市政府新官方網站

資料來源：**https://www.gov.taipei/**

　　布局規劃的完善，可以讓瀏覽者容易取得想要觀看的資訊，所以製作網頁前應該多參考其他知名網站的布局或頁面風格，會讓自己的設計功力更上一層樓。

1-3-1　響應式網頁簡介

　　在行動裝置興盛的情況下，24 小時隨時隨地購物似乎已經是一件輕鬆平常的消費方式，客戶可能會使用手機、平板等裝置來瀏覽你的網站，消費者上網習慣的改變也造成企業行動行銷的巨大變革，如何讓網站可以跨不同裝置與螢幕尺寸順利完美的呈現，就成了網頁設計師面對的一個大難題。

🔘 相同網站資訊在不同裝置必須顯示不同介面，以符合使用者需求

　　由於傳統的網頁設計無法滿足所有的網頁瀏覽裝置，因為每種裝置的限制或系統規範都不相同，當裝置越小時網頁就顯示得越小，此時容易發生難以閱讀的問題。所以在桌上型電腦或平板電腦上所瀏覽的版面，若以智慧型手機瀏覽時，就必須要隨裝置畫面的寬度進行調整。如下圖所示：

以電腦／平板電腦瀏覽網頁：網頁的圖文配置是圖片在左，文字在右

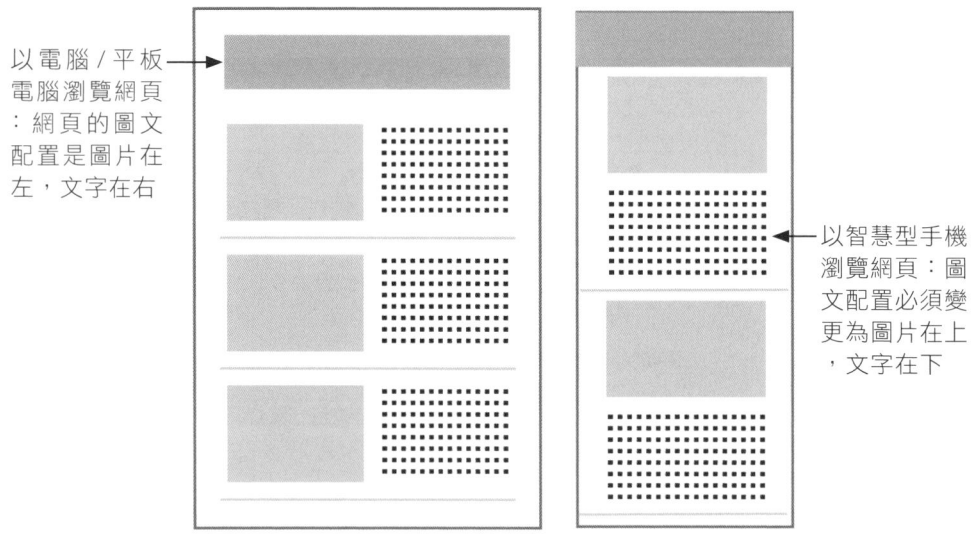

以智慧型手機瀏覽網頁：圖文配置必須變更為圖片在上，文字在下

　　因此如何針對行動裝置的響應式網頁設計（Responsive Web Design, RWD），或稱「自適應網頁設計」，讓網站提高行動上網的友善介面就顯得特別重要，因為當行動用戶進入你的網站時，必須能讓用戶順利瀏覽、增加停留時間，也方便地使用任何跨平台裝置瀏覽網頁，簡單來說，有了響應式網站就是增加行動用戶訂單的機會。

　　響應式網頁設計開發技術已成了新一代的電商網站設計趨勢，因為 RWD 被公認為是能夠對行動裝置用戶提供最佳的視覺體驗，可以讓網頁中的文字以及圖片，甚至是網站的特殊效果，自動適應使用者正在瀏覽的螢幕大小。過去當我們使用手機瀏覽固定寬度（例如：960px）的網頁時，會看到整個網頁顯示在小小的螢幕上，想看清楚網頁上的文字必須不斷地用手指在頁面滑動才能拉近（Zoom In）順

利閱讀，相當不方便。而響應式設計的網頁能順應不同的螢幕尺寸重新安排網頁內容，完美地符合任何尺寸的螢幕，並且能看到適合該尺寸的文字，不用一直忙著縮小放大拖曳，不但給使用者最佳瀏覽畫面，還能增加訪客停留時間，當然也增加下單機率。

🔴 RWD 設計的電腦版與手機板都是使用同一個網頁

1-3-2　導覽列布局

在網頁設計的安排上，我們可以透過導覽列快速到指定的網頁內容，例如回到首頁、關於我們、聯絡我們的連結，這些連結通常會以精美的小按鈕被安排在導覽列之中。而各位可以視不同的網站需求，在導覽列中加入更多的按鈕。我們相信各位在網頁內容的編寫與安排上花了很多的心思，甚至在所設計的網頁內容也安排了許多商品行銷的點子，但是如果這些精彩的網頁內容無法讓使用者輕易到達，而造成使用者無法找到所需的資訊，這種情況下就可以透過導覽列的用心安排，輕易且快速地透過導覽列引導使用者到所需的內容。

資料來源：https://www.ntu.edu.tw/

　　以往導覽列的設計上較為複雜，通常放置在頁面的左側，如果網站的內容較多，則會造成導覽列過長的現象發生。如果一些更複雜的網站還會以樹狀結構來加以列表。經過越來越重視 UI/UX 的介面設計風格，現在的導覽列雖然保有以往在網頁上方放置一排橫的連結清單，但是設計上會採用較簡單的導覽列樣式。

　　另外由於行動裝置慢慢成為各位上網的趨勢，考慮到頁面的有限版面空間，隱藏式導覽列（Hidden Navigation）也常被應用在響應式網頁，成為常見導覽列的布局方式。除了上述兩種導覽列布局方式，我們還可以看到一些混合導覽列（Hybrid Navigation）或分類導覽（Taxonomy-Based Navigation），分類導覽你可以在部落格、新網站或是 Pinterest 找到這種導覽列。

1-4 網站建構流程與準備工作

網站必須看成是整體行銷商品的一種，要怎麼讓網站具有高點閱率就是在設計之前的重點。店家或品牌在進行網站建立與企劃前，首先要對網站建置目的、目標顧客、製作流程、網頁技術及資源需求要有初步認識，特別是 SEO 的元素最好能在架設網站時就應該要優先考量進去。

規劃時期
•設定網站的主題及客戶族群
•多國語言的頁面規劃
•繪製網站架構圖
•瀏覽動線設計
•設定網站的頁面風格
•規劃預算
•工作分配及繪製時間表
•網站資料收集

設計時期
•網頁元件繪製
•頁面設計及除錯修正

上傳時期
•架設伺服器主機或是申請網站空間
•網站內容宣傳

維護更新時期
•網站內容更新及維護

SEO 的核心價值就是讓用戶上網的體驗最優化，說穿了就是例如運用一系列方法讓搜尋引擎更了解你的網站內容，這些方法包括常用關鍵字、網站頁面內（On-page）優化、頁面外（Off-page）優化、相關連結優化、圖片優化、網站結構等。

接下來我們將會對電商網站製作與 SEO 規劃作完整說明，並且告訴各位網站建置完成後的績效評估的依據。右圖就是網站設計的主要流程結構及其細部內容。

1-4-1 網站規劃時期

店家的網站不只作為一個門面，更是虛擬數位電商的網路入口，在進行網站架設時，網站規劃可以說是網站的藍圖，規劃時期是網站建置的先前作業過程，也是有效執行網站 SEO 必不可少的步驟。不論是個人或公司網站，都少不了這個步驟。其實網站設計就好比專案製作一樣，必須經過事先的詳細規劃及討論，然後才能藉由團隊合作的力量，將網站成果呈現出來。

設定網站的主題及客戶族群

「網站主題」是指網站的內容及主題訴求，以公司網站為例，具有線上購物機制或僅提供產品資料查詢就是二種不同的主題訴求。

🔹 具有線上購物機制的商品網站

資料來源：**http://www.momoshop.com.tw/main/Main.jsp**

🔹 僅提供商品資料查品的網站

資料來源：**http://www.acer.com.tw/**

「客戶族群」可以解釋為會進入網站內瀏覽的主要對象，這就好像商品販賣的市場調查一樣，一個愈接近主客戶群的產品，其市場的接受度也愈高。如下圖所示，同樣的主題，針對一般大眾或是兒童，所設計的效果就要有所不同。

🔵 高雄市稅捐稽徵處的兒童網站

資料來源：https://www.kctax.gov.tw/kids/index.aspx

🔵 高雄市稅捐稽徵處的中文網站

資料來源：https://www.kctax.gov.tw/main/index.aspx

　　其實網站也算是商品的一種，要怎麼讓網站具有高點閱率就是在設計之前的規劃重點，雖然我們不可能為了建置一個網站而進行市場調查，但是若能在網站建立之前，先針對「網站主題」及「客戶族群」多與客戶及團隊成員討論，以取得一個大家都可以接受的共識，必定可以讓這個網站更加地成功。

🖥 多國語言的頁面規劃

　　在國際化趨勢之下，網站中同時具有多國語言的網頁畫面是一種設計的主流，也能讓 Google 正確將搜尋結果提供給不同語言的用戶。如果有設計多國語言頁面的需求時，也必須要在規劃時期提出，因為產品資料的翻譯、影像檔案的設計都會額外再需要一些時間及費用，先做好詳細規劃才不容易發生問題。如果有提供多國語言的設計，通常都會在首頁放置選擇語言的連結，以方便瀏覽者做選擇。

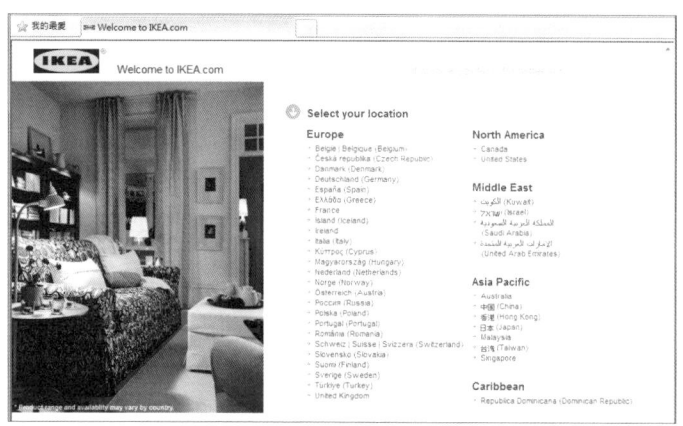

資料來源：**http://www.ikea.com/**

TIPS 進入一個網站時所看到的第一個網頁，通稱為首頁，由於是整個網站的門面，因此網頁設計者通常會在首頁上加入吸引瀏覽者的元素，例如動畫、網站名稱與最新消息等等。

1-4-2　SEO 考量下的網站架構圖

在 SEO 優化網站過程中，網站架構是很重要的一環，當店家決定好網站要放哪些主題與頁面後，我們就可以來進一步，談談要如何安排網站架構，對於網站架構的優化，也是 SEO 十分重視的重點，務必將網站架構調整成 Google 喜歡的樣子，使在 Google 能夠快速瀏覽網站。

網站架構圖主要是要讓你把網站內容架構階層化，後續可以根據這個架構，再去規劃如下圖中的組織結構，也可稱為是網站中資料的分類方式，基本上包含了頁首、頁尾、多層選單、側欄、主頁、個別頁面內容和網址，我們可以根據「網站主題」及「客戶族群」來設計出網站中需要哪些頁面來放置資料。當你的網站有許多頁面時，用選單來妥善整理，無論對於 SEO 或用戶體驗，都能造成好的效果。

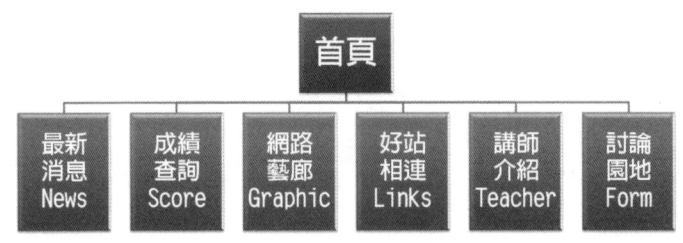

除了應用在網站設計以外，網站架構圖同時也是導覽頁面中連結按鈕設計的依據，當各位進入到網站之後，就是根據頁面上的連結按鈕來找尋資料頁面，所以一個分類及結構性不完備的網站架構圖，不僅會影響設計過程，也連帶會影響到使用者瀏覽時的便利性。

至於選單（Menu）是導引用戶於不同網頁的重要指引功能，可以區分為主選單和子選單，當網站有許多頁面時，用選單來妥善收納整理，無論對於 SEO 或用戶體驗，都能造成好的效果。一般來說，選單不會超過三層，從首頁進來的消費者才能盡快到達所需要的頁面，太長的選單較不容易被搜尋引擎青睞，選單的內容就應包含目標關鍵字。此外，最好將相同主題或類型的頁面結合在一起，SEO 特別喜歡分類頁，較容易取得高搜尋排名。

實用的導覽列，有助於網友了解網站架構及瀏覽資料

資料來源：http://www.kcg.gov.tw/

瀏覽動線設計

瀏覽動線就像是車站或機場中畫在地上的一些彩色線條，這些線條會導引各位到想要去的地方而不會迷失方向。不過網頁上的連結就沒有這些線條來導引瀏覽者，此時連結按鈕的設計就顯得非常重要。

只有垂直連結順序

此種連結順序是將所有的導覽功能放置於首頁畫面，使用者必須回到首頁之後，才能繼續瀏覽其他頁面，優點是設計容易，缺點則是在瀏覽上較為麻煩，圖中的箭號就是代表瀏覽者可以連結的方向順序。

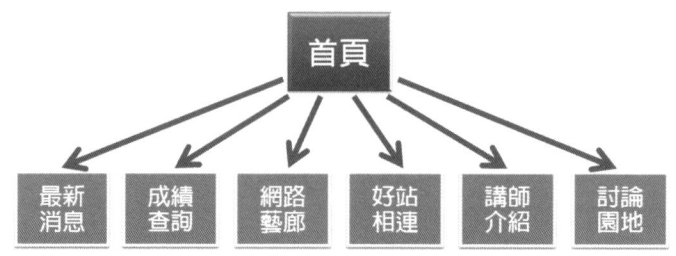

只有垂直連結順序

水平與垂直連結順序

同時具有水平及垂直連結順序的導覽動線設計擁有瀏覽容易的優點，缺點是設計上較為繁雜。

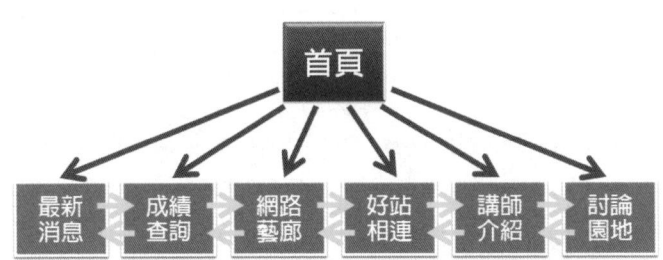

不管各位想要採用哪一種設計，都必須經過詳細的討論與規劃，我們還要釐清頁面的定位與 SEO 優化使用，不同的頁面在進行 SEO 優化有不同的意義。有些頁面是熱門的明星頁面，可以成功吸引搜尋流量，而有些頁面並不能成功吸引流量，但很可能具有潛力，最好能與熱門頁面連結。而且除了瀏覽動線的規劃外，在每個頁面中都放置可直接回到首頁的連結，或是另外獨立設計一個網站目錄頁面，都是不錯的好方法。

</> 設定網站的頁面風格

頁面風格就是網頁畫面的美術效果，這裡可再細分為「首頁」及「各個主題頁面」的畫面風格，其中「首頁」屬於網站的門面，所以一定要針對「網站主題」及「客戶族群」二大需求進行設計，同時也相當強調美術風格。至於「各個主題頁面」因為是放置網站中的各項資料，所以只要風格和「首頁」保持一致，畫面不需要太花俏。

⟨/⟩ 首頁

資料來源：http://www.icoke.hk/

⟨/⟩ 各主題頁面

　　另外各個頁面中的連結文字或圖片數量則是依據「瀏覽動線」的設計來決定。在此建議各位先在紙上繪製相關草圖，再由客戶及團隊成員共同決定。

⟨/⟩ 工作分配及繪製時間表

　　專業分工是目前市場的主流，在設計團隊中每個人依據自己的專長來分配網站開發的各項工作，除了可以讓網站內容更加精緻外，更可以大幅度的縮減開發時間。不過專業分工的缺點是進度及時間較難掌控，也因此在分工完成後，還要再繪製一份開發進度的時間表，將各項設計的內容與進度作詳細規劃，同時在團隊中，也要有一個領導者專門負責進度掌控、作品收集及與客戶的協調作業，以確保各個成員的作品除了風格一致外，也可滿足客戶的需求。

1-4-3　網站內容與資料收集

　　網路行銷手段與趨勢不管如何變化發展，網站內容絕對都會是其中最為關鍵的重中之重，寫得越深入的文章才能夠提供讀者越多資訊，因此也會被認定是品質好的文章。一篇好的網站內容就像說一個好故事，沒人愛聽大道理，一個觸動人心的故事，反而更具行銷感染力，每個故事就是在描述一個產品，成功之道就在於如何設定內容策略，幫你的產品或服務說一個好故事。我們知道任何再高明的行銷技巧都無法幫助銷售爛產品一樣，如果網站內容很差勁，SEO 能起到的作用是非常有限，只要內容對使用者有價值，自然就會被排序到好的排名。

　　正所謂「內容者為王」（Content is King），SEO 必須搭配高品質的內容呈現，才有辦法創造真正有效的流量，如果想快速得到搜尋引擎的青睞，第一步就必須懂得如何充實網站內容，透過內容分享以及提升，吸引人們到你的社群媒體或行動平台進行觀看，默默把消費者帶到產品前，引起消費者興趣並最後購買產品。

　　由於搜尋引擎特別對於原創性內容會給予更高的權重，持續增加新內容也會對網站有所幫助，或者讓消費者多多在網站上留言，發布在社群媒體報導中發燒的主題或時事。當然最重要是持續更新文章內容，讓內容永不過時。事實上，各行各業都有其專業內容，不妨站在使用者的角度寫出可以「搶排名」的內容，讓網頁內容能夠符合企業期待的需求，不過創造的內容還是為了某種行銷目的，銷售意圖絕對要小心藏好，透過優化網站內容最能符合搜尋引擎排名演算法規則。

　　這裡要特別強調的是沒有定期寫文章，根本不用談 SEO！許多網站建構後很多內容都一成不變，完全沒有更新資訊，這些都會導致網頁相似度太高。除了更新資訊，還必須不斷地找出產業關鍵字，而且不斷建立優質的文章，當然也不能只是每天產生一堆內容，必須長期經營與追蹤與顧客的互動。

　　一般來說網頁文章頁面太長也不好，對於一個主題而言，如果分開成兩三個較短的頁面，會比一整個長頁面獲得到更好的評價，而且要盡量避免網頁內容重複，因為這樣反而會有扣分的效果，都會讓搜尋引擎覺得網站不夠專業，甚至降低 SEO 的排名順序。就以建構一個購物網站為例，商品照片、文字介紹、公司資料及公司 Logo 等，都是必須要店家提供。各位可以根據網站架構中各個頁面所要放置的資料內容，來列出一份詳細資料清單，然後請客戶提供，此時可以請團隊中的領導者隨時和客戶保持連絡，作為成員與客戶之間溝通的橋梁。

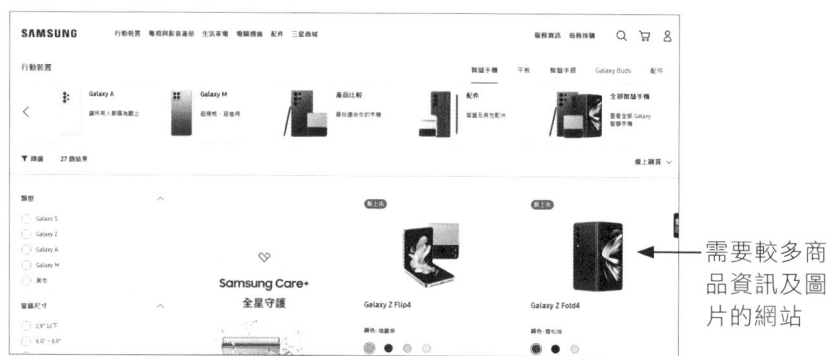

需要較多商品資訊及圖片的網站

資料來源：https://www.samsung.com/tw/

1-4-4　網站設計

　　網站設計時期已經進入到網站實作的部份，這裡最重要的是後面的整合及除錯，如何讓客戶滿意整個網站作品，都會在這個時期決定。除了內容主題的文字之外，也要考量到頁面布局及配色的美觀性，店家都應該透過觀察訪客在網路商店上的活動路線，調整版面設計，以方便顧客的瀏覽體驗，並讓付款過程更加順暢，每位瀏覽者就能對設計的網站印象深刻。

　　各位在逛百貨公司時經常會發現對於手扶梯設置、櫃位擺設、還有讓顧客逛店的動線都是特別精心設計，就像網站給人的第一印象非常重要，尤其是首頁（Home Page）與到達頁（Landing Page），通常店家都會用盡心思來設計和編排，首頁的畫面效果如果是精緻細膩，瀏覽者就有更有意願進去了解。

　　以商品網站來看，不外乎是商品類型、特價活動與商品介紹等幾大項，我們可以將特價活動放置在頁面的最上方，以吸引消費者目光，也能在最上方擺放商品類型的導覽按鈕,以利消費者搜尋商品之用。例如導覽列按鈕有位在頁面上端,也有置於左方的布局,另外,許多的網站由於規劃的內容越來越繁複,所以導覽按鈕擺放的位置,可能左側和上方都同時存在。

TIPS 網路上每則廣告都需要指定最終到達的網頁,「到達頁」(Landing Page)就是使用者按下廣告後到直接到達的網頁。由於所有的流量都會自該頁面「登入」,特別是刊登關鍵字廣告與點擊連結後的到達頁有高度的關聯性,所以到達頁的好壞就會影響著「轉換率」,所以如何製作一個好的到達頁對 SEO 是很重要的。到達頁和首頁最大的不同,就是到達頁只有一個頁面就要完成讓訪客馬上吸睛的任務,通常這個頁面是以誘人的文案,請求訪客完成購買或登記。

● 將導覽列按鈕置於上方的頁面布局

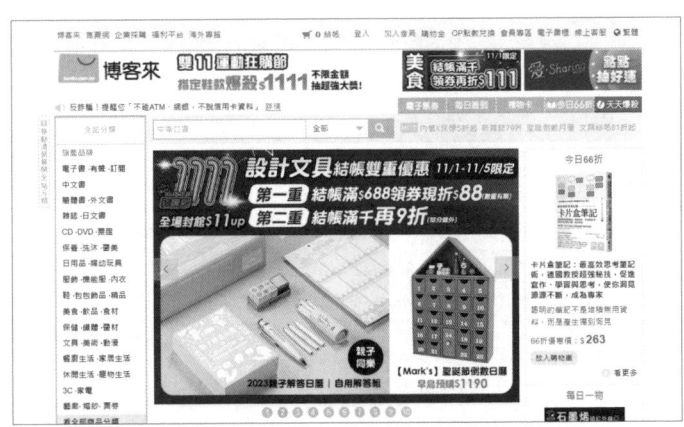

● 將導覽列按鈕置於左側的頁面布局

　　做網站設計的時候，色彩也是非常重要的設計要點，色彩如果是以「專業」特質為配色效果來看，要隨著不同的頁面布局，而適當的針對配色效果中的某個顏色來加以修正，看看怎樣的顏色搭配，才能呈現網站風格特性，下面就是一些配色的網站範例：

◑ 冷色系給人專業／穩重／清涼的感覺

◑ 暖色系帶給人較為溫馨的感覺

● 顏色對比強烈的配色會帶給人較有活力的感覺

1-4-5　網站上傳

　　網站完成後總要有一個窩來讓使用者可以進入瀏覽，網站上傳工作就單純許多，這項工作只是將整個網站內容，放置到伺服器主機或是網站空間上。成本及主機功能是這個時期要考量的因素，如何讓成本支出在容許的範圍內，又可以使得網站中的所有功能能夠順利使用，就是這個時期的重點。

　　目前使用的方式有「自行架設伺服器」、「虛擬主機」及「申請網站空間」等三種方式可以選擇，如果以功能性而言，自行架設伺服器主機當然是最佳方案，但是建置所花費的成本就是一筆不小的開銷。如果以一般公司行號而言，初期採用「虛擬主機」是一個不錯的選擇，而且可以視網站的需求，選用主機的功能等級與費用，將自行架設伺服器主機當作公司中長期的方案，其中的差異請看如附表中的說明。

> **TIPS**
>
> 「虛擬主機」（Virtual Hosting）是網路業者將一台伺服器分割模擬成為很多台的「虛擬」主機，讓很多個客戶共同分享使用，平均分攤成本，也就是請網路業者代管網站的意思，對使用者來說，就可以省去架設及管理主機的麻煩。網站業者會提供給每個客戶一個網址、帳號及密碼，讓使用者把網頁檔案透過 FTP 軟體傳送到虛擬主機上，如此世界各地的網友只要連上網址，就可以看到網站了。

項目	架設伺服器	虛擬主機	申請網站空間
建置成本	最高 （包含主機設備、軟體費用、線路頻寬和管理人員等多項成本）	中等 （只需負擔資料維護及更新的相關成本）	最低 （只需負擔資料維護及更新的相關成本）
獨立 IP 及網址	可以	可以	附屬網址 （可申請轉址服務）
頻寬速度	最高	視申請的虛擬主機等級而定	最慢
資料管理的方便性	最方便	中等	中等
網站的功能性	最完備	視申請的虛擬主機等級而定，等級越高的功能性越強，但費用也越高	最少
網站空間	沒有限制	也是視申請的虛擬主機等級而定	最少
使用線上刷卡機制	可以	可以	無
適用客戶	公司	公司	個人

　　企業導入 SEO 不僅僅是為了提高在搜尋引擎的排名，主要是用來調整網站體質與內容，整體優化效果所帶來的流量提高及獲得商機，其重要性要比排名順序高上許多。此外，搜尋引擎還有所謂的「當地網站搜尋優先」（Local Search）的概念，搜尋引擎會以搜尋者所在的位置列入優先考量，如果在台灣地區進行搜尋，搜尋引擎通常以台灣的網站為優先，如果希望網站出現是在 google.com 英文搜尋結果的第一頁，那麼各位主機的 IP 位置，建議最好設立在美國。

1-4-6　維護及更新

　　電商網站的交易與行銷過程大都是數位化方式，所產生的資料也都儲存在後端系統中，因此後端系統維護管理相當重要。對網站運行狀況進行監控，發現運行問題及時解決，並將網站運行的相關情況進行統計，後端系統必須提供相關的資訊管理功能，如客戶管理、報表管理、資料備份與還原等，才能確保電子商務運作的正常。

　　網路上誰的產品行銷能見度高、消費者容易買得到，市占率自然就高，定期對網站做內容維護及資料更新，是維持網站競爭力的不二法門。我們可以定期或是在特定節日時，改變頁面的風格樣式，這樣可以維繫網站帶給瀏覽者的新鮮感。而資料更新就是要隨時注意的部份，避免商品已流通了一段時間，但是網站上的資料卻還是舊資料的狀況發生。

🌀 GA 會提供網站流量、訪客來源、行銷活動成效、頁面拜訪次數等訊息

　　網站內容的擴充也是更新的重點之一，網站建立初期，其內容及種類都會較為單純。但是時間一久，慢慢就會需要增加內容，讓整個網站資料更加的完備。對於已經運行一段時間的網站，則可以透過 Google Analytics 知道哪些頁面是熱門頁面。對於一些已經沒有帶來多少人流的過氣頁面，如果網頁內容已經過時，可以考慮更新或改善該網頁的內容。

1-5 網頁檔案及命名原則

大多數 Web 伺服器支援的檔案名稱都是半形英文小寫，如：htm、gif、jpg 等。為了避免發生檔案上傳到網頁空間之後，卻無法瀏覽的窘境，建議您檔案命名時，最好能參考下方將介紹的命名規則。

1-5-1 主檔名與副檔名

一個完整的檔案名稱應包含檔名與副檔名兩部份，例如：top.htm，其中「top」就是這個檔案的「主檔名」，「htm」則是「副檔名」，中間用「.」隔開。副檔名代表這個檔案的「檔案類型」，從副檔名我們可以大概了解這個檔案的格式與功用，以下列出網頁上常見的副檔名：

類型	副檔名	說　明
Office 系列	doc	MS Word 文件
	mdb	MS Access 的資料庫檔案
	ppt	MS Power Point 簡報檔
	xls	MS Excel 試算表檔
圖檔	ani	游標檔案
	bmp	Windows 點陣圖檔
	fla	Flash 動畫原始檔
	swf	Flash 動畫影片檔
	gif	點陣圖圖形文件格式
	ico	Windows 圖示檔
	jpg	失真壓縮圖形文件格式
	png	非失真壓縮圖形文件格式
	tif	標籤圖像文件格式，有壓縮和不壓縮兩種
聲音檔	mid、midi	電腦合成的數位音樂檔
	mp3	壓縮的音訊檔案
	ra	Real 公司定義的串流形式的音訊檔
	wav	微軟公司開發的一種聲音文件格式
	ogg	全名是 Ogg Vorbis，和 mp3 一樣是壓縮的音訊檔案

類型	副檔名	說明
視訊檔	avi	微軟公司開發的視訊檔案
	mov	QuickTime 多媒體檔
	mpeg、mpg	經過壓縮的視訊檔案
	rm	Real 公司定義的串流視訊檔
網頁檔	htm、html	Hyper text 檔
	asp、php	動態伺服器網頁檔案
其他檔案	exe	執行檔
	pdf	Adobe Acrobat Reader 文件
	txt	文字檔
	rar、zip	壓縮檔

TIPS 網頁的副檔名並不一定是 htm，也可以是 html。如果網頁有使用到其他動態伺服器網頁技術，依其使用技術，會命名為 *.asp、*.aspx、*.php 等

1-5-2 網頁常用格式

要將圖片放入到網頁中，當然要對圖片格式有所了解，網頁上常用的格式主要有三種：gif、jpg、png。

</> gif 格式

早期的網頁製作，gif 檔被運用的機會相當高，因為它可以在一個檔案之中包含多張影像，然後利用連續顯示的特性使呈現動態效果。除了產生動態效果外，gif 格式還可以將檔案中的特定顏色調整為透明，讓 gif 影像能夠與網頁背景完美融合在一起，雖然 gif 格式只能呈現 256 色，但憑著動畫及透明效果，也能在網頁設計中占有一席之地。

🔘 透明 gif 檔　　🔘 gif 檔可以與任何網頁背景完美結合

　　gif 動畫後來因為 Flash 動畫的崛起而沉寂了好一陣子，現在則因為 Facebook 和 LINE 等社群軟體都支援 gif 貼文，所以 gif 動畫檔又漸漸成為大家注意的焦點。

🖥️ jpg 格式

　　jpg 圖檔格式支援百萬色（24-bit），適合表現色彩豐富的風景相片或人物照片，由於是屬於破壞性壓縮的全彩影像格式，採用犧牲影像的品質來換得更大的壓縮空間，所以檔案容量比一般的圖檔格式來的小，壓縮的比例愈高，影像被破壞的情況就愈嚴重。

🖥️ png 格式

　　png 格式是較晚開發的一種網頁影像格式，它包含了 jpg 與 gif 二種格式的特點。它的影像壓縮格式是採用非破壞性壓縮，所以壓縮之後的檔案量會比 jpg 大。它也具有全彩顏色的特點，表現色彩豐富的圖片也沒有問題，而且還支援透明效果。現今的影像繪圖軟體和網頁設計軟體都支援 png 格式，被使用率相當得高。

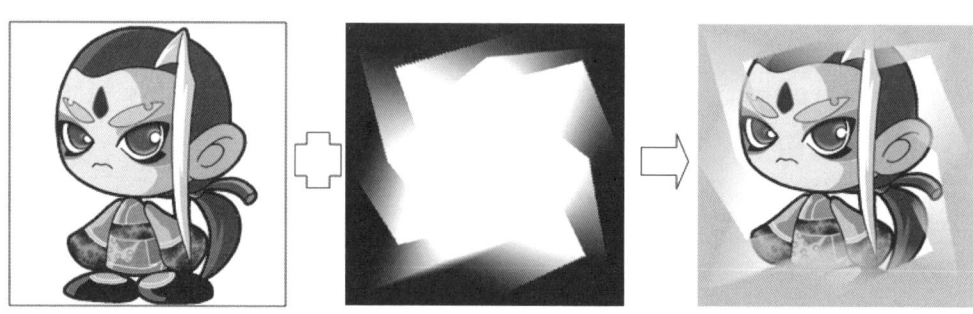

🔘 png 格式可以儲存半透明效果的圖形

1-5-3　常用的聲音格式

　　網頁上加入聲音時，要盡量選擇檔案小的聲音檔案，才不會影響網頁下載的速度。常見的聲音格式有：wav、mp3、MIDI 及 ogg 等。

</> wav 聲音格式

　　wav 格式檔案是最常見的數位聲音檔案，幾乎所有的音樂編輯軟體都支援。最大的特色是未經壓縮處理，因此能表現最佳的聲音品質，但是因為檔案很大，一分鐘大概就需要 10 MB。

</> MIDI 格式

　　MIDI（Musical Instrument Digital Interface）檔案只記錄樂器的資訊，不傳送聲音，因此檔案非常的小，通常都只要 10 KB 左右，適合做為網頁背景音樂。由於MIDI 有統一格式的標準，所以電腦上均可播放，沒有相容性與軟體支援的問題。

</> mp3

　　mp3（Mpeg Layer 3）是一種破壞性的壓縮格式，它捨棄了音訊資料中人類聽覺比較聽不到的聲音，因此檔案很小，一分鐘大概需要 1MB 左右。在音質上會比wav 稍差，但是除非對聲音很敏銳，否則聽不太出來差異，目前的音樂檔案大多為此種格式。

</> ogg

　　ogg 全名是 Ogg Vorbis，和 mp3 一樣也是破壞性的壓縮格式。不同的地方在於ogg 是免費而且開放原始碼，音質比 mp3 格式清晰，檔案也比 mp3 格式小，缺點是 ogg 格式仍不普及，並不是所有播放軟體都可以播放 ogg 音檔。

1-5-4　網頁寬度與解析度

　　網頁初學者常常面臨的一個疑問，就是要如何決定網頁的寬度！網頁的呈現與螢幕解析度有很大的關係。如果網頁寬度超過螢幕解析度，那麼超出解析度的部份內容就必須拖曳水平捲軸才能瀏覽；而網頁寬度小於螢幕解析度，又會造成過多的留白，因此在製作網頁時，螢幕解析度是必須考慮的重點。接下來，我們就來了解什麼是「螢幕解析度」。

螢幕解析度

簡單的說就是電腦的桌面大小，我們所看到的電腦螢幕影像都是螢幕上水平與垂直的光點所構成的，這些光點是電腦螢幕顯示的最小單位，稱為像素（Pixel），光點的密度越高，解析度越高，畫面影像就越細緻。例如螢幕解析度是 1024×768，表示這台螢幕桌面大小是由寬 1024 點與高 768 點所構成。

螢幕的解析度是可以調整的，調整程度取決於顯示卡型號、顯示卡驅動程式及螢幕的大小，桌上型電腦與筆記型電腦螢幕解析度也不盡相同。目前以 800×600、1024×768 及 1366×768 三種螢幕解析度使用率最高。隨著大螢幕的普及，使用 800×600 螢幕解析度的瀏覽者已經越來越少，不過網頁設計時還是必須考慮各種螢幕解析度瀏覽的效果。

你可以嘗試改變螢幕解析度，看看畫面有何不同？以 Windows 10 為例，它的設定步驟如下：

1. 請在桌面按下右鍵，並於快顯功能表中執行「顯示設定」指令，就可開啟如下圖的「變更顯示器外觀」對話視窗。拖曳螢幕解析度的捲軸即可調整螢幕解析度。

2. 將滑鼠游標移至工具列，點選「開始功能表 / 控制台 / 外觀及個人化 / 調整螢幕解析度」。

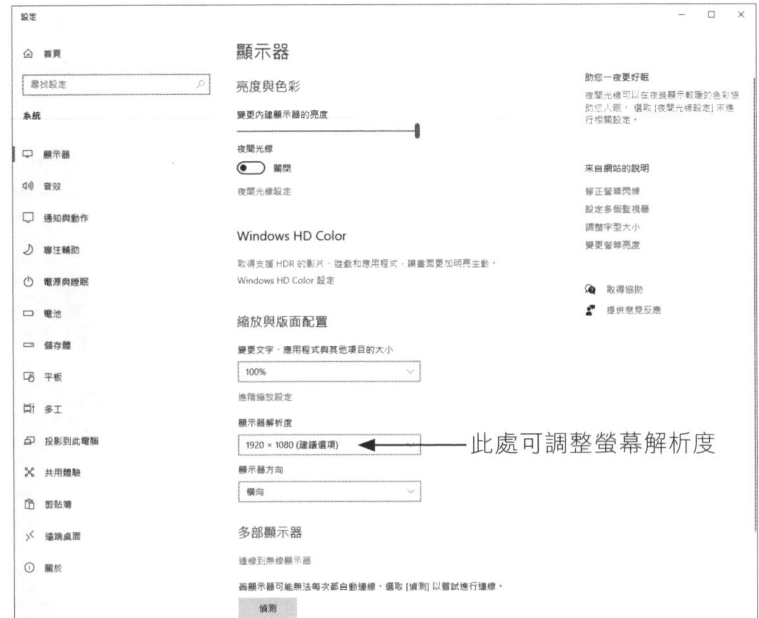

此處可調整螢幕解析度

以下分別是以 800×600 與 1366×768 兩種解析度,瀏覽網頁的效果。

螢幕解析度
800×600

🔵 故宮博物院官方網站

資料來源:http://www.npm.gov.tw/

螢幕解析度
1366×768

🔘 故宮博物院官方網站

資料來源：http://www.npm.gov.tw/

</> 決定網頁寬度

　　網站設計時可以先決定版面是設計成「固定式網頁」或「相對式網頁」。「固定式網頁」優點是網頁排版可以固定位置，文字與圖形不會隨著螢幕解析度而產生位移，缺點是超出螢幕水平寬度的部份會被截斷，必須拖曳水平捲軸才能瀏覽完整網頁。因此固定式網頁設計時可以將網頁主要內容設計在中央，兩旁則留置空白或是放置較次要的內容，例如廣告或連到其他網站的按鈕等等。

　　下圖是以 1366×768 螢幕解析度瀏覽故宮博物院網站所見的畫面，網頁內容部分左右兩邊留置空白，因此當以較小的螢幕解析度觀看時，仍然能夠完整呈現出網頁內容。

🔘 故宮博物院官方網站

資料來源：http://www.npm.gov.tw/

下圖是以 800×600 螢幕解析度瀏覽同一個網頁,也能完整呈現網頁內容。

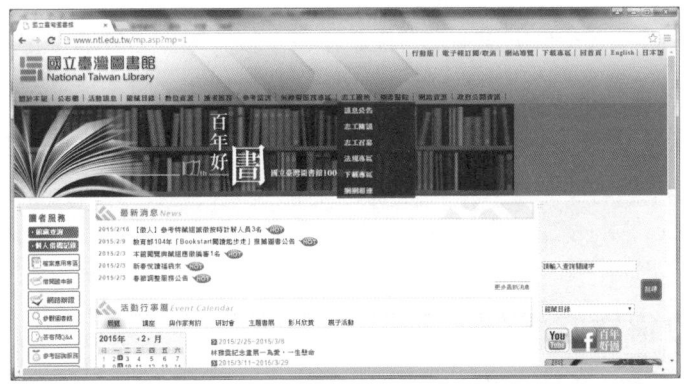

🔵 故宮博物院官方網站

資料來源:http://www.npm.gov.tw/

「相對式網頁」的網頁寬度必須以百分比大小來做設定,優點是網頁內容的寬度會隨著螢幕寬度而調整,缺點是文字與圖形可能會隨著螢幕解析度調整而產生位移。下圖是以 1366×768 螢幕解析度瀏覽國立臺灣圖書館網站所見的網頁畫面。

🔵 國立台灣圖書館官方網站

資料來源:http://www.ntl.edu.tw/

下圖是以 800×600 螢幕解析度瀏覽同一個網頁所見的畫面,解析度變小之後,只是文字位置調整,還是能看到完整的網頁。

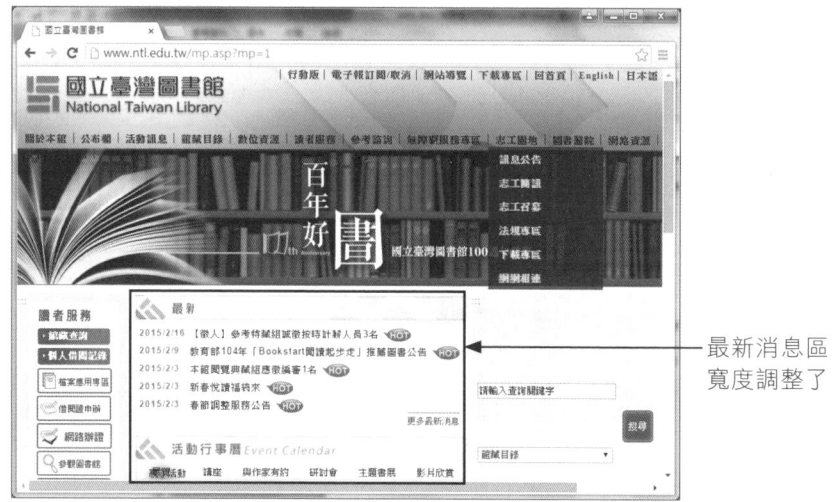

最新消息區寬度調整了

🔵 國立台灣圖書館官方網站

資料來源:http://www.ntl.edu.tw/

1-6 設計前的準備工作

當企劃構思與資料蒐集整理都準備就緒後,接下來就是要取得編輯工具。俗語說的好:「工欲善其事,必先利其器」,少了工具軟體來編寫程式,那就萬萬不能!撰寫程式之前最重要的就是設定好開發的環境與工具,雖然 HTML 只要有記事本就能夠寫程式,不過有些免費的程式碼編輯器具有即時預覽、以及用顏色區分不同程式碼等功能,能夠讓我們撰寫程式更加得心應手。

1-6-1 取得文字編輯工具

為了讓網頁資訊及其版面可以在各種的作業系統、瀏覽器上獲得一致的顯示結果,全球資訊網協會(W3C)制定了一套標準規範,讓所有網頁開發人員能夠遵循,而 HTML 就是 W3C 推薦使用的網頁標準語言。目前市面上有許多網頁製作軟體可以快速產生 HTML 碼，並有所見即所得（WYSIWYG）的功能，像是 Adobe 的 Dreamweaver 便是網頁設計師最常使用的程式。其他像是 Brackets、EditPlus、CoffeeCup、HTML Editor 等程式，也都適合用來編寫網頁程式，且具有顏色標記功能，也支援多種網頁常用的程式語言。

　　這些網頁製作軟體雖然可以快速產生網頁，但是網頁基礎就是 HTML 語法，以及有網頁美容師之稱的 CSS 語法，唯有這兩種語法都非常精煉純熟後，將來再使用網頁製作軟體編修網頁時，就可以輕鬆看懂繁複的程式碼。想要以最簡單的方式來編寫並熟悉 HTML 語法，只要準備可以編寫純文字的編輯軟體即可。像是 Windows 作業系統所附屬的「記事本」，就是一個基本的文字編輯工具。請在電腦桌面上按右鍵執行「新增 / 文字文件」指令，桌面上就會新增一個叫「新文字文件.txt」的圖示，各位可以直接更改文件名稱與檔案格式。

❶ 於桌面上按右鍵，執行「新增 / 文字文件」指令

❷ 選取文件名稱，直接輸入要設定的網頁名稱，如：index.htm

　　檔案命名為網頁格式 *.htm 時，檔案圖示也會跟著變更。若要開啟該網頁檔進行文字編輯，可按右鍵執行「開啟檔案 / 記事本」指令，就能開始編輯 HTML 標記。

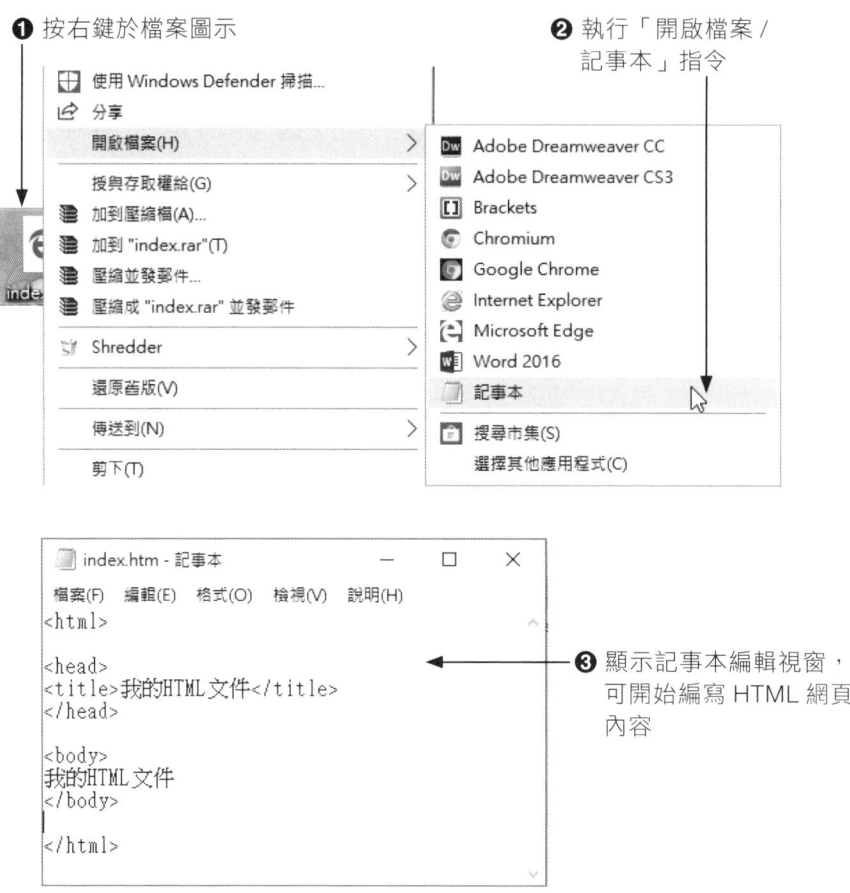

❶ 按右鍵於檔案圖示

❷ 執行「開啟檔案 / 記事本」指令

❸ 顯示記事本編輯視窗，可開始編寫 HTML 網頁內容

　　其實 Windows 內建的記事本也可以，只是不太好用。通常程式碼編輯工具包括純文字編輯器或者是功能完善的 IDE（整合開發環境，Integrated Development Environment）。純文字編輯器常見的有 EditPlus、NotePad++、PSPad、UltraEdit 等等，這類的文字編輯器，通常包含記事本的編輯功能，並具有程式碼著色與顯示行號等輔助功能。其中 NotePad++ 是自由軟體，有完整的中文介面並且支援 Unicode 格式（UTF-8）及 JavaScript，包括幾項好用的功能：語法著色及語法摺疊功能、自動完成功能（Auto-completion）、自動補齊功能、同時編輯多重檔案、搜尋及取代…等功能，很適合用來撰寫 HTML 程式。NotePad++ 可以到官網下載，網址如下：https://notepad-plus-plus.org/，進入首頁之後點選 Download 按鈕。

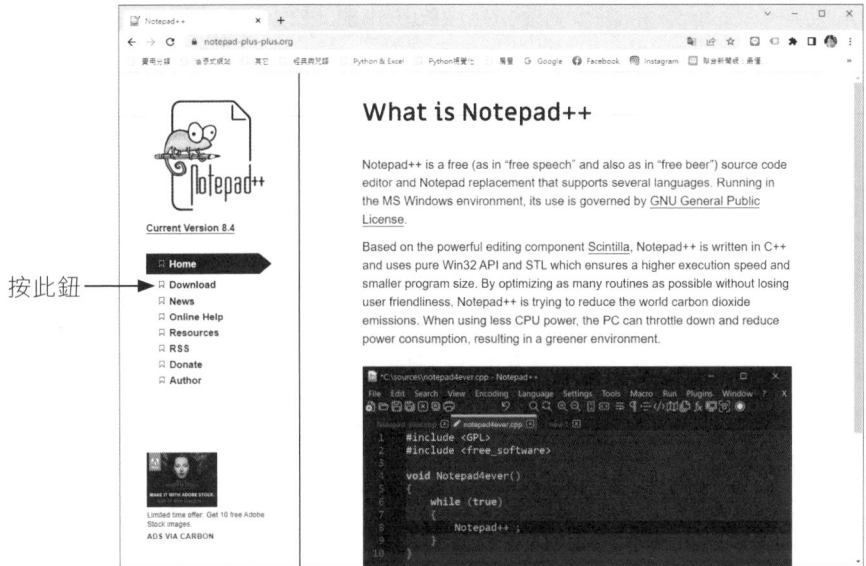

按此鈕 ───▶

依據 Windows 系統 32-bit x86 或 64-bit x64 選擇合適的下載項目。

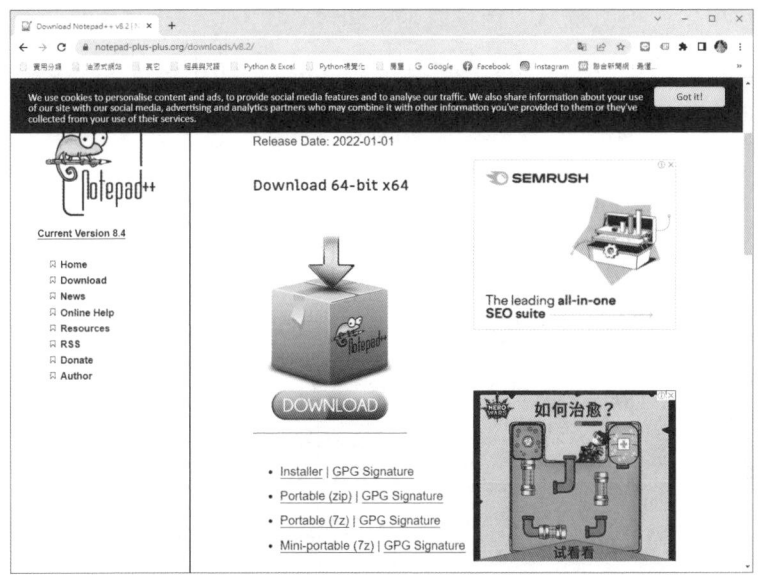

下載完成並安裝或解壓縮，啟動 NotePad++ 就可以開始使用了。以下是 NotePad++ 的外觀：

```
C:\Users\User\Desktop\博碩_HTML網頁設計\範例檔\ch01\index.htm - Notepad++
檔案(F)  編輯(E)  搜尋(S)  檢視(V)  編碼(N)  語言(L)  設定(T)  工具(O)  巨集(M)  執行(R)  外掛(P)  視窗(W)
?
index.htm
 1   <html>
 2
 3   <head>
 4    <title>我的HTML文件</title>
 5   </head>
 6
 7   <body>
 8    我的HTML文件
 9   </body>
10
11   </html>

length : 106  lines : 11 Ln : 1  Col : 1  Pos : 1          Windows (CR LF)   UTF-8-BOM        INS
```

1-6-2　瀏覽器預覽網頁

瀏覽器用來顯示所編寫的網頁成果，如果各位的電腦中已安裝各類型的瀏覽器，例如：Google Chrome、Microsoft Internet Explorer (IE)、Edge、Mozilla Firefox 等，那麼在網頁檔圖示上按右鍵執行「開啟檔案」指令，就可以在副選項中選擇想要的瀏覽器進行預覽。

❶ 網頁檔圖示上按右鍵執行「開啟檔案」指令

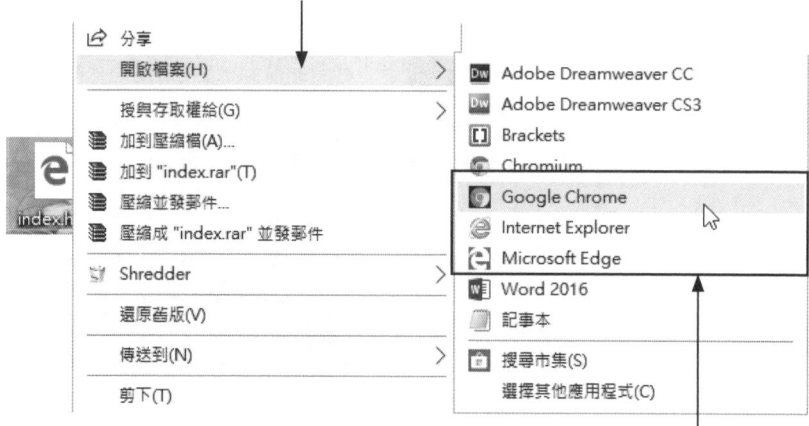

❷ 由副選項點選要開啟的瀏覽器名稱

顯示網頁編輯
成果，上方標
籤會顯示網頁
標題，裡面則
顯示網頁內容

TIPS 你也可以點選網頁檔圖示不放，然後直接拖曳到瀏覽器視窗中放開滑鼠，這樣也
可以預覽網頁編輯的成果。

　　想要確定所製作的網頁能否在各種瀏覽器上顯示，那麼電腦上最好多安裝幾
種瀏覽器來進行測試。筆者建議 Google Chrome 絕對不可少，因為目前它的市占率
最高，且提供應用程式商店，可安裝遊戲、應用程式或擴充套件，還有許多內建
的功能。Edge 和 Internet Explorer 都是微軟所開發的瀏覽器，Windows 10/11 改推
Edge，支援 JavaScript 與 HTML 5。另外，Firefox 是程式碼開放的網頁瀏覽器，而
Safari 則是蘋果作業系統內建的瀏覽器，如果需要可到官方網站進行下載。

重 點 回 顧

◉ 「網站」是放置網頁及相關資料的地方。設計網頁之前必須先在個人電腦上建立一個資料夾，用以儲存所有設計的網頁檔案，這個檔案資料夾就是「網站資料夾」，放置設計頁面的資料夾就算是一個「網站」，而放置網站資料夾的電腦主機則稱為「網站伺服器（Web Server）」。

◉ 他人經由網際網路連線到我們的網站，其中瀏覽者最先看到的頁面被稱為「首頁」。

◉ 網頁畫面最基本的組成元素是「文字」、「圖片」及「超連結」。

◉ 超連結可以是文字或圖形，它就像指示牌一樣，指引瀏覽者前往想要觀看的主題。

◉ 網頁內容布局是指整個網頁中，各種頁面元素的比重分配與擺設位置。

◉ 為方便瀏覽者快速找到想要瀏覽的主題，首頁通常都會設置導覽列或導覽按鈕，以便瀏覽者一層層的進入。

◉ 網站中必須透過「超連結」方式來串接各個網頁，讓瀏覽者可以依照有興趣的主題，在「首頁」與各「網頁」之間隨意的往返。

◉ 當使用者在瀏覽器輸入網址之後，大致會經過以下的流程：用戶端發出請求（Request）、伺服器解析請求、伺服器給予回應（Response）、伺服器端釋放 TCP 連線用戶端。

◉ 普遍的網頁伺服器軟體有 Apache、IIS，熱門的伺服器程式語言（也稱為後端程式語言）像是 Python、ASP、PHP、ASP.NET、JSP、Ruby、Node.js 以及 Go。

◉ 網頁是指由 HTML 文件、圖片、CSS 文件、JavaScript 檔案組成。網頁又可區分為「靜態網頁」與「動態網頁」。靜態網頁是指單純使用 HTML 語法構成的網頁，最常見的檔名為 .HTM 或 .HTML。動態網頁又可依執行程式的位置區分為「客戶端處理」與「伺服器端處理」兩種。

◉ HTML 是 HyperText Markup Language 的縮寫，它是一般的文字檔加上各種標記（Tag），利用這些標記語言可讓瀏覽器知道以何種方式來呈現文件內容與各種元素，舉凡文字格式的設定、圖片、表格、表單、超連結、影音、動畫等，都可透過它來組合。

◉ 通常 HTML 網頁的主檔名為 index 或 default，副檔名則為 htm、html、asp 與 aspx 等。

◉ URL 全名是全球資源定址器（Uniform Resource Locator），主要是在 WWW 上指出存取方式與所需資源的所在位置來享用網路上各項服務。

◉ 網站設計要領：確認網站目的與用途、正確傳達重點訊息、視覺風格的一致性、易用易識的操作介面、確認色彩對比性、視覺動線的引導、提高版面的易讀性、使用雲端字型。

◉ 雲端字型主要用途在使用於網頁上的字型顯示，擺脫以往字型需安裝方能顯示的限制。

◉ 響應式網頁可以讓網頁中的文字以及圖片甚至是網站的特殊效果，自動適應使用者正在瀏覽的螢幕大小。

◉ 考慮到頁面的有限版面空間，隱藏式導覽列（Hidden Navigation）也常被應用在響應式網頁，成為常見導覽列的布局方式。

◉ SEO 就是運用一系列方法讓搜尋引擎更了解你的網站內容，這些方法包括常用關鍵字、網站頁面內（On-page）優化、頁面外（Off-page）優化、相關連結優化、圖片優化、網站結構等。

◉ 網站中同時具有多國語言的網頁畫面是一種設計的主流，也能讓 Google 正確將搜尋結果提供給不同語言的用戶。

◉ 網站上傳目前使用的方式有「自行架設伺服器」、「虛擬主機」及「申請網站空間」等三種方式可以選擇。

◉ 「虛擬主機」（Virtual Hosting）是網路業者將一台伺服器分割模擬成為很多台的「虛擬」主機，讓很多個客戶共同分享使用，平均分攤成本，也就是請網路業者代管網站的意思。

◉ 大多數 Web 伺服器支援的檔案名稱都是半形英文小寫，如：htm、gif、jpg 等。

◉ 一個完整的檔案名稱應包含檔名與副檔名兩部份，例如：top.htm，其中「top」就是這個檔案的「主檔名」，「htm」則是「副檔名」，中間用「.」隔開。

◉ 網頁上常用的圖片格式主要有三種：gif、jpg、png。

◉ 網頁上加入聲音時，要盡量選擇檔案小的聲音檔案，才不會影響網頁下載的速度。常見的聲音格式有：wav、mp3、MIDI 及 ogg 等。

◉ 網站設計時可以先決定版面是設計成「固定式網頁」或「相對式網頁」。

評 量 時 間

選擇題

1.（　　）下列何者不是伺服器程式語言？

　　A. Python　　　　　B. ASP　　　　　　C. PHP　　　　　　D. JavaScript

2.（　　）下列何者的敘述是錯誤的？

　　A. 編寫網頁可利用「記事本」作為編輯器

　　B. HTML 文件必須儲存為 html 或 htm 格式，才能被瀏覽器讀取

　　C. 網頁圖檔通常是放置在「images」資料夾中

　　D. big5 的編碼網頁在中國大陸的簡體環境下開啟

3.（　　）網頁字體的取得方式不包括？

　　A. 使用系統內建字體　　　　　　　　B. 使用免費網路字體

　　C. 使用雲端字型　　　　　　　　　　D. 直接向朋友借所購買字體光碟

4.（　　）網站上傳的解決方案不包括？

　　A. 自行架設伺服器　　B. 虛擬主機　　　C. 申請網站空間　　D. 以上皆可

5.（　　）常見圖檔的副檔名不包括？

　　A. ogg　　　　　　　B. png　　　　　　C. jpg　　　　　　D. gif

6.（　　）下列何者不是網頁上常用的音檔格式？

　　A. *.wav　　　　　　B. *.mp3　　　　　C.*ogg　　　　　　D. *.wmv

簡答題

1. 請說明網站設計要領包括哪幾項重點？

2. 請說明以瀏覽器預覽編輯網頁的方式有哪兩種？

3. 請簡要說明檔案與資料夾命名的注意事項。

4. 什麼是 HTTP 與 HTTPS？

5. 網頁可區分為「靜態網頁」與「動態網頁」，試簡述之。

6. 什麼是 URL（Uniform Resource Locator）位址，試簡述之。

7. 什麼是 UX（User Experience，使用者體驗），試簡述之。

8. 什麼是響應式網頁，試簡述之。

02

HTML 入門標籤

　　在資訊爆炸的時代，每個人每天花在閱讀各種資訊的時間比以前多出許多倍。如何讓瀏覽者利用最少的時間，快速找到並吸收更多的資訊，便是目前網頁設計的重要課題之一。這一章所介紹的標記是在單調的文字中求變化，除了增加文字的易讀性外，也讓瀏覽者能在短時間內閱讀更多，理解更多資訊，達到視覺藝術與傳達的功能。

2-1 HTML 網頁結構

　　HTML 是 HyperText Markup Language 的縮寫，它是一般的文字檔加上各種標記（Tag），利用這些標記語言可讓瀏覽器知道以何種方式來呈現文件內容與各種元素，舉凡文字格式的設定、圖片、表格、表單、超連結、影音、動畫等，都可透過它來組合。

　　HTML5 是由 HTML4 發展而來的標籤語言，它將原有的語法做簡化，增加一些與結構有關的語法，讓網頁可讀性變高，另外還加入繪圖功能與可製作網頁應用程式的 API，所謂 API，就是 Application Programming Interface 的縮寫，翻譯應用程式介面，主要扮演應用程式和應用程式之間的橋梁。不管在智慧型手機、平板電腦、PC、Mac、Linux 系統都可使用，因此 HTML5 已成為未來網頁的新趨勢。

　　HTML 的標記都有固定的格式，它是由「<」和「>」兩個符號括住，例如：<html> 表示開始 HTML 文件。HTML 的標記大都是成雙成對的出現，也就是說它有起始標記與結束標記，結束標記是在標記的文字之前加上一個斜線「/」來表示，利用這兩個標記將文字內容圍住。

2-1-1　頁面基本結構

　　一份最簡單的 HTML 網頁，是由 <html> 和 </html> 兩個標記標示出網頁的開始與結束。標記內又可區分出網頁表頭範圍 <head></head> 與網頁身體範圍 <body></body>，外層可包含內層。基本架構如下：

範例 head.htm

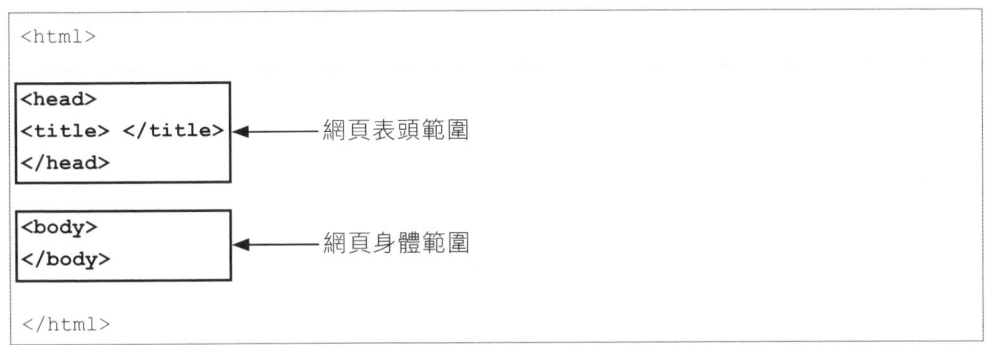

```
<html>

<head>
<title> </title>                    ← 網頁表頭範圍
</head>

<body>                              ← 網頁身體範圍
</body>

</html>
```

  <head></head> 標記表示網頁表頭範圍，通常放置網頁的相關資訊，像是 <title>、<meta> 等資訊，這些資訊通常不會直接顯示在網頁內。<title> </title> 標記用來設定網頁標題，它是出現在瀏覽器的標題列上，讓瀏覽者明確知道網頁的主題。<body></body> 標記則是文件內容的放置區，包括文字、圖片、背景…等各種素材或元素。

2-1-2　宣告 HTML5 文件 / 語系 / 編碼設定

  標準的 HTML 文件在文件前端都必須使用 DOCTYPE 宣告所使用的標準規範。HTML5 的文件宣告方式就比以前簡單許多，只要在第一行加入 <!DOCTYPE html> 的標記就可搞定。

```
<!DOCTYPE html>
```

  除了文件宣告外，語系和編碼方式的宣告也很重要，如果網頁中沒有宣告正確的編碼，瀏覽器會依據瀏覽者電腦的設定來呈現編碼，這樣網頁就會變成亂碼。宣告方式很簡單，只要在 <html> 標記裡面加「lang="zh-TW"」的語法，便是宣告文件內容使用繁體中文。如下所示：

```
<html lang="zh-TW">
```

　　另外，在 <head> 標記中加入 <meta charset="big5">，表示文件內容是使用繁體中文編碼，只支援繁體中文，big5 的編碼網頁若在中國大陸的簡體環境下開啟，就有可能變成亂碼。所以目前大都鼓勵使用 utf-8 的國際碼，因為 utf-8 支援多國語言。語法標記如下：

範例 charset.htm

```
<!DOCTYPE html>
<html lang="zh-TW">
<head>
<title>我的HTML5文件</title>
<meta charset="utf-8">
</head>
<body>
這是第一個HTML5文件
</body>
</html>
```

　　建立與儲存網頁檔、使用瀏覽器預覽網頁檔。

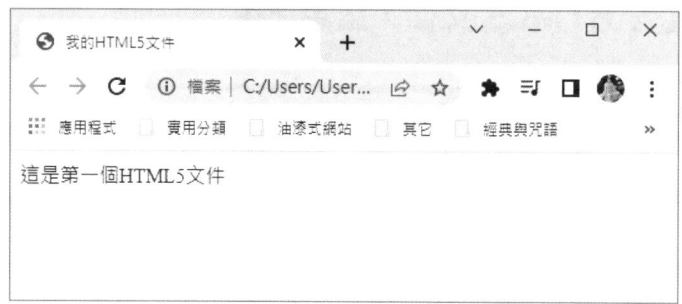

2-1-3　新增中繼標記─ <meta>

　　<meta> 標記必須置放於 <head> 與 </head> 標記之間，其功能大多與瀏覽器設定相關，由於效果不會直接顯示於網頁上，因此常常被忽略，事實上 <meta> 標記有很多實用的功能，包括設定網頁編碼、重新整理網頁以及自動轉頁等等。meta 標記的語法可分為兩大類：

```
<meta http-equiv="HTTP表頭資訊" content="資訊內容">
```

以及

```
<meta name="網頁資訊" content="資訊內容">
```

http-equiv 屬性主要是使用於定義 HTTP 表頭資訊，例如：網頁編碼方式、自動轉頁等，而 name 屬性則是描述網頁的資訊，例如網頁關鍵字、網頁作者等等，兩者都必須搭配 content 屬性使用。<meta> 標記置放於 <head></head> 裡，如下所示：

範例 meta.htm

```
<html>
<head>
<title>meta説明</title>
<meta http-equiv="content-type" content="text/html; charset=big5">
<meta name="author" content="Andy">
</head>
<body>
big5表示編碼字集是使用繁體中文
</body>
</html>
```

接下來就來認識 http-equiv 屬性以及 name 屬性各有哪些好用的功能。meta 標記的 http-equiv 屬性是用來定義 HTML 文件 HTTP 表頭，常用的 http-equiv 屬性種類為您介紹如下：

content-type

content-type 是設定網頁文件的格式，語法如下：

```
<meta http-equiv="content-type" content="text/html; charset=big5">
```

content 屬性裡設定網頁文件的格式內容，每一項內容以分號（；）分開，text/html 表示以 text 或 html 標準來編譯網頁，charset 則是指定網頁的編碼字集

（Character Set），big5 表示編碼字集是使用繁體中文，如果編碼方式不對，那麼使用者將看到一堆亂碼。例如以下網頁內容是繁體中文，charset 指定為 big5，看到的網頁是正確無誤的，如下圖：

當網頁沒有指定編碼方式時，瀏覽器會自動選擇最適合的編碼方式來顯示網頁。雖然編碼方式不正確時，使用者可以自行調整瀏覽器的編碼方式，但為了讓網頁以最正確的語言來顯示，建議您還是以 <meta> 標記指定編碼方式會比較妥當。

refresh

refresh 是讓網頁重新整理，語法如下：

```
<meta http-equiv="refresh" content="10; url=http://www.zct.com.tw">
```

content 屬性裡是設定預設秒數，如果加上 url 參數表示跳到 url 所指定的網頁（自動轉址），如果省略網址，則表示重新整理網頁。上行程式碼 content="10; url=http://www.zct.com.tw"，表示 10 秒後轉往 http://www.zct.com.tw 網頁。

expires

expires 是設定網頁到期的時間，語法如下：

```
<meta http-equiv="expires" content="Sun, 22 Jun 2022 15:18:44 GMT">
```

通常網頁變更不大時，瀏覽器會先從暫存區讀取網頁，當網頁過期時，才會到伺服器重新讀取，expires 就是設定網頁到期的時間，content 值必須使用 GMT 時間格式。如果希望每次瀏覽網頁都能重新下載網頁，只要將 content 設為過去的時間就可以了，例如：Sun, 22 Jun 2022 15:18:44 GMT。

</> pragma

pragma 是設定 cache（快取）的模式，語法如下：

```
<meta http-equiv="pragma" content="no-cache">
```

content="no-cache" 表示禁止瀏覽器從暫存區讀取網頁，如此一來，使用者將無法離線瀏覽。

</> set-cookie

set-cookie 是設定 Cookie 到期的時間，語法如下：

```
<meta http-equiv="set-cookie" content="Sun, 22 Jun 2022 15:18:44 GMT">
```

當 content 設定的時間到期時，Cookie 將被刪除。content 值必須使用 GMT 時間格式。

> **TIPS** 何謂 Cookie
>
> Cookie 是記錄在你瀏覽器裡的變數，用來存放特定的資訊，必須利用 script 程式或 CGI 程式來寫入或讀取。例如有些網站為了讓您不必每次都重新輸入帳號，會利用 Cookie 來記錄帳號，下次進入網頁時就會自動帶出帳號，直到清空 Cookie 或 Cookie 到期。

</> windows-target

windows-target 是限制網頁顯示的目標視窗，語法如下：

```
<meta http-equiv="windows-target" content="_top">
```

content="_top" 意思是強制將網頁顯示於最上層，網頁加入這行語法的話，可以防止別人在框架裡顯示您的網頁。

　　介紹了這麼多種 <meta> 標記的 http-equiv 屬性用法，接著再來看一個實際的範例。以下示範如何在網頁中載入圖片，有關如何載入圖片的相關語法的介紹會於後面的章節有更詳細的說明。此處只是示範如何利用 <meta> 標記的 http-equiv 屬性在指定秒數後，會自動轉到另一個指定的網頁。

範例 http-equiv.htm

```
<html>
<head>
<title>meta標記的應用</title>
<meta http-equiv="content-type" content="text/html; charset=big5">
<meta http-equiv="refresh" content="5; url=img.htm">
</head>
<body>
<center>
<img src="images/actor.jpg" width="200" height="210" border="0"><p>
<b>五秒後將自動轉到 img.htm 網頁</b>
</center>
</body>
</html>
```

【執行結果】

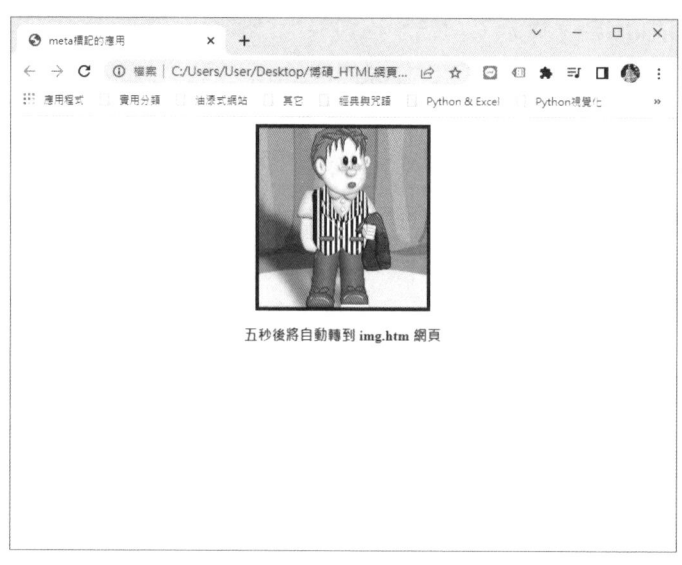

範例中加入了 <meta http-equiv="refresh" content="5; url=img.htm"> 語法，所以從瀏覽器開啟這個網頁，5 秒後就會自動轉往 img.htm 網頁了。

而 meta 標記的 name 屬性是用來宣告網頁的相關資訊，常用的 name 屬性種類為您介紹如下：

</> keywords

keywords 是用來設定網頁的關鍵字，語法如下：

```
<meta name ="keywords" content="animal, dog, 動物,狗,寵物">
```

content 屬性裡是填入網頁的關鍵字，讓搜尋引擎可以根據 keywords 所設定的關鍵字，更容易搜尋到網頁。關鍵字可以輸入中文或英文，以逗號（,）分隔。

</> description

description 是用來說明網頁主要內容，語法如下：

```
<meta name="description" content="網站簡要說明">
```

content 屬性裡是描述此網頁的簡單說明，說明內容應簡潔明瞭，建議不要超過 100 個字元。

 TIPS 如何讓搜尋引擎準確找到您的網站

keywords 和 description 這兩個屬性可以讓搜索引擎準確的找到您的網站，讓更多網友造訪您的網頁。有些搜索引擎不需要進行登入，就能自動搜尋 www 上的網站，就是根據網頁裡的 keywords 和 description 屬性。為了防止這兩個屬性被過度的濫用，影響了搜尋引擎的搜尋成效，有些搜尋引擎會限制 keywords 和 description 屬性的條件，例如：限制關鍵字字數或不允許重複的關鍵字等等，在設定關鍵字時，應特別留意。

 author

author 是用來說明網頁的作者，語法如下：

```
<meta name="author" content="Andy">
```

content 屬性裡是標明網頁的作者姓名等資料。

 creation-date

creation-date 是用來標註網頁製作的時間，語法如下：

```
<meta name="creation-date" content="sun, 22 jun 2022 15:18:44 GMT">
```

content 值必須使用 GMT 時間格式。

2-2 標題與內文的編排

接下來我們將加入與段落設定有關的 HTML 標記，包括：建立標題字 <h1>-<h6>、段落與換行 <p>
、水平分隔線 <hr>。

2-2-1　標題字體變化 \<h1>-\<h6>

標題字的變化能讓瀏覽者的注意力提高，增加印象。在 HTML 標記中是以 \<h>
表示開始，\</h> 表示結束，從最大的 \<h1> 到最小的 \<h6> 共有六種選擇性。加入
此標記後，可以讓標題凸顯出來。

範例 h1h6.htm

```
<!DOCTYPE html>
<html lang="zh-TW">
<head>
<title>油漆式速記法</title>
<meta charset="utf-8">
</head>
<body>
<h1>最簡單神奇的快速記憶法</h1>
<h2>油漆式速記法</h2>
記憶大量資訊就好像刷油漆一樣，必須以一面牆為單位且反覆多層次的刷，刷出來的牆才會均勻漂亮。
油漆式速記法就是將刷油漆的概念應用在快速記憶，同步結合了國內外最新式的速讀訓練方法與技巧。
市面上的傳統速記法強調以圖像法、聯想法、心智圖等理論來強化記憶力，學習者必須不斷花錢上課
來學習各種複雜的速記技巧，而油漆式速記法則是簡單而易學。
</body>
</html>
```

加入上方的標記後，文字的重點就顯現出來了！

最簡單神奇的快速記憶法

油漆式速記法

記憶大量資訊就好像刷油漆一樣，必須以一面牆為單位且反覆多層次的
刷，刷出來的牆才會均勻漂亮。油漆式速記法就是將刷油漆的概念應用在
快速記憶，同步結合了國內外最新式的速讀訓練方法與技巧。市面上的傳
統速記法強調以圖像法、聯想法、心智圖等理論來強化記憶力，學習者必
須不斷花錢上課來學習各種複雜的速記技巧，而油漆式速記法則是簡單而
易學。

2-2-2　段落與換行 <p>

　　<p> 標記用來定義段落，以 <p> 為開始標記，以 </p> 為結束標記，而
 標記則是定義為換行，沒有結束標記。這兩個標記的差別在於，<p> 標記除了換行之外，還會增加一個空白列，就如同 Word 軟體中的「Shift」+「Enter」鍵是換行，而「Enter」鍵是換段落一樣。利用這兩個標記能讓版面更美觀整齊，段落更分明。

範例 br.htm

```
<body>
<h1>最簡單神奇的快速記憶法</h1>
<h2>油漆式速記法</h2>
記憶大量資訊就好像刷油漆一樣，必須以一面牆為單位且反覆多層次的刷，刷出來的牆才會均勻漂亮。油漆式速記法就是將刷油漆的概念應用在快速記憶，同步結合了國內外最新式的速讀訓練方法與技巧。<br>
市面上的傳統速記法強調以圖像法、聯想法、心智圖等理論來強化記憶力，學習者必須不斷花錢上課來學習各種複雜的速記技巧，而油漆式速記法則是簡單而易學。
</body>
```

　　如上所示，加入
 標記後，單純換行顯示新段落。

最簡單神奇的快速記憶法

油漆式速記法

記憶大量資訊就好像刷油漆一樣，必須以一面牆為單位且反覆多層次的刷，刷出來的牆才會均勻漂亮。油漆式速記法就是將刷油漆的概念應用在快速記憶，同步結合了國內外最新式的速讀訓練方法與技巧。
市面上的傳統速記法強調以圖像法、聯想法、心智圖等理論來強化記憶力，學習者必須不斷花錢上課來學習各種複雜的速記技巧，而油漆式速記法則是簡單而易學。

使用 <p> 標記時,請在段落開始處加入 <p> 標記,段落結尾處加入 </p> 標記。如下所示:

範例 p.htm

```
<body>
<h1>最簡單神奇的快速記憶法</h1>
<h2>油漆式速記法</h2>
<p>記憶大量資訊就好像刷油漆一樣,必須以一面牆為單位且反覆多層次的刷,刷出來的牆才會均勻漂
亮。油漆式速記法就是將刷油漆的概念應用在快速記憶,同步結合了國內外最新式的速讀訓練方法與
技巧。</p>
<p>市面上的傳統速記法強調以圖像法、聯想法、心智圖等理論來強化記憶力,學習者必須不斷花錢上
課來學習各種複雜的速記技巧,而油漆式速記法則是簡單而易學。</p>
</body>
```

【執行結果】

最簡單神奇的快速記憶法

油漆式速記法

記憶大量資訊就好像刷油漆一樣,必須以一面牆為單位且反覆多層次的刷,刷出來的牆才會均勻漂亮。油漆式速記法就是將刷油漆的概念應用在快速記憶,同步結合了國內外最新式的速讀訓練方法與技巧。

市面上的傳統速記法強調以圖像法、聯想法、心智圖等理論來強化記憶力,學習者必須不斷花錢上課來學習各種複雜的速記技巧,而油漆式速記法則是簡單而易學。

—— 段落與段落之間會空一行

2-2-3 水平分隔線 <hr>

水平分隔線的作用是製造一個分隔的空間,使文件清楚明瞭,易於區分出主題或區塊。在 HTML 標記中是以 <hr> 來表示,並可透過 align、size、width、noshade等屬性來變更分隔線的外觀,但是這些屬性在 HTML5 都不再支援。

範例 hr.htm

```
<body>
<h1>最簡單神奇的快速記憶法</h1>
<hr>
<h2>油漆式速記法</h2>
<p>記憶大量資訊就好像刷油漆一樣，必須以一面牆為單位且反覆多層次的刷，刷出來的牆才會均勻漂
亮。油漆式速記法就是將刷油漆的概念應用在快速記憶，同步結合了國內外最新式的速讀訓練方法與
技巧。</p>
<p>市面上的傳統速記法強調以圖像法、聯想法、心智圖等理論來強化記憶力，學習者必須不斷花錢上
課來學習各種複雜的速記技巧，而油漆式速記法則是簡單而易學。</p>
</body>
```

【執行結果】

2-2-4　格式化本文 <pre>

如果你希望在 HTML 看到的畫面，和你在一般文字檔中所加入的文字的間隔、
空白、跳行完全相同，不會做任何的更動，那麼 <pre> 標記可以達到你的要求。

範例 pre.htm

```
</body>
<!DOCTYPE html>
<html lang="zh-TW">
<head>
<title>格式化本文<pre></title>
<meta charset="utf-8">
```

```
</head>
<body>
<h2>預先格式化要點</h2>
<pre>
如果你希望在HTML看到的畫面，

和你在一般文字檔中所加入的文字的間隔、空白、跳行完全相同，
不會做任何的更動，
        那麼    <pre>    標記可以達到你的要求。

</pre>
</body>
</html>
```

【執行結果】

2-2-5　引用文字 <blockquote>

　　< blockquote > 標記是用來表示引用文字，會將標記內的文字換行並縮排。下表為 blockquote 標記的屬性：

屬性	設定值	說明
cite	url 網址	說明引用的來源

　　請參考以下範例。

範例 blockquote.htm

```
<!DOCTYPE html>
<html>
<head>
<meta charset="big5">
<title>blockquote範例示範</title>
</head>
<body>

<h2>《巡衣錦軍制還鄉歌》唐代詩人錢鏐</h2>
三節還鄉兮掛錦衣，<br />
碧天朗朗兮愛日暉。<br />
<blockquote>
功成道上兮列旌旗，<br />
父老遠來兮相追隨。<br />
</blockquote>

</body>
</html>
```

【執行結果】

《巡衣錦軍制還鄉歌》唐代詩人錢鏐

三節還鄉兮掛錦衣，
碧天朗朗兮愛日暉。

功成道上兮列旌旗，
父老遠來兮相追隨。

2-2-6　div 標記與 span 標記

　　HTML 文件裡需要將元件做對齊功能時，常會用到 <div> 標記，這對 <div> 標記來說是大材小用了。<div> 標記是動態網頁不可或缺的元件之一，它具有群組與圖層的功能，如果搭配 JavaScript 語法或 CSS 語法，就能讓網頁元件產生移動效果，甚至能控制元件的顯示與隱藏，是學習動態網頁不可不學的標記。本書之後將介紹 CSS 語法，在此先讓讀者了解 div 標記。

<div> 標記是圍堵標記，結束必須有 </div> 標記，它屬於獨立的區塊標記（Block-level），也就是說它不會與其他元件同時顯示在同一行，</div> 標記之後會自動換行。其功能有點類似群組，只要放在 <div></div> 標記裡的元件，都會視為單一物件。在 HTML 語法裡 <div> 標記通常被用來做對齊功能，語法如下：

```
<div align="center" style="font-size: 13pt ; ">
```

<div> 標記的屬性如下：

</> align

align 屬性是用來設定 <div></div> 標記裡的元件對齊方式，設定值有 center（置中對齊）、left（靠左對齊）以及 right（靠右對齊）。

</> style

style 屬性裡是 CSS 語法，這個 CSS 語法是用來設定元件的樣式，上面語法「font-size: 13pt ;」的意思是將文字大小設定為 13pt。

請看以下範例：

範例 div.htm

```
<html>
<head>
<title>div標記的應用</title>
</head>
<body>
<div align="center">
國破山河在，<br>
城春草木深。<br>
感時花濺淚，<br>
恨別鳥驚心。<br>
烽火連三月，<br>
```

```
家書抵萬金。<br>
白頭搔更短，<br>
渾欲不勝簪。
</div>
</body>
</html>
```

【執行結果】

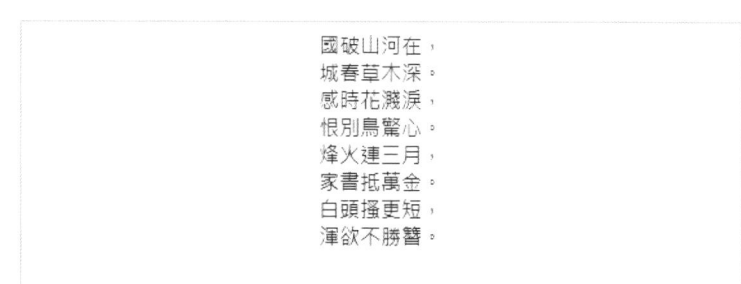

      <div align="center"> 的作用與置中標記 <center> 功能是相同的，都是將標記內的元件對齊。而 <span> 標記與 <div> 標記有點類似，差別在於 </div> 標記之後會換行，而 <span> 是屬於行內標記（Inline-level），可與其他元件顯示於同一行。<span> 標記語法如下：

```
<span style="font-size: 13pt ; ">
```

      <span> 標記是 HTML4 才出現的標記，主要是針對 CSS 樣式表所設計的，在 HTML 語法裡較少使用。透過以下範例，您就更清楚 <div> 與 <span> 標記的用法與差別。

範例 span.htm

```
<html>
<head>
<title>div標記與span標記</title>
</head>
<body>
```

```
<div style="font-size: 15pt ;color: #FF0000;background-color:#FFFFCC">聞官
軍收河南河北</div>
劍外忽傳收薊北,初聞涕淚滿衣裳。
卻看妻子愁何在,漫卷詩書喜欲狂。
白日放歌須縱酒,青春作伴好還鄉。
即從巴峽穿巫峽,便下襄陽向洛陽。
</div>
<p>
<span style="font-size: 15pt ;color: #6600FF;background-color:#FFFFCC">登樓
</span>
花近高樓傷客心,萬方多難此登臨。
錦江春色來天地,玉壘浮雲變古今。
北極朝廷終不改,西山寇盜莫相侵。
可憐後主還祠廟,日暮聊為梁甫吟。
</body>
</html>
```

【執行結果】

> **聞官軍收河南河北**
> 劍外忽傳收薊北,初聞涕淚滿衣裳。 卻看妻子愁何在,漫卷詩書喜欲狂。 白日
> 放歌須縱酒,青春作伴好還鄉。 即從巴峽穿巫峽,便下襄陽向洛陽。
>
> 登樓 花近高樓傷客心,萬方多難此登臨。 錦江春色來天地,玉壘浮雲變古今。
> 北極朝廷終不改,西山寇盜莫相侵。 可憐後主還祠廟,日暮聊為梁甫吟。

　　<div> 標記與 <span> 標記裡的 style 屬性裡是 CSS 語法,「font-size」是設定文字大小,「color」是設定文字顏色,「background-color」則是設定背景顏色。

2-3 條列式清單設定

　　在 HTML 標籤中,清單標記可以將條列式的文字內容分門別類出來,並在文字段落前方加上編號或符號,使文章的易讀性增高,在視覺上也顯得比較活潑生動。清單的標記主要分為「符號清單」與「編號清單」,也可以在清單裡面再加入一層清單,使變成多層的巢狀清單。

2-3-1 符號清單 <ul><li>

符號清單又稱為「無序清單」（Unordered List），它的特點是文字之前會以實心圓形的符號放置在分項的最前端，以達到醒目的效果。標記時必須先在條列選項的前面先加上開始標記 <ul>，而結尾處加上 </ul> 結尾標記。而條列選項則以 <li> 和 </li> 標記在開始與結尾處。

範例 ul-li.htm

```
</body>
<!DOCTYPE html>
<html lang="zh-TW">
<head>
<title>符號清單</title>
<meta charset="utf-8">
</head>
<body>
<h3>資料結構系列書</h3>
<ul>
<li>圖解資料結構─使用C語言</li>
<li>圖解資料結構─使用C++</li>
<li>圖解資料結構─使用Python</li>
<li>圖解資料結構─使用C#</li>
<li>圖解資料結構─使用Java</li>
</ul>
</body>
</html>
```

【執行結果】

資料結構系列書

- 圖解資料結構—使用C語言
- 圖解資料結構—使用C++
- 圖解資料結構—使用Python
- 圖解資料結構—使用C#
- 圖解資料結構—使用Java

以往可以使用 type 屬性來設定清單樣式，在 HTML5 清單樣式通常會使用 CSS 的 list-style-type 語法來定義。其標記方式如下：

```
<ul style="list-style-type:disc">
```

list-style-type 的預設值是實心的圓形—「disc」，也可變更為空心圓形—「circle」、實心方形—「square」、或無—「none」。

2-3-2 編號清單 <ol><li>

編號清單又稱為「有序清單」（Ordered List），當您想要以順序的條列方式顯示資料時，那麼就要使用編號清單。其特徵是在列表時會以數字編號顯示在前端且數字會自動遞增。使用技巧跟符號清單雷同，只是以 <ol> 和 </ol> 表示開始與結束，而列表的項目一樣是使用 <li> 和 </li> 做標記。

範例 ul-ol.htm

```
<!DOCTYPE html>
<html lang="zh-TW">
<head>
<title>編號清單</title>
<meta charset="utf-8">
</head>
<body>
<h3>資料結構系列書</h3>
<ol>
<li>圖解資料結構—使用C語言</li>
<li>圖解資料結構—使用C++</li>
<li>圖解資料結構—使用Python</li>
<li>圖解資料結構—使用C#</li>
<li>圖解資料結構—使用Java</li>
</ol>
</body>
</html>
```

【執行結果】

資料結構系列書

1. 圖解資料結構─使用C語言
2. 圖解資料結構─使用C++
3. 圖解資料結構─使用Python
4. 圖解資料結構─使用C#
5. 圖解資料結構─使用Java

2-3-3 編號清單類型

編號清單裡可以使用 type 的屬性來定義列表項目的類型，目前有五種設定方式：

Type 設定值	項目編號樣式	說明
type="1"	1、2、3…	阿拉伯數字
type="A"	A、B、C…	大寫英文字母
type="a"	A、b、c…	小寫英文字母
type="I"	I、II、III…	大寫羅馬數字
type="i"	I、ii、iii…	小寫羅馬數字

除了利用 type 設定列表項目的類型外，還可以使用 start 來控制編號項目的起始值，例如：要讓編號清單從「E」開始編號，則 <ol> 標記中可加入「start」的語法：

範例 ol-type.htm

```
<!DOCTYPE html>
<html lang="zh-TW">
<head>
<title>編號清單進階使用</title>
<meta charset="utf-8">
</head>
<body>
```

```
<h3>資料結構系列書</h3>
<ol type="A" start=3>
<li>圖解資料結構—使用C語言</li>
<li>圖解資料結構—使用C++</li>
<li>圖解資料結構—使用Python</li>
<li>圖解資料結構—使用C#</li>
<li>圖解資料結構—使用Java</li>
</ol>
</body>
</html>
```

【執行結果】

資料結構系列書

C. 圖解資料結構—使用C語言
D. 圖解資料結構—使用C++
E. 圖解資料結構—使用Python
F. 圖解資料結構—使用C#
G. 圖解資料結構—使用Java

2-3-4 定義清單 <dl><dt><dd>

定義清單（Definition List）的特點在於每個要項都包含兩個要素：「主題標」和「次要項」的內容，而次要項的內容會以縮排的方式來顯示。主標題需以 <dt> 為標記，而次要內容以 <dd> 作為標記，並且 <dd> 標記必須跟隨在 <dt> 標記之後，不能單獨存在。

範例 dl.htm

```
<!DOCTYPE html>
<html lang="zh-TW">
<head>
<title>定義清單</title>
<meta charset="utf-8">
</head>
<body>
```

```
<h3>專業英文版本介紹</h3>
<dl>
<dt>醫護英文
<dd>這個版本收集醫護領域相關字彙，並區分成內外科(包含心臟血管系統、血液及淋巴系統、呼吸
系統、消化系統、內分泌系統、神經系統、肌肉骨骼系統、泌尿及男性生殖系統、婦產科、小兒科、
精神科、社區衛生、其他科別與常見辭彙等13大類別，共收錄1829字，可以幫助學員能以輕鬆、快
速、自學醫護英文專業字彙課程，非常適合醫護等相關科系採用。</dd>
<dt>運休英文
<dd>這個版本收錄運動及休閒活動相關領域的專業辭彙，包括奧運各種運動辭彙、休閒活動的專有術
語及比賽規則術語，同時包括大聯盟MLB、NBA、NFL…等職業性比賽與各種運動及休閒場景之對
話中之關鍵字，共收錄1750字，可以幫助學員能以輕鬆、快速、自學運動休閒英文文專業字彙課程。
</dd>
</dl>
</body>
</html>
```

【 執行結果 】

> **專業英文版本介紹**
>
> 醫護英文
>   這個版本收集醫護領域相關字彙，並區分成內外科(包含心臟血管系統、血液及淋巴系統、呼吸
>   系統、消化系統、內分泌系統、神經系統、肌肉骨骼系統、泌尿及男性生殖系統、婦產科、小
>   兒科、精神科、社區衛生、 其它科別與常見辭彙等13大類別，共收錄1829字，可以幫助學員能
>   以輕鬆、快速、自學醫護英文專業字彙課程，非常適合醫護等相關科系採用。
> 運休英文
>   這個版本收錄運動及休閒活動相關領域的專業辭彙，包括奧運各種運動辭彙、休閒活動的專有
>   術語及比賽規則術語，同時包括大聯盟MLB、NBA、NFL…等職業性比賽與各種運動及休閒活
>   動場景之對話中之關鍵字，共收錄1750字，可以幫助學員能以輕鬆、快速、自學運動休閒英文
>   文專業字彙課程。

2-4 字元格式設定

　　HTML 中最常使用的是文字，與文字相關的標記也最多，目的就是讓指定的字
元可以清楚標示出不同的重點。有些標記的顯示結果雖然相似，但代表的意義略有
不同，像是 <b> 和 <strong> 標記都會顯示較粗的字體，但是 <strong> 會強調文字
的重要性；又如 <i> 和 <em> 都會顯示斜體字，但是 <em> 強調本文的重要性。

標記	說明
`<b></b>`	定義粗體字
`<strong></strong>`	重要文字，加強語意的重要性
`<i></i>`	定義斜體文字
`<em></em>`	以斜體字強調本文，加強語意的重要性
`<small></small>`	顯示較小的文字
`<mark></mark>`	標記要凸顯的文字，會以明亮的黃色底顯示在文字下方
`<del></del>`	刪除文字
`<ins></ins>`	插入或添加文字，標記的文字下方會顯示下底線
`<sup></sup>`	文字上標
`<sub></sub>`	文字下標

各文字標記的顯示結果如下：

> **粗體字**
> **重要文字**
> *定義斜體文字*
> *以斜體字強調本文*
> 顯示較小的文字
> 標記要突顯的文字
> 刪除文字
> 插入或添加文字
> 文字上標
> 文字下標

2-5 文字特殊用法

對於一些詩詞或是評論註解等特殊用法，HTML 標記也有提供標記讓各位使用，此節就針對這些用法做說明。

2-5-1　註解 <!>

　　在編輯 HTML 文件時，如果文件較為複雜，可以使用註解來提示自己，一方面易於日後對文件的修改，另一方面也能讓其他維護網頁的工作者了解該段程式碼的的用途。註解的文字內容並不會在瀏覽器上顯示出來，純粹是用來輔助說明。其標記方式如下：

```
<!-- 註解文字 -->
```

2-5-2　使用特殊符號

　　HTML 裡的標記常用到 <（小於）、>（大於）、""（雙引號）和 & 等符號，如果想在文件中顯示這些符號時，會被認為是標記而無法正常顯示，這時候就可以輸入該符號對應的表示法，如此一來，就能在瀏覽器顯示這些符號了。下表為特殊符號代碼表。

特殊符號	HTML 表示法
©	&copy;
<	&it;
>	&gt;
"	&quot;
&	&amp;
半形空白	

　　例如以下語法：

```
<u>Happy Birthday</u>
```

　　當我們想將上面這句語法顯示於瀏覽器上時，就可以這樣表示：

```
&lt;u&gt; Happy Birthday &lt;/u&gt;
```

　　另外，筆者要特別說明網頁留「空白」的用法。您一定覺得奇怪，「空白」有什麼值得介紹的，按下鍵盤的空白鍵不就可以了嗎？其實不然，不管我們在 HTML 文件裡按了幾次鍵盤的空白鍵，從網頁上瀏覽時，只會顯示一個空白的距離。

　　如果希望能在網頁上顯示多個空白，就必須利用「 」符號來留空白。

範例 special.htm

```
<i>Beautiful World</i><br />
&lt;u&gt;Beautiful World&lt;/u&gt;<br />
<i>Beautiful   World</i>
```

【執行結果】

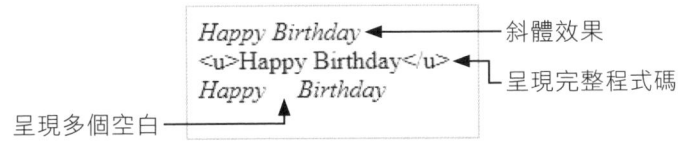

斜體效果 ←

呈現完整程式碼 ←

呈現多個空白 →

TIPS　網頁上想要呈現多個空白，除了在 HTML 文件中使用「 」之外，也可以使用全形的空白（先切換到全形再按空白鍵），不過為了日後程式維護方便，建議還是以「 」為佳。

2-6　插入圖片

　　接下來就要學習如何定義圖像標記 <img>，以及 <img> 相關屬性的使用方式。

2-6-1　圖像標記 <img>

　　網頁中如果需要放入圖片做說明，一般都是透過嵌入的方式，利用 <img> 標記定義圖像，即可在網頁上順利顯現圖片。其基本語法的標記方式如下：

```
<img src="圖檔名稱.副檔名">
```

　　「src」用來指定圖片的路徑或檔名，當網頁檔與圖檔是在同一個資料夾中，只要直接以圖檔名稱表示即可，如果是放在「images」資料夾中，則必須以「images/」代表上層的資料夾。若是 src 是要連結到指定的 URL 位址，可使用以下的標記方式：

```
<img src="http://網址/圖檔名稱.副檔名">
```

範例 img.htm

```
<body>
<h1>電腦繪圖作品</h1>
<img src="images/food.png">
</body>
```

【執行結果】

2-6-2　<img> 屬性設定

　　在 <img> 標記中，除了 src 屬性指定圖像外，還有以下幾個屬性可以使用：

📼 alt 替代或說明圖案內容

當瀏覽器是以文字模式進入伺服器時，則電腦無法顯現其圖形，此時 alt 標記可發揮其作用，或是當 src 屬性出錯，瀏覽器找不到圖像，alt 將可替代圖像以文字讓瀏覽者知道圖案所代表的意義。

📼 with/height 圖像寬度與高度

with 和 height 的數值是讓瀏覽器知道如何顯現圖片的大小，通常以像素作為單位。如果未指定寬度與高度，圖像下載時可能出現閃爍的現象。

範例 img-size.htm

```
<!DOCTYPE html>
<html lang="zh-TW">
<head>
<title><img>屬性設定</title>
<meta charset="utf-8">
</head>
<body>
<h2>超人的示意圖</h2>
<img src="images/superman.jpg" alt="超人的示意圖" width="300" height="300">
</body>
</html>
```

【執行結果】

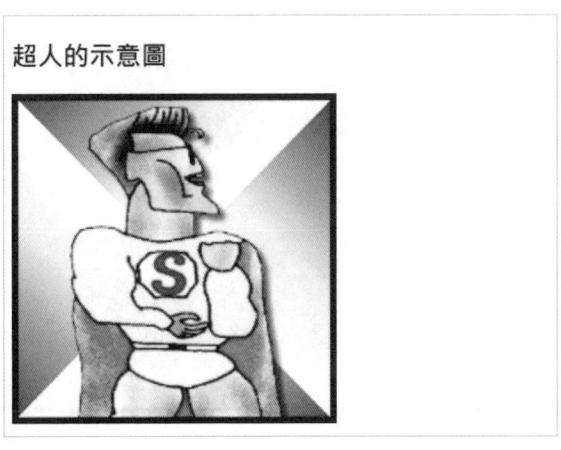

2-6-3 gif 動態圖像

　　HTML 也允許在網頁中加入 gif 動畫檔。它的使用方法和一般圖像完全相同，標記方式如下，而其顯示結果可參閱範例檔「img-gif.htm」。

範例 img-gif.htm

```
<!DOCTYPE html>
<html lang="zh-TW">
<head>
<title>GIF動態圖像</title>
<meta charset="utf-8">
</head>
<body>
<img src="images/ani.gif" alt="綠度母" width="500" height="365"/>
</body>
</html>
```

【執行結果】

2-6-4 路徑表示法

　　網頁文件中的路徑有兩種，一種是相對路徑（Relative Path），另一種是絕對路徑（Absolute Path）。絕對路徑通常用在想要連結到網路上某一張圖片時，就可以直接指定 URL，表示方式如下：

```
<img src="http://網址/圖檔.jpg" />
```

　　相對路徑是以網頁文件存放資料夾與圖檔存放資料夾之間的路徑關係來表示，接著就以下圖為例，來說明相對路徑的表示法。

　　下圖中，網站的根目錄是 pic 資料夾，pic 資料夾內有 family 及 friend 資料夾，而 friend 資料夾內有 highschool 資料夾。

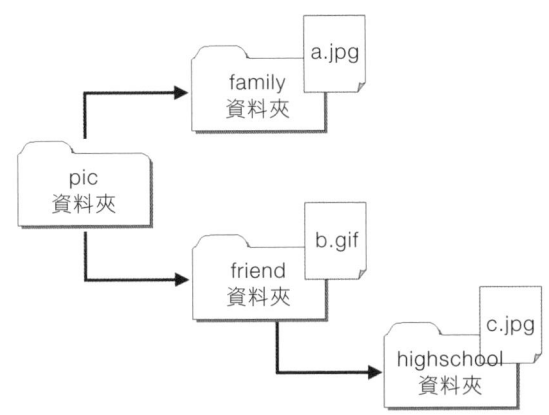

網頁與檔案位於同一個資料夾

　　當網頁與檔案位於同一個資料夾，只要直接以檔案名稱表示就可以了。例如網頁位於 family 資料夾，想要在網頁內嵌入 family 資料夾裡的 a.jpg 圖檔，可以如下表示：

```
<img src="a.jpg" />
```

位於上層資料夾

　　路徑的表示法是以「../」代表上一層資料夾，「../../」表示上上一層資料夾⋯以此類推。當檔案位於網頁的上層資料夾，只要在檔案名稱前加上「../」就可以了。例如網頁位於 family 資料夾，想要在網頁內加入 friend 資料夾裡的 b.gif 圖檔，可以如下表示：

```
< img src="../friend/b.gif" />
```

</> 位於下層資料夾

當檔案位於網頁的下層資料夾，只要在檔案名稱前加上資料夾路徑就可以了。例如網頁位於 friend 資料夾，想要在網頁內加入 highschool 資料夾裡的 c.jpg 圖檔，可以如下表示：

```
<img src=" highschool/c.jpg" />
```

2-7 建立超連結

HTML 是提供互動式的超媒體，其中最重要的一環就是超連結，透過超連結可建立網頁與網頁之間的關係，也可以連結到其他的網站。在 HTML 文件中，不管是文字或圖片，都可以設定超連結的標記，加入超連結的標記後，瀏覽者只要點選圖片或文字的連結，就會立刻被導引到另一個網頁、網站、檔案、或電子郵件信箱。這裡我們要來探討各種超連結的設定方式。

2-7-1 文字和圖片連結

不管是文字或圖片都可以加入超連結，使它連結到指定的地址。為了讓瀏覽者知道哪些文字或圖片有做超連結，通常都會以特殊的方式來顯示，像是文字設定不同的顏色和顯示下底線，或是滑鼠移入超連結區域就會變成 🖑 的圖示，都是超連結的特徵。

文字的超連結標記如下：

```
<a href="網址/路徑/檔名">關鍵文字</a>
```

標記中的 <a> 用來定義鏈結，而 href 屬性用來定義鏈接的地址。如果要把文字變成圖片的超連結，只要把關鍵文字變更成圖片 <img> 的標記即可，如下所示：

```
<a href="網址/路徑/檔名"><img src="圖片路徑和檔名"></a>
```

範例 href1.htm

```
<body>
<a href="https://pmm.zct.com.tw/zct_add/">速記多國語言雲端學習系統</a>
<p>
<a href="https://pmm.zct.com.tw/zct_add/"><img src="images/btn01.png"></a>
</body>
```

【執行結果】

速記多國語言雲端學習系統

速記多國語言雲端學習系統試用網站

2-7-2 網站內／外的連結

網站外的連結是指鏈接到其他人的網站。其標記方式如下：

```
<a href="url網址">關鍵文字</a>
```

網站內連結是指連結到自己網站裡的網頁，站內的連結必須以「相對位置」鏈接到指定的目標，其語法如下：

```
<a href="連結目標相對路徑">關鍵文字</a>
```

如果網頁與鏈接的目標是放在同一個目錄裡，那麼只要填入檔名即可。另外，href 也可以設定連結到指定的檔案。

範例 href2.htm

```
<body>
<a href="https://pmm.zct.com.tw/zct_add/">速記多國語言雲端學習系統</a>
<p>
<a href="br.htm">油漆式速記法簡介</a>
</body>
```

2-7-3 文件內的書籤連結

如果你的網頁非常長，書籤鏈接的功能就可派上用場，因為它能連結到同一份網頁的另一個地方。要製作書籤，必須先建立書籤然後再加入連結，以便連結點被按下時，網頁自動帶到書籤位置。

先在要被連結的地方加入如下標記，這樣讓電腦知道要鏈接到何處：

```
<a name="書籤名稱">關鍵文字</a>
```

接著設定要連結到的位置，如果是同一網頁的另一個部分，其標記如下：

```
<a href="#書籤名稱">關鍵文字</a>
```

若是要鏈接到不同網頁的其他書籤位置，可在書籤之前加入網頁名稱，如下標記方式：

```
<a href="網頁檔名#書籤名稱">關鍵文字</a>
```

範例 href3.htm

```
<body>
<h3><a name="menu">三種槓桿原理</a></h3>
<ul>
<li><a href="#b1">第一種槓桿</a>
<li><a href="#b2">第二種槓桿</a>
<li><a href="#b3">第三種槓桿</a>
</ul>
<hr>
<a name="b1"><h4>第一種槓桿</h4></a>
支點在中間，支點的位置，決定省力或不省力。
<a href="#menu">回到主目錄</a>
<hr>
<a name="b2"><h4>第二種槓桿</h4></a>
抗力點在中間，永遠省力。
<a href="#menu">回到主目錄</a>
<hr>
<a name="b3"><h4>第三種槓桿</h4></a>
施力點在中間，永遠不省力，但省時。
<a href="#menu">回到主目錄</a>
</body>
```

如上所示的範例，當各位按下上方三個其中一個超連結，網頁就會自動顯示在該標題與內容

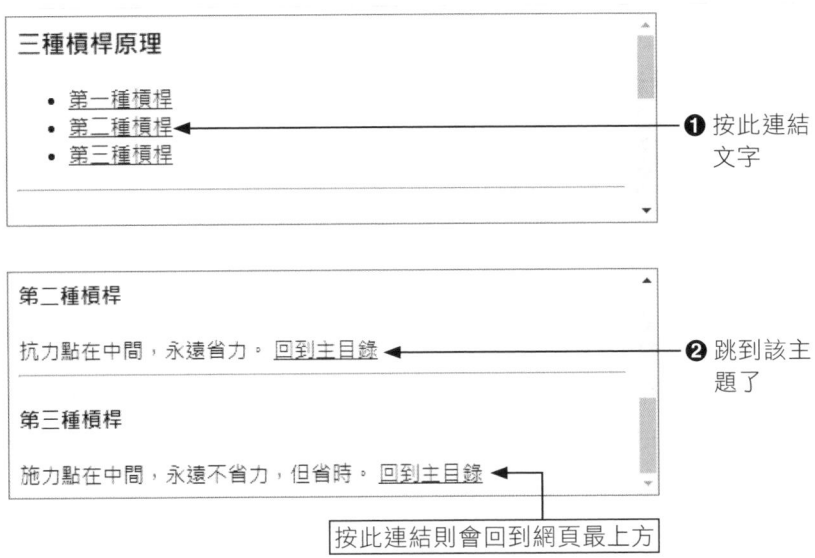

➊ 按此連結文字

➋ 跳到該主題了

按此連結則會回到網頁最上方

2-7-4 連結目標的屬性設定

當我們設定連結的目標時，還可以透過 target 屬性來指定以何種方式開啟鏈接的網頁檔。

target="_ blank"	連結的目標網頁會在新的視窗中開啟
target="_ self"	連結的目標網頁會在目前執行的視窗中被開啟，此為預設值
target="_ parent"	連結的目標網頁會在目前執行的視窗中被開啟，如果是在框架式網頁中，會在上一層頁框中開啟目標網頁
target="_ top"	連結的網頁會開啟在瀏覽器視窗，如果有框架，網頁中的所有頁框會被移除
target="視窗名稱"	連結的網頁會開啟在指定名稱的視窗或框架中

標記方式如下：

```
<a href= https://pmm.zct.com.tw/zct_add/  target="_blank">油漆式試用網站</a>
```

2-7-5　連結到電子信箱

在 HTML 中有一個 mailto 的標記，可用來傳送電子郵件，當瀏覽者選取該連結處，瀏覽器就會啟動電子郵件程式，方便瀏覽者將信件傳送到收信人處。其標記方式如下：

```
<a href="mailto:電子郵件信箱">連結文字</a>
```

為了讓使用者更省事，也可以預先設定好主旨，只要在電子郵件信箱之後加上「?Subject= 主旨文字」就可搞定。例如要讓網友利用電子郵件寫建議給版主，可標記如下：

```
<a href="mailto:h7373@ms4.hinet.net?Subject=給版主建議">給版主建議</a>
```

如上設定完成後，只要按下「給版主建議」的超連結文字，就可以看到新郵件的視窗自動被開啟！

範例 href4.htm

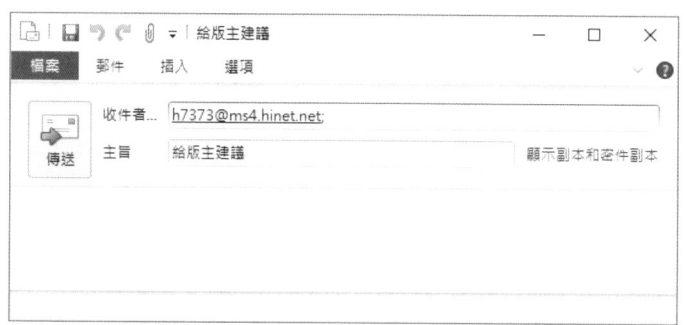

2-7-6 連結至檔案

如果我們希望提供使用者下載文件或檔案，就可以設定檔案超連結。語法如下：

```
<a href="abc.zip">下載</a>
```

這是下載或開啟檔案的寫法，只要在連結位置寫清楚檔案路徑及檔案名稱就可以。如果檔案與網頁放在同一個網站，那麼可以用相對路徑表示，如果檔案位於其他網站，則必須以絕對路徑表示，如下：

```
<a href="http://www.abc.com.tw/abc.zip">下載</a>
```

當使用者按下連結後，會下載並儲存該檔案，如下圖。

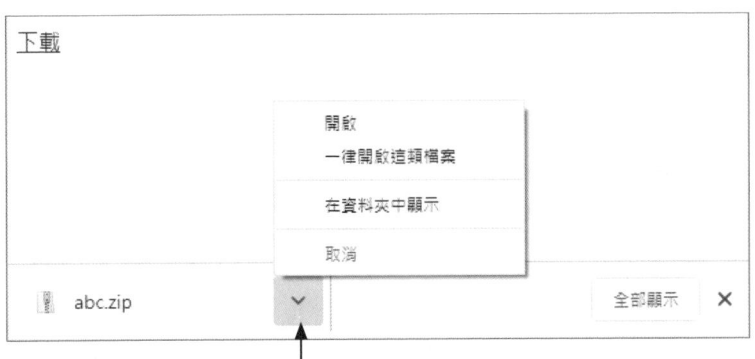

按此下拉鈕可以開啟功能表，各位可以決定以何種方式開啟

重 點 回 顧

- HTML 標記中是以 <h> 表示開始，</h> 表示結束，從最大的 <h1> 到最小的 <h6> 共有六種選擇性。

- <p> 標記用來定義段落，以 <p> 為開始標記，以 </p> 為結束標記，而
 標記則是定義為換行，沒有結束標記。這兩個標記的差別在於，<p> 標記除了換行之外，還會增加一個空白列。

- HTML 標記中是以 <hr> 做水平分隔線，作用是製造一個分隔的空間，使文件清楚明瞭，易於區分出主題或區塊。

- 清單的標記主要分為「符號清單」與「編號清單」，也可以在清單裡面再加入一層清單，使變成多層的巢狀清單。

- 符號清單又稱為「無序清單」（Unordered List），特點是文字之前會以實心圓形的符號放置在分項的最前端，以達到醒目的效果。標記時必須先在條列選項的前面先加上開始標記 <ul>，而結尾處加上 </ul> 結束標記。而條列選項則以 <li> 和 </li> 標記在開始與結尾處。

- 清單樣式必須使用 CSS 的 list-style-type 語法來定義。list-style-type 的預設值是實心的圓形—「disc」，也可變更為空心圓形—「circle」、實心方形—「square」、或無—「none」。

- 編號清單又稱為「有序清單」（Ordered List），是以順序的條列方式顯示資料。以 <ol> 和 </ol> 表示開始與結束，而列表的項目是使用 <li> 和 </li> 做標記。

- 編號清單可以使用 type 的屬性來定義列表項目的類型，有五種設定方式，包括阿拉伯數字、大 / 小寫英文字母、大 / 小寫羅馬數字。另外還可以使用 start 來控制編號項目的的起始值。

- 定義清單（Definition List）的特點在於每個要項都包含主題標和次要項的內容兩個要項，而次要項內容會以縮排方式來顯示。主題標需以 <dt> 為標記，而次要內容以 <dd> 作為標記，並且 <dd> 標記必須跟隨在 <dt> 標記之後，不能單獨存在。

- 字元格式的標籤中，<b> 和 <strong> 標記都會顯示較粗的字體，但是 <strong> 會強調文字的重要性；<i> 和 <em> 都會顯示斜體字，但是 <em> 強調本文的重要性。

- 希望在 HTML 看到的畫面在一般文字檔中所加入的文字的間隔、空白、跳行完全相同，<pre> 標記可以達到要求。

- 文字或圖片都可以加入超連結，使它連結到指定的地址。像是文字設定不同的顏色和顯示下底線，或是滑鼠移入超連結區域就會變成 🖑 的圖示，都是超連結的特徵。

- 標記 <a> 用來定義鏈結，而 href 屬性用來定義鏈接的地址。如果要把文字變成圖片的超連結，只要把關鍵文字變更成圖片 <img> 的標記即可。

- HTML 文件中，不管是文字或圖片都可以設定超連結的標記，加入超連結的標記後，瀏覽者只要點選圖片或文字的連結，就會立刻被導引到另一個網頁、網站、檔案、或電子郵件信箱。

- 文件內的書籤連結必須先建立書籤然後再加入連結，以便連結點被按下時，網頁自動帶到書籤位置。設定連結的目標時，還可以透過 target 屬性來指定以何種方式開啟鏈接的網頁檔。

- mailto 的標記可用來傳送電子郵件，當瀏覽者選取該連結處，瀏覽器就會啟動電子郵件程式，方便瀏覽者將信件傳送到收信人處。另外在在電子郵件信箱之後加上「?Subject= 主旨文字」可以預先設定好主旨。

評 量 時 間

選擇題

1.（　）下列何者敘述是正確的？

　　A. HTML 標記有大小寫的區分

　　B. \<hr> 的標記可設定標題字的對齊方式

　　C. 使用 \<! 標記可在網頁中加入特殊符號

　　D. HTML 標記大都是成雙成對的

2.（　）下列何者敘述是不正確的？

　　A. HTML5 是由 HTML4 發展而來的標籤語言

　　B. 結束標記是在標記的文字之前加上一個斜線「!」來表示

　　C. 最簡單的 HTML 網頁是由 \<html> 和 \</html> 標示出網頁的開始與結束

　　D. \<head>\</head> 標記表示網頁表頭範圍，通常放置網頁的相關資訊

3.（　）下列何者不是段落設定有關的 HTML 標記？

　　A. 建立標題字 \<h1>-\<h6>　　　　B. 段落與換行 \<p>\

　　C. 水平分隔線 \<hr>　　　　D. \<meta> 標記

4.（　）下列何者不是編號清單類型？

　　A. type="1"　　B. type="A"　　C. type="B"　　D. type="I"

5.（　）下列何者不是定義清單的標記？

　　A. \<dl>　　B. \<dh>　　C. \<dt>　　D. \<dd>

簡答題

1. 請說明如何宣告 HTML5 文件？

2. 請說明 meta 標記的語法可分為哪兩大類？

3. 請說明何謂 Cookie？

4. meta 標記的 name 屬性是用來宣告網頁的相關資訊，常用的 name 屬性種類有哪些？

5. 請簡述段落與換行 \<p>\
 兩者間的差別。

6. 請簡述格式化本文 <pre> 的主要功能。

7. 請舉出至少五種和字元格式設定有關的標記。

8. 請簡述圖像標記 <img> 如何指定圖片的路徑或檔名？

9. 當我們設定連結的目標時，還可以透過 target 屬性來指定以何種方式開啟鏈接的網頁檔，試簡述有哪幾種屬性設定。

10. 請說明 <img> 標記中的 src、alt 屬性的用法。

NOTE

03
CHAPTER

表格 / 表單與
多媒體素材

　　表格在網頁中被使用的機會相當高，因為它可以讓一大串的數據資料變得簡單易懂，也可以作為圖文對齊的依據，讓網頁顯得清爽有條理。HTML 標記中 <table> 和 </table> 就是用來宣告表格的開始與結束，而 <form> 標記若是配合 <input> 標記，就可以完成各種不同的表單。因此這個章節我們將針對表格與表單的使用進行說明。

3-1　表格製作

　　要製作基本的表格並不困難，這一小節先來認識表格基本架構，接著將學習如何建立基本表格及定義表格標題。

3-1-1　表格基本架構

　　一個基本表格通常會包含橫列與直欄，網頁表格通常是以 <table>、<tr>、<td> 三個標籤來標記，用法說明如下：

</> <table></table>

　　用來宣告表格的開始與結束，並負責整個表格的屬性，此外可加入 border 屬性來指定是否顯示表格框線。其標記方式為：

```
<table border="n">…</table>
```

　　其中的 n 表示表格框線的厚度，一般以像素（Pixel）為單位，其值必須大於或等於 0 的整數值。當 n=0 時，框線不會顯示出來，n 大於 0 時則顯現框線，如果沒有設定 border 屬性，則 n 預設值為 0。

</> <tr></tr>

　　此標記放置在 <table> 與 </table> 中，用來宣告每一橫列的開始與結束。

</> <td></td>

　　此標記放置在 <tr> 與 </tr> 中，用以宣告表格資料的開始與結束。

3-1-2 建立基本表格

對於 <table>、<tr>、<td> 標記有所了解後,接著我們就來試著建立一個表格。建立表格時先在網頁中加入 <table> 與 </table>,接著設定第一橫列的開始與結束 <tr></tr>,然後在 <tr> 標記後依序加入每一筆的表格資料 <td></td>。完成之後再依序第二筆的橫列資料而成為欄。

範例 table.htm

```
<!DOCTYPE html>
<html lang="zh-TW">
<head>
<title>表格設定</title>
<meta charset="utf-8">
</head>
<body>
<table border="1">
<tr><td>企劃部</td><td>許伯如</td><td>54000</td></tr>
<tr><td>研發部</td><td>吳建文</td><td>48000</td></tr>
<tr><td>業務部</td><td>朱大慶</td><td>63000</td></tr>
</table>
</body>
</html>
```

【執行結果】

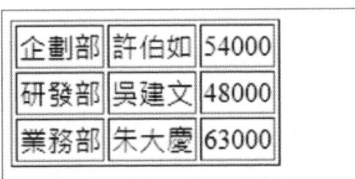

3-1-3 定義表格標題

表格除了剛剛介紹的三個主要標記外,若是希望為表格加入標題文字,可透過 <caption> 和 </caption> 標記來設定,要注意的是,此標籤只能放在 <table> 標記之後,預設情況下會以置中方式呈現。標記方式:

```
<caption>本月薪資摘記</caption>
```

顯示結果：caption.htm

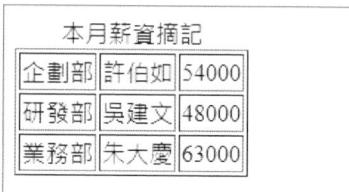

　　另外，表格的標題列也可定義，只要在 <tr></tr> 標記間加入 <th> 和 </th> 標記即可，該列的文字就會以粗體和置中方式顯示。若要設定標題列對齊的方式，則必須使用 CSS 做設定。

範例 th.htm

```
<table border="1">
<caption>本月薪資摘記</caption>
<tr><th>部門</th><th>姓名</th><th>薪資</th></tr>
<tr><td>企劃部</td><td>許伯如</td><td>54000</td></tr>
<tr><td>研發部</td><td>吳建文</td><td>48000</td></tr>
<tr><td>業務部</td><td>朱大慶</td><td>63000</td></tr>
</table>
```

【執行結果】

3-2 表格的編輯技巧

如果您過去用過 HTML 表格，您可能遇過表格分佈不均，或是加入文字內容之後，儲存格變得難以控制等問題，這一小節，筆者將針對製作表格常遇到的問題做更詳盡的解說，例如，合併儲存格、表格對齊方式等等實用的技巧。

3-2-1 合併儲存格

合併儲存格功能分為「合併左右欄」以及「合併上下列」兩種，現在我們就先來看看左右欄怎麼合併。

⟨/⟩ 合併左右欄

合併左右欄的屬性是「colspan」，設定值為準備合併的欄數，用法如下：

```
<td colspan="2" >
```

這是表示合併兩欄的意思，colspan 屬性是由左往右合併儲存格，因此，只保留本身的 <td></td> 標記，另一組 <td></td> 標記就不需要了，如下所示：

```
<table border="1" width="200">
<tr>
    <td colspan="2">合併左右儲存格</td>
</tr>              ┌─────── 這裡只保留一組 <td></td>
<tr>
    <td>左欄</td>
    <td>右欄</td>
</tr>
</table>
```

請看以下示意圖。左邊儲存格橫跨到右邊，原本上列要寫兩組 <td></td> 標記，現在只要寫一組就可以了。網頁上看到的執行結果如下。

合併左右儲存格	
左欄	右欄

合併上下列

合併上下列的屬性是「rowspan」，設定值為準備合併的列數，用法如下：

```
<td rowspan="3" >
```

這是表示合併三列的意思，rowspan 屬性是由上往下合併儲存格，因此，只保留本身的 <td></td> 標記就可以，下方的另外兩個 <td></td> 標記必須去除，如下所示。

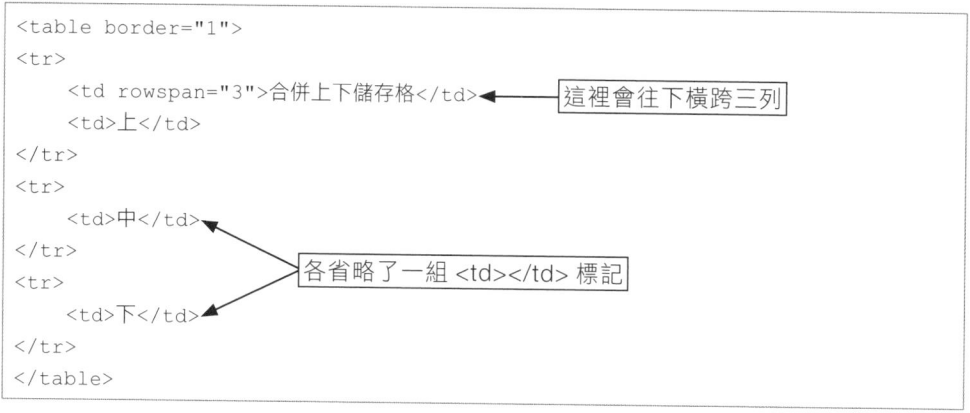

```
<table border="1">
<tr>
    <td rowspan="3">合併上下儲存格</td>     ← 這裡會往下橫跨三列
    <td>上</td>
</tr>
<tr>
    <td>中</td>
</tr>                                    各省略了一組 <td></td> 標記
<tr>
    <td>下</td>
</tr>
</table>
```

請看以下示意圖。最上方的儲存格往下橫跨三個儲存格，原本右欄三組 <td></td> 標記，只保留第一組就可以了。網頁上看到的執行結果如下。

另外，當儲存格內沒有任何內容也就是空白的時候，儲存格的邊框會消失，只要在空白儲存格裡輸入一個全形空白或「 」就能解決這個問題了。

3-2-2　利用表格組合圖片

　　一些影像繪圖軟體可以將大圖切割成小圖，現在我們就來看看，如何將切割好的小圖藉由表格再拼回原圖。在本章範例檔「jpg」資料夾裡有四張已經切割好的小圖，請您跟著範例來練習看看。

範例 merge.htm

```
<!DOCTYPE html>
<html>
<head>
<meta charset="big5">
<title>利用表格組合圖片</title>
<style type="text/css">    /*CSS語法*/
    table{border-collapse:collapse;}
    td{padding:0;}
    img{display:block;}
</style>
</head>
<BODY>
<TABLE>
    <TR>
        <TD><IMG SRC="jpg/1.jpg"></TD>
        <TD><IMG SRC="jpg/2.jpg"></TD>
    </TR>
    <TR>
        <TD><IMG SRC="jpg/3.jpg"></TD>
        <TD><IMG SRC="jpg/4.jpg"></TD>
    </TR>
</TABLE>
</BODY>
</HTML>
```

【執行結果】

　　範例是 HTML 表格語法加上 CSS 語法合力完成的，程式碼中 <style type="text/css"></style> 標記是宣告使用 CSS 語法。另外，HTML4 的表格有 cellpadding（文字與表格框線的距離）及 cellspacing（框線厚度）屬性，只要將兩者設為零，就可以達到與範例同樣效果，不過這兩個屬性 HTML5 已經確定不再支援。

> **TIPS** 當網頁文件使用了過多 table 語法建立表格時，瀏覽器需要花更多時間載入，會讓網頁下載速度變慢，而且搜尋引擎對於表格建構的網頁也需要花較多時間解析，因此網頁文件最好減少使用表格（table）。

3-3 表格綜合範例應用─賞心悅目的旅遊行程表

　　這個範例主要是透過表格的相關標記，完成如下的旅遊行程表，讓表格既有文字說明，也有圖片為例。

- 來源資料：旅遊說明.txt、1.jpg、2.jpg
- 完成檔案：travel.htm
- 顯示結果：

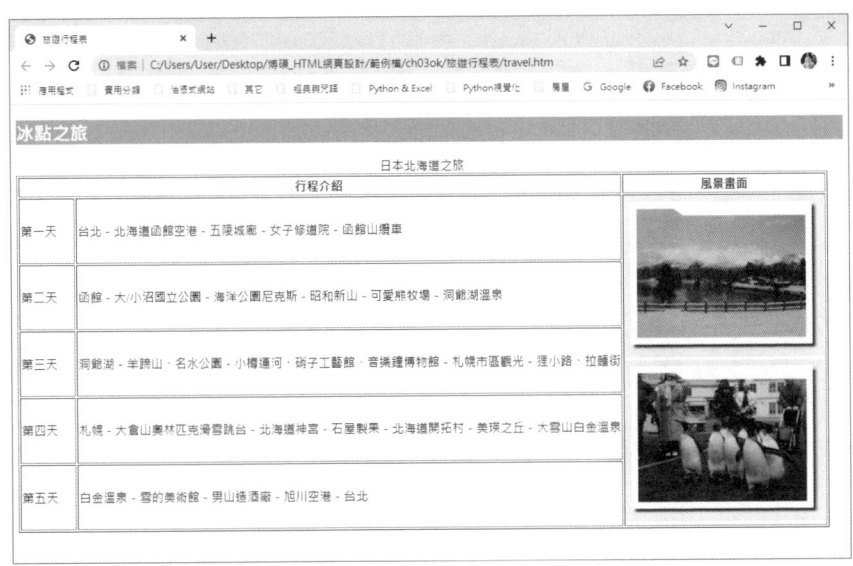

3-3-1　程式說明

</> 建立基礎表格與儲存格文字

　　首先在 HTML5 文件中，先以 <h2> 標記加入藍色背景（#00C4C4）與白色文字 rgb(255,255,255) 的標題「冰點之旅」，再應用 <table>、<tr>、<th>、<td>、<caption> 等基本標記，先建立一個六列三欄的表格，而標題列以 <th> 標記作加粗處。

</> 儲存格插入文字

　　預覽並確定基礎表格沒問題後，接著開啟「旅遊說明.txt」文字檔，依序將表格標題加入到 <caption> 和 <caption> 間、儲存格標題加到 <th> 和 </th> 間、內文字則加到 <td> 和 </td> 之間，沒有資料的儲存格則保留空白。

</> 合併儲存格

確認儲存格文字完成後，先使用 colspan 屬性合併第 1 列的 1、2 欄儲存格，再使用 rowspan 屬性將第 3 欄的儲存格做上下合併。同時記得將已合併而多餘出來的標記刪除。

</> 儲存格插入圖片

儲存格中插入圖片是以 <img src="1.jpg"> 和 <img src="2.jpg"> 標記，就可以將兩張插圖插入。插入後若要控制儲存格的寬度，可在 <th> 或 <td> 標記中加入 width 屬性。像是控制「第一天」儲存格的寬度，可加入 <td width="70"> 標記，控制「風景畫面」的寬度，則加入 <th width="267"> 的標記。

完成如上設定，賞心悅目的旅遊行程表就告完成。

3-3-2　完整程式碼

```
<!DOCTYPE html>
<html lang="zh-TW">
<head>
<title>旅遊行程表</title>
<meta charset="utf-8">
</head>
<body>
<h2 style="background-color: #00C4C4;color:rgb(255,255,255)">冰點之旅</h2>
<table border="1">
<caption>日本北海道之旅</caption>
<tr><th colspan="2">行程介紹</th><th width="267">風景畫面</th></tr>
<tr><td width="70">第一天</td><td>台北－北海道函館空港－五陵城廓－女子修道院－函館山
纜車</td><td rowspan="5"><img src="1.jpg"><img src="2.jpg"></td></tr>
<tr><td>第二天</td><td>函館－大/小沼國立公園－海洋公園尼克斯－昭和新山－可愛熊牧場－洞
爺湖溫泉</td></tr>
<tr><td>第三天</td><td>洞爺湖－羊蹄山、名水公園－小樽運河、硝子工藝館、音樂鐘博物館－
札幌市區觀光－狸小路、拉麵街</td></tr>
<tr><td>第四天</td><td>札幌－大倉山奧林匹克滑雪跳台－北海道神宮－石屋製果－北海道開拓
村－美瑛之丘－大雪山白金溫泉</td></tr>
<tr><td>第五天</td><td>白金溫泉－雪的美術館－男山造酒廠－旭川空港－台北</td></tr>
</table>
</body>
</html>
```

3-4 建立表單

表單是由許多表單元件所組成，目的是讓使用者填寫資料後送到伺服器端進行必要的處理，像是線上購物、討論區、留言板等功能。製作表單並不會太困難，基本上是在文件中加入 <form> 的標記，再配合 <input> 標記就可以加入各種的表單元件，這一小節將針對表單的建立與元件使用技巧做說明。

3-4-1 表單基本架構

表單的使用是在 <body> 和 </body> 之間加入 <form> 和 </form> 標記，這裡先以一個簡單的登入畫面來說明表單的基本架構。

範例 表單架構 .htm

```
<body>
<form method="post" action="" enctype="text/plain">
帳號：<input type="text" name="username"><br>
密碼：<input type="password" name="password"><br>
<input type="submit" value="送出">
<input type="reset" value="取消">
</form>
</body>
```

表單內容

【執行結果】

```
帳號：
密碼：
送出 取消
```

<form> 標記就像是個容器，裡面可以放置各種的表單件，這裡先來解說一下 form 屬性所代表的意義：

</> method 屬性

method 是設定傳送表單資料的方式，設定值有 post 和 get 兩種方式：

- post：將資料本身當作主體，先封裝後再進行傳送，字串長度沒有限制且安全性較高，對於需要保密的資訊，大都會選擇以此方式做傳送。

- get：將資料附在 url 地址後面當作一般的查詢字串，其安全性較差，並且有 255 個字元的字數限制，適用於資料量較少的表單。

action 屬性

表單通常會與 asp 或 php 等資料庫程式配合使用，為了能接受瀏覽器所送出的資料，在伺服器內必須有一個服務的程式來接收，而 action 屬性就是用來指定處理表單資料所在位址。例如：「action="abc.asp"」表示將表單送到 abc.asp 網頁進行下一步的處理。如果不使用資料庫程式，也可以將表單內容送到電子郵件信箱，其標記方式如下：

```
<form method="post" action="mailto:abc@zct.com.tw?subject=郵件主旨" >
```

enctype 屬性

是指傳送資料是否經過編碼，此屬性只有在 method="post" 才會生效。目前有三種方式：

- enctype="application/x-www-form-urlencoded"：此為預設值，如果省略不寫，就表示採取此種編碼模式。

- enctype="multipart/form-data"：用於上傳檔案的時候。

- enctype="text/plain"：將表單內容傳送到電子信箱時，enctype 的設定值必須設為 "text/plain"，否則將會出現亂碼。

在 <form></form> 標記裡，使用 <input> 標記可以加入多種類型的表單元件，包括輸入元件、清單元件、核取元件、按鈕元件等，下面我們繼續為各位介紹這些表單元件的使用技巧。

3-4-2　輸入元件

　　輸入元件是最常被使用的元件，作用是讓使用者輸入資料。最常使用的文字元件有文字方塊（Text）、密碼欄位（Password）、文字區域欄位（Textarea）、三種，而 HTML5 還新增了 date、number、color、range 等元件，但必須配合 JavaScript 才能發揮功能。

文字方塊

　　文字方塊是以 type="text" 來表示，其特徵是呈現單行的文字區塊供用戶輸入文字。標記方式如下：

```
<input type="text" name="username" value="名字" size="12" maxlength="8">
```

　　屬性 name 是指文字方塊的名稱，方便表單處理程式辨識表單元件，設定值可為英文、數字或底線，有大小之分。屬性 value 是文字方塊的預設文字，可省略不用。屬性 size 是指文字的長度，若不設定，其預設長度為 20，而 maxlength 則是限制用戶可輸入的字數，避免用戶輸入錯誤。其顯示結果如下：

名字

密碼欄位

　　密碼欄位是以 type="password" 來表示，其特徵是一長方形的區塊供用戶輸入文字，但是輸入的文字會以圓點顯示，保護所輸入的資料不被他人看見。標記方式如下：

```
<input type="password" name="password" size="20">
```

　　顯示效果如下：

••••••

文字區域欄位

此欄位可建立多行的文字輸入區域，標記方式是使用 <textarea> 和 </textarea>。標記方式如下：

範例 文字區域 .htm

```
<!DOCTYPE html>
<html lang="zh-TW">
<head>
<title>表單</title>
<meta charset="utf-8">
</head>
<body>
<form method="post" action="" enctype="text/plain">
<textarea name="comments" rows="5" cols="50">寫上今天的八卦新聞.. </textarea>
</form>
</body>
</html>
```

屬性 name 是指文字區域欄位的名稱，rows 指的是列數，cols 指的是文字區域的寬度。

【執行結果】

3-4-3　清單元件

<select> 和 </select> 標記是用來建立下拉式的清單，裡面的選項內容則以 <option> 做標記。其基本語法是：

```
<select name="名稱" size="1">
<option value="名稱">選項內容</option>
</select>
```

屬性 name 用來指定清單的名稱，屬性 size 則是指定清單的列數，當 size="1" 表示清單只會顯示一列。如果選項數目小於所設定 size 值，就會變成有捲軸的清單。

範例 清單 .htm

```
<form method="post" action="" enctype="text/plain">
季節：
<select name="season" size="4" multiple>
<option value="spring">春季</option>
<option value="summer">夏季</option>
<option value="fall">秋季</option>
<option value="winter">冬季</option>
</select>
</form>
```

【執行結果】

size="1"　　　　　size="2"　　　　　size="4"

另外，<select> 標記中還可加入 multiple 屬性，此屬性可對清單內容作複選，用戶只要選取時加按「ctrl」鍵就可複選內容。

3-4-4　核取元件

　　核取元件的選取方式有單選和複選兩種，這兩種選取方式是在 <input> 標記中使用 type 屬性來指定。其中單選是使用 type="radio" 來表示，它會產生單一選擇的圓鈕讓使用者點選，像是性別、科系、地點…等皆可使用。其標記方式如下：

範例 核取元件 .htm

```
<!DOCTYPE html>
<html lang="zh-TW">
<head>
<title>表單</title>
<meta charset="utf-8">
</head>
<body>
<form method="post" action="" enctype="text/plain">
<input type="radio" name="gender" value="女" checked>女性
<input type="radio" name="gender" value="男" >男性
</form>
</body>
</html>
```

　　屬性 name 是 radio 元件的名稱，同一組內只能有一個 radio 元件被選擇。如果想要預設其中一個 radio 為已選取狀態，只要使用加入 checked 屬性就可以了。

◉女性 ○男性

　　複選是使用 type="checkbox" 來表示，通常用於多重選擇的場合，例如：興趣、愛好等選項，這種表單的外觀會顯示一個小方框。

範例 多重選擇 .htm

```
<!DOCTYPE html>
<html lang="zh-TW">
<head>
<title>表單</title>
<meta charset="utf-8">
```

```
</head>
<body>
<form method="post" action="" enctype="text/plain">
<input type="checkbox" name="interest" value="運動" checked>運動
<input type="checkbox" name="interest" value="看電影">看電影
</form>
</body>
</html>
```

【執行結果】

☑ 運動 ☐ 看電影

3-4-5 按鈕元件

按鈕元件有三種，一種是表單填寫完成之後，按下「送出按鈕」（Submit）將表單送出，一種是提供使用者清除表單內容的「重寫按鈕」（Reset），還有一種是「一般按鈕」（Button），這種按鈕本身並無任何作用，通常會搭配 Script 語法來達到想要的效果。其標記方式如下：

範例 按鈕 .htm

```
<!DOCTYPE html>
<html lang="zh-TW">
<head>
<title>表單</title>
<meta charset="utf-8">
</head>
<body>
<form method="post" action="" enctype="text/plain">
<input type="submit" name="submit" value="送出">
<input type="reset" name="reset" value="重設">
<input type="button" name="back" value="回上頁">
</form>
</body>
</html>
```

【執行結果】

送出　重設　回上頁

3-4-6　表單分組

如果表單內容很多很長，最好將表單內容分門別類，這樣能讓用戶一目了然。表單分組的標記是 < fieldset> 和 </fieldset>，另外如果希望設定分組標題，各位可以使用 <legend></legend> 標記。語法如下：

範例 表單分組 .htm

```
<!DOCTYPE html>
<html lang="zh-TW">
<head>
<title>表單</title>
<meta charset="utf-8">
</head>
<body>
<form method="post" action="" enctype="text/plain">
<fieldset>
<legend>分類標題</legend>
分類內容
</fieldset>
</form>
</body>
</html>
```

【執行結果】

分類標題
分類內容

3-5 加入音樂 audio

　　數位音效的檔案格式有許多種，不同的音樂產品有不同的格式。網頁上常用的則有 wav、mp3、ogg 等格式。其中 wav 是常用的未壓縮檔格式，能表現最佳的聲音品質但檔案量較大。mp3 是當前流行的破壞性音訊壓縮格式，使用 mp3 來儲存只有 wav 格式的十分之一，而音質僅略低於 CD Audio 音質，目前的音樂檔大多選用 mp3 格式。ogg 全名是 Ogg Vorbis，和 mp3 一樣是破壞性的壓縮格式，不同的是 ogg 為免費且開放的原始碼，音質比 mp3 清晰，檔案也比 mp3 小，但是普及率較差。

　　在 HTML5 裡是使用 <audio></audio> 標記來加入音樂，<audio> 標記只支援 mp3、wav 及 ogg 三種音樂格式。其標記方式如下：

範例 audio.htm

```
<!DOCTYPE html>
<html lang="zh-TW">
<head>
<title>加入音樂</title>
<meta charset="utf-8">
</head>
<body>
<audio controls>
<source src="music.ogg" type="audio/ogg">
<source src="music.mp3" type="audio/mpeg">
</audio>
</body>
</html>
```

　　在 <audio> 標記中加入 controls 屬性是設定顯示播放面板。而 <source> 標記是將音檔嵌入置網頁中，以 src 屬性來指定來源檔案及其路徑，它也可以同時指定多種音樂格式，如此一來瀏覽器會依序找到可播放的格式為止。至於 type 屬性用來指定播放類型，可讓瀏覽器不需要再去偵測檔案格式，type 屬性必須指定適當的 MIME（Multipurpose Internet Mail Extension）型態，例如：mp3 格式對應的是

audio/mpeg。另外，想要讓音樂自動播放，可在 <audio> 標記中加入 autoplay 的屬性。在加入 <audio> 標記後，其顯示效果如下：

3-6 加入視訊 video

當今的智慧型手機相當普及，幾乎是人手一機，走到哪裡拍到哪裡，透過手機即可快速將視訊影片傳送到網頁上，相當方便。如果拍攝的影片需要修剪、串接、合成，或是加入標題、字幕、語音旁白等，可以選用訊連科技的威力導演，或是 Corel 公司的會聲會影等軟體來處理，這兩套軟體都相當簡單好用又易學，各位不妨試用看看。

網頁中要加入視訊影片是使用 <video></video> 標記，使用方法大致和 <audio> 標記相同，而 <video> 標記支援的視訊格式有 ogg（Theora 編碼）、mp4 及 web（VP8 編碼）三種，另外 width 和 height 用來指定視訊影片的寬度與高度。其標記方式如下：

範例 video.htm

```
<!DOCTYPE html>
<html lang="zh-TW">
<head>
<title>加入視訊</title>
<meta charset="utf-8">
</head>
<body>
<video width="720" height="480" controls>
<source src="teach.mp4" type="video/mp4">
</video>
</body>
</html>
```

　　加入如上的標記後，開啟網頁時影片並不會自動播放，而是讓使用者自行透過下方的面板來控制影片的播放、暫停、音量大小以及全螢幕顯示。顯示效果如下：

　　如果希望影片可以在開啟網頁時就自動播放，請在 <video> 標記中加入 autoplay 的屬性。

重 點 回 顧

- HTML 標記中 \<table> 和 \</table> 就是用來宣告表格的開始與結束，而 \<form> 標記若是配合 \<input> 標記，就可以完成各種不同的表單。

- 一個基本表格通常會包含橫列與直欄，網頁表格通常是以 \<table>、\<tr>、\<td> 三個標籤來標記。

- \<table>\</table> 用來宣告表格的開始與結束，並負責整個表格的屬性，此外可加入 border 屬性來指定是否顯示表格框線。

- \<tr>\</tr> 此標記放置在 \<table> 與 \</table> 中，用來宣告每一橫列的開始與結束。

- \<td>\</td> 此標記放置在 \<tr> 與 \</tr> 中，用以宣告表格資料的開始與結束。

- 為表格加入標題文字，可透過 \<caption> 和 \</caption> 標記來設定，要注意的是，此標籤只能放在 \<table> 標記之後，預設情況下會以置中方式呈現。

- 表格的標題列也可以定義，只要在 \<tr>\</tr> 標記之間加入 \<th> 和 \</th> 標記即可，該列的文字就會以粗體和置中方式顯示。若要設定標題列對齊的方式，則必須使用 CSS 做設定。

- 合併左右欄的屬性是「colspan」，設定值為準備合併的欄數。合併上下列的屬性是「rowspan」，設定值為準備合併的列數。

- 當網頁文件使用了過多 table 語法建立的表格時，瀏覽器需要花更多時間載入，會讓網頁下載速度變慢，而且搜尋引擎對於表格建構的網頁也需要花較多時間解析，因此網頁文件最好減少使用表格（table）。

評 量 時 間

選擇題

1. (　) 下列何者不是表格的標記？

　　A. <table>　　　　B. <tr>　　　　C. <th>　　　　D.

2. (　) 請問哪個標記可用來宣告每一橫列的開始與結束？

　　A. <tr>　　　　B. <table>　　　　C. <td>　　　　D. <th>

3. (　) 下列哪個屬性可以合併上下列的儲存格？

　　A. colspan　　　B. rowspan　　　C. align　　　D. width

4. (　) 請問會讓欄位資料變成圓點的表單元件是什麼？

　　A. textarea　　　B. password　　　C. radio　　　D. checkbox

5. (　) 請問哪個標記可將表單內容分門別類？

　　A. <fieldset>　　B. <legend>　　C. <submit>　　D. <reset>

6. (　) 請問哪個標記可用來加入音樂。

　　A. <vidio></vidio>　　　　　　B. <audio></audio>

　　C. <source></source>　　　　　D. <embed></embed>

7. (　) 對於聲音格式的說明，哪個選項不正確？

　　A. ogg 格式為免費且開放的原始碼，音質比 mp3 清晰，檔案比 mp3 小

　　B. wav 是壓縮檔格式，但是能表現最佳的聲音品質

　　C. mp3 的檔案儲存量只有 wav 格式的十分之一

　　D. mp3 的音質佳，僅略低於 CD Audio 音質

8. (　) 對於表格及表單的說明，哪個選項不正確？

　　A. 使用 <caption> 標記可為表格加入說明的標題

　　B. 要設定表格的外框線是否顯現，可使用 <table border> 的標記

　　C. 複選的表單是使用 type="checkbox" 來表示

　　D. 使用 <textarea> 標記時設定文字區域的寬度是以 rows 設定

簡答題

1. 請簡述表格基本架構。

2. 請簡述表格合併儲存格必須透過什麼屬性來完成。

3. 請簡述表單基本架構。

4. 請簡述 <form> 標記重要屬性功能。

5. 請舉出至少三種常見的輸入元件。

6. 如何建立清單元件，試簡述之。

7. 常見的按鈕元件有哪幾種？

8. 設定表單分組及分組標題的標記為何？

9. 在 HTML5 必須透過哪一個標記加入音樂 audio？

10. 在 HTML5 必須透過哪一個標記加入視訊 video？

04

CSS 樣式基礎語法

CSS 是串接樣式表（Cascading Style Sheet）的簡稱，它的作用是補足 HTML 所欠缺的排版樣式，讓網頁的視覺效果可以像一般的排版文件那樣令人賞心悅目。CSS 具有以下的特點和優勢：

- 其語法簡單，撰寫容易，能精確掌控版面的位置、配色和圖文特效，網頁編排更有彈性。

- 因為 CSS 語法和 HTML 語法可以分開撰寫，也可以寫在一起，調整頁面樣式只要更改 CSS 語法，讓網頁維護更輕鬆容易。特別是複雜的大型網站，CSS 可以節省大量的工作，一次設定就可控制多個網頁的樣式與布局。

- 套用相同的 CSS 樣式可減少程式碼的數量，讓網頁載入速度更快，也可以統一網頁的風格。

接著我們將進一步介紹 CSS 樣式及其應用技巧，讓 CSS 輕鬆豐富網頁的視覺效果。

4-1 CSS 基本寫法

CSS 編輯工具雖然可以輕鬆建立樣式表，但是若不熟悉 CSS 屬性用法也無從下手，所以這裡先來了解 CSS 基本格式。

CSS 樣式表是由選擇器（Selector）與樣式規則（Rule）所組成，其基本格式如下：

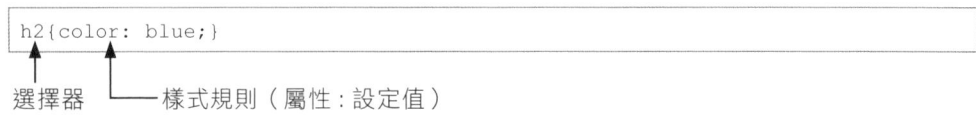

```
h2{color: blue;}
```
選擇器 ── 樣式規則（屬性：設定值）

選擇器是指 CSS 樣式要套用的對象，如上所示的語法，是指網頁內所有的 <h2> 標記都套用後方指定的樣式規則。如果其他標記也使用相同的樣式，可以在中間以逗號（,）隔開。如下所示：

```
h2, p{color:blue;}
```

選擇器後方以大括號 {} 括起來的部分則是 CSS 的樣式規則。冒號（:）前方的為屬性，後方則為屬性的設定值。在一個選擇器中可以設定多種不同的樣式規則，只要中間以分號（;）分隔就可以。

```
h1{color: blue; font-family: arial; font-size: 16 px;}
```

如上所示的程式碼，是指將 h1 標題的顏色設為藍色，字型名稱設為 arial，字型大小設為 16 px。

為了讓程式碼更易閱讀，通常程式設計師會將樣式分行敘述，其好處是樣式更為清楚，而且敘述中也可以加入註解文字，方便日後的樣式維護。

如下所示，CSS 樣式表中所加入的註解文字是以 /* */ 表示，和 HTML 註解文字寫在 <!-- --> 之間略有不同。

```
h1 {
    color: blue;           /*文字顏色*/
    font-family: arial;    /*字型名稱*/
    font-size: 16 px;      /*字型大小*/
}
```

4-2 CSS 添加方式

一般來說，CSS 樣式可以直接寫在 HTML 標記裡，作為行內的宣告，也可以直接放在 <head> 與 </head> 的標題區域，或是獨立作成一個外部樣式檔，然後透過連結方式來連結此樣式檔，現在就來看看 CSS 的添加方式。

4-2-1 行內宣告

直接在 HTML 標記中利用 style 屬性宣告 CSS 語法，同時寫明所要使用的樣式規則。如下所示：

```
<h1 style="background-color:red; color:white; font-family:Segoe Script;
border:3px #000000 solid;">
```

範例 CSS1.htm

```
<!DOCTYPE html>
<html lang="zh-TW">
<head>
<title>行內宣告</title>
<meta charset="utf-8">
</head>
<body>
<h1 style="background-color:red; color:white; font-family:Segoe Script;
border:3px #000000 solid;">Happy Holiday</h1>
祝假期愉快,幸福滿滿!
</body>
</html>
```

【執行結果】

　　大部分的 HTML 標記中都有 style 屬性,所以不管文字、圖片、表格、表單元件等,都可以利用 style 屬性來改變它的視覺效果。由於行內宣告只對該行文字有效,所以大型網站的設計不建議採用此方式。

4-2-2　內嵌宣告

　　內嵌宣告是以 <style></style> 的成對標籤來標記,將標記內容放在 <head> 與 </head> 的標題區內,其中 type 屬性是告訴瀏覽器使用的是 CSS 樣式。後方則依序將所要設定的樣式選擇器與樣式規則列出。如下所示是在網頁中設定了 <h1> 標題與 <p> 段落兩種樣式。

範例 CSS2.htm

```
<!DOCTYPE html>
<html lang="zh-TW">
<head>
<title>內嵌宣告</title>
<meta charset="utf-8">
<style type="text/css">
h1{
    background-color:red;
    color:white;
    font-family:Segoe Script;
    border:3px #000000 solid;
}
p{
    color: red;
}
</style>
</head>
<body>
<h1>Happy Holiday</h1>
<p>祝假期愉快，幸福滿滿！</p>
</body>
</html>
```

【執行結果】

　　內嵌宣告的好處是可以將網頁裡的 CSS 樣式統一管理，但是只能套用於本身的網頁上，如果網站中的所有網頁都要套用相同的樣式，就不適合選用這種宣告方式。

4-2-3　連結外部樣式檔

外部樣式檔的格式設定方式與內嵌的宣告方式相同，只是省略 <style> 與 </style> 標記。外部樣式可以選用記事本之類的文字編輯工具來撰寫 CSS 樣式，其檔案格式為 *.css。它的好處在於變更樣式設定後，其他網站內的網頁也可以一併作變更，所以在管理方面，會比內嵌於單一網頁中的 CSS 宣告來得容易許多。如下所示，便是樣式表檔的內容呈現：

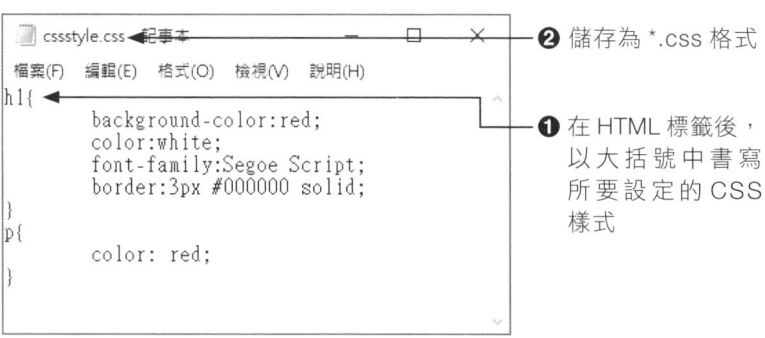

❷ 儲存為 *.css 格式

❶ 在 HTML 標籤後，以大括號中書寫所要設定的 CSS 樣式

儲存好樣式表檔之後，其他 HTML 文件中只要在 <head></head> 標題區內加入樣式表檔的連結路徑與檔名，即可連結至樣式表檔。

```
<link rel=stylesheet type="text/css" href="樣式檔路徑/檔名.css">
```

如下所示的範例，文件中只要有 <h1> 和 <p> 相同的樣式，就會自動套用。

範例 CSS3.htm

```
<!DOCTYPE html>
<html lang="zh-TW">
<head>
<title>連結CSS樣式</title>
<meta charset="utf-8">
<link rel=stylesheet type="text/css" href="cssstyle.css">
</head>
<body>
<h1>Welcome To Taipei 101</h1>
```

```
<p>台北101是超高大樓，是綠建築，是購物中心，是觀景台，更是台灣的指標。</p>
</body>
</html>
```

【執行結果】

4-2-4　CSS 套用順序

CSS 的添加方式有如上介紹的行內宣告、內嵌宣告、連結外部樣式檔等三種方式，HTML 文件中可以將此三種添加方式混合使用，如果三者之間有相互衝突時，基本上瀏覽器會以行內宣告為第一優先，接著是內嵌宣告，最後才是連結外部的樣式檔。所以下次各位在編寫 CSS 樣式時，如果發現某一種樣式設定一直無法執行，不妨反過來檢查一下其執行的先後順序是否有相衝突的地方。

4-3　CSS 選擇器入門

選擇器為 CSS 套用範圍，基本上分標籤名稱、class 類別、id 三種，下面我們做個簡單的介紹。

4-3-1　標籤名稱

使用 HTML 標記當作選擇器，可以將 HTML 文件裡相同的標記都套用同一種樣式。

範例 selector1.htm

```html
<!DOCTYPE html>
<html lang="zh-TW">
<head>
<title>CSS選擇器</title>
<meta charset="utf-8">
<style>
img{ border: 8px #772B1A double;}
</style>
</head>
<body>
<img src="images/abundant.jpg" width="300">
<img src="images/alike.jpg" width="300">
</body>
</html>
```

如上所示,將 <img> 標記設定邊框寬度為 8 像素、褐色、雙線,那麼網頁中所有運用到此標記的地方都會套用相同設定。

網頁中的圖片都會顯示相同的邊框設定

4-3-2　class 類別選擇器

class 類別是在 HTML 標記中加入 class 屬性,例如 <table> 標記中要套用 CSS 樣式,就是在 < table > 標記中加入 class 屬性,其標記方式如下:

```html
<table class="class名稱">
```

　　class 名稱通常都是網頁設計師自己取的，相同類別名稱的區域就會受到影響。在訂定類別名稱時盡量不要使用 HTML 標記名稱來當作 class 名稱，否則容易搞混。

　　接著只要在 <style> 標記裡加入 class 選擇器的宣告，通常是使用「.」串接「類別名稱」為選擇器。如下所示的「.bgcolor」class 類別，會套用在兩個表格之內。

範例 **selector2.htm**

```
<!DOCTYPE html>
<html lang="zh-TW">
<head>
<title>CSS選擇器</title>
<meta charset="utf-8">
<style>
.bgcolor{background:#E9F47B;}
</style>
</head>
<body>
<table class="bgcolor" >
<tr><td>圖片欣賞1</td>
<tr><td><img src="images/abundant.jpg" width="300"></td>
</table>
<p>
<table class="bgcolor" >
<tr><td>圖片欣賞2</td>
<tr><td><img src="images/alike.jpg" width="300"></td>
</table>
</body>
</html>
```

【執行結果】

另外，我們也可以一次同時套用數個 class。例如以下的 CSS 宣告：

```
.myclass1 {
    font-size:30px;
}
```

```
.myclass2 {
    color:#FFFF00;
}
```

要套用數個 class 的語法如下：

```
<p class="myclass1 myclass2">我們也可以一次同時套用數個 class </p>
```

我們實際以一個例子作示範：

範例 multi-class.htm

```
<!DOCTYPE html>
<html lang="zh-TW">
<head>
<title>多重 Class </title>
<meta charset="utf-8">
<style>
.myclass1 {
```

```
    font-size:30px;
}
.myclass2 {
    color:#0000FF;
}
</style>
</head>
<body>
<p class="myclass1 myclass2">我們也可以一次同時套用數個 class </p>
</body>
</html>
```

【執行結果】

我們也可以一次同時套用數個 class

4-3-3 id 選擇器

在同一網頁中只能有一個地方使用 id 名稱，要套用 id 選擇器樣式前，必須先在 HTML 標記中加入 id 屬性。例如 <table> 標記中要套用 CSS 樣式，就是在 <table> 標記中加入 id 屬性，其標記方式如下：

```
<table id="id名稱">
```

id 名稱通常都是自己取的，訂定時盡量不要使用 HTML 標記名稱來當作 id 名稱，以免搞混。接著就是在 CSS 樣式裡加入 id 選擇器的宣告，宣告格式如下：

```
#id屬性名稱 {樣式規則;}
```

範例 selector3.htm

```
<!DOCTYPE html>
<html lang="zh-TW">
<head>
<title>CSS選擇器</title>
```

```
<meta charset="utf-8">
<style>
#tablebgcolor{ background:#FFC8FF;}
</style>
</head>
<body>
<table id="tablebgcolor" >
<tr><td>圖片欣賞1</td>
<tr><td><img src="images/abundant.jpg" width="300"></td>
</table>
</body>
</html>
```

【執行結果】

4-4 使用 CSS 美化文字

　　在前面章節的介紹中，各位應該對 CSS 樣式表有較明確的認識，這一小節開始，將繼續介紹一些實用的 CSS 語法，包括：指定字體、改變文字大小、變更文字顏色、設定文字樣式、改變文字粗細、設定對齊方式、段落首行縮排、調整字距的寬緊、調整行高、文字的垂直對齊等屬性，使網頁能夠呈現多樣風貌。

4-4-1　字型屬性

CSS 語法中，常用的文字屬性有如下幾種：

⟨/⟩ color: 顏色名稱

設定顏色，通常以 16 進位碼顯示，也可以使用 RGB 碼或用顏色名稱。例如：

```
<style type="text/css">
h1{color:red;}
</style>
```

⟨/⟩ font-family: 字型名稱 1, 字型名稱 2⋯

可以同時指定多種字型，中間以逗號（,）分隔，瀏覽器會依照排列順序找到符合的字型。字型名稱最好以雙引號（"）括起來，例如：

```
h1{ font-family: "Arial Black", "標楷體";}
```

⟨/⟩ font-size: 字型大小 + 單位

用來指定字體大小，可用數值 + 百分比（%），或是數值 +px、mm、pt、em 等單位。例如：

```
h1{font-size:20pt}
```

⟨/⟩ font-style: 文字樣式

font-style 設定值有三種，分別是 normal（正常字）、italic（斜體字）及 oblique（斜體字），italic 與 oblique 效果是相同的。例如：

```
h1 { font-style:italic; }
```

</> **font-weight: 文字粗細**

font-weight 設定值可以輸入 100~900 之間的數值，數值越大，字體越粗，也可以輸入 normal（普通）、bold（粗體）、bolder（超粗體）、以及 lighter（細體）。例如：

```
h1 { font-weight:bold;}
```

4-4-2　段落屬性

常用的段落屬性有如下幾種：

</> **text-align: 對齊方式**

設定文字水平對齊的方式，可使用 left（靠左）、center（置中）、right（靠右）與 justify（左右對齊）四種。例如：

```
h1 { text-align:center;}
```

</> **text-indent: 首行縮排距離**

設定首行縮排距離的距離，也就是每一段的首行前方要留多少空間，設定方式可用數值 + 百分比（%），或是數值 + 單位。例如：

```
h1 { text-indent:20px;}
```

</> **letter-spacing: 數值 + 單位**

設定字元與字元之間的距離，讓字距變寬鬆或緊密，可輸入負值，字元間距就會變緊密。

```
h1 { letter-spacing:5px;}
```

`</>` **line-height: 數值 + 單位**

設定行高,也就是上一行與下一行間的距離。單位可以是 px、pt、百分比
(%)或 normal(自動調整)。例如:

```
h1 { line-height:140%;}
```

4-4-3　文字效果屬性

編輯網頁文件時,有時會遇到需要上標字或下標字,或是想為文字加上陰影的
特殊效果,CSS 也有提供這樣的屬性:

`</>` **vertical-align: 對齊方式**

設定文字垂直對齊的方式,設定值可為 baseline(一般位置)、top(對齊頂
端)、middle(垂直置中)、bottom(對齊底部)、super(上標)、sub(下標)等方
式。例如:

```
h1 { vertical-align:middle;}
```

`</>` **text-shadow:h-shadow v-shadow blur color 陰影樣式**

這是設定陰影的樣式,依序為水平方向的陰影大小、垂直方向的陰影大小、模
糊淡化程度以及陰影的顏色。例如:

```
text-shadow: 5px 5px 10px #7F7F7F;
```

範例 text-shadow.htm

```
<!DOCTYPE html>
<html lang="zh-TW">
<head>
<title>CSS陰影樣式</title>
<meta charset="utf-8">
```

```
<style>
h1{
    text-shadow: 5px 5px 10px #7F7F7F;
    color: red
}
</style>
</head>
<body>
<h1>Never Give Up</h1>
</body>
</html>
```

【執行結果】

Never Give Up

4-5 使用 CSS 設定背景

在背景部分，利用 CSS 可以設定背景顏色、背景圖片，也可以設定圖片是否重複顯現。CSS3 已經支援多重背景了，也就是說，我們可以透過語法就可以將兩張圖片組合成一張背景圖喔！與背景圖案相關的屬性相當多，接著先來看看有哪些屬性可使用，然後再逐一詳細說明。

屬性	屬性名稱	設定值
background-image	背景圖案	url（圖檔相對路徑）
background-repeat	是否重複顯示背景圖案	repeat repeat-x repeat-y no-repeat
background-attachment	背景圖案是否隨網頁捲軸捲動	fixed（固定） scroll（隨捲軸捲動）

屬性	屬性名稱	設定值
background-position	背景圖案位置	x% y% x y [top, center, bottom] [left, center,right]
background	綜合應用	
background-size	設定背景尺寸	length（長寬） percentage（百分比） cover（縮放至最小邊能符合元件） contain（縮放至元素完全符合元件）
background-origin	設定背景原點	padding-box border-box content-box

4-5-1　設定背景顏色

控制網頁背景色，顏色值可為 16 進位碼顯示、RGB 碼。其基本語法如下：

```
background-color:顏色值
```

使用範例：

```
body {background-color:#E9F47B;}
```

4-5-2　設定背景圖案

設定網頁背景圖案，常用的圖片格式為 jpg、png、gif 三種。其基本語法為：

```
background-image:url(圖檔路徑與名稱)
```

使用範例：

```
body {background-image:url(images/bg5.jpg);}
```

範例 background-image.htm

```
<!DOCTYPE html>
<html lang="zh-TW">
<head>
<title>背景圖</title>
<meta charset="utf-8">
<style type="text/css">
body {
    background-image:url(images/bg5.jpg);
}
</style>
</head>
<body>
</body>
</html>
```

【執行結果】

顯示整張
背景圖檔

4-5-3　設定背景圖案是否重複顯示

在設定網頁背景圖時，也可以使用小圖案來進行拼貼，它的好處是檔案量非常小，卻可以美化網頁背景。其基本語法為：

```
background-repeat:設定值
```

background-repeat 的設定值共有四種：「repeat」是重複並排顯示，此為預設值，「repeat-x」是水平方向重複顯示，「repeat-y」是垂直方向重複顯示，「no-repeat」則為不重複顯示。例如：

```
body {
    background-image:url(images/bg2.jpg);background-repeat:repeat-x
}
```

圖檔：bg2.jpg
寬度為 34 像素，高度為
20 像素

如圖所示，「bg2.jpg」是一張寬度為 34 像素，高度為 20 像素的網頁背景圖，其檔案量只有 1.39 kb，透過 CSS 的「background-repeat」，就可以呈現如下 4 種變化。

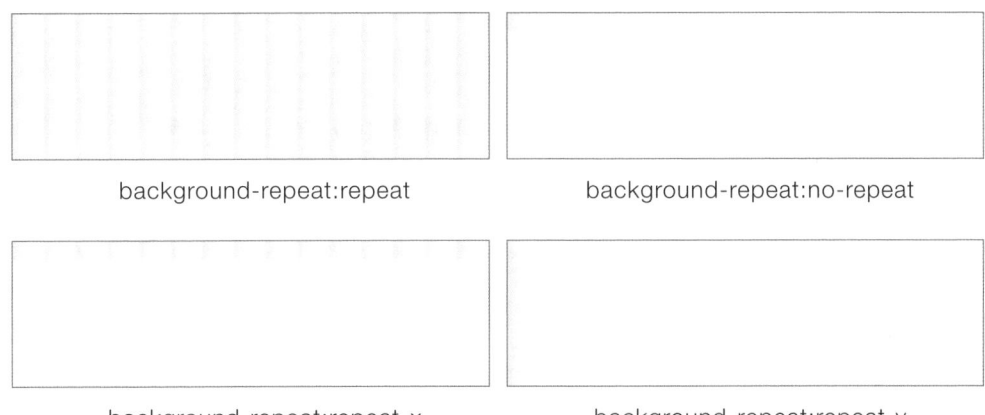

background-repeat:repeat   background-repeat:no-repeat

background-repeat:repeat-x   background-repeat:repeat-y

網頁背景的使用，運用得好可以美化網頁，運用不恰當反而會降低美感。因此這裡提供幾項注意要點供各位參考：

- 在色彩的選用上，背景影像的色彩對比最好越小越好，如此才不會影響到網頁文字的閱讀。

- 不管網頁背景是選用淺色調或深色調，網頁底圖與網頁文字的明暗對比或反差要越大越好，這樣文字的明視度才會高。

選用大張影像作為網頁背景時，雖然能讓網頁主題更搶眼，但是圖檔太大會影響下載時間，最好利用壓縮方式來壓縮圖檔。

4-5-4　設定背景圖案是否跟捲軸一起捲動

</> background-attachment 設定背景圖案是否跟捲軸一起捲動

格式如下：

```
background-attachment:設定值
```

例如：

```
<style type="text/css">
    body { background-attachment:fixed }
</style>
```

background-attachment 的設定值有兩種：

1. **fixed**：當網頁捲動時，背景圖案固定不動。

2. **scroll**：當網頁捲動時，背景圖案會隨捲軸捲動，這是預設值。

請看以下範例。

範例 background-attachment.htm

```
<html>
<head>
<title>background-attachment</title>
<style type="text/css">
body {
    background-image:url(images/icon.jpg);
    background-repeat:repeat-x;
    background-attachment:fixed;
}
```

```
</style>
</head>
<body>
<H1>古典詩詞</H1>
<table width="100%" border="0" align="center">
    <tr>
        <td><FONT SIZE="5" COLOR="#FF0000"><b>涼 州 詞</b></FONT><p>
        葡萄美酒夜光杯,欲飲琵琶馬上催。<br>
        醉臥沙場君莫笑,古來征戰幾人回?<p></td>
    </tr>
    <tr>
        <td><FONT SIZE="5" COLOR="#FF0000"><b>出 塞</b></FONT><p>
        秦時明月漢時關,<br>
        萬里長征人未還。<br>
        但使龍城飛將在,<br>
        不教胡馬度陰山。
        </td>
    </tr>
</table>
</body>
</html>
```

【執行結果】

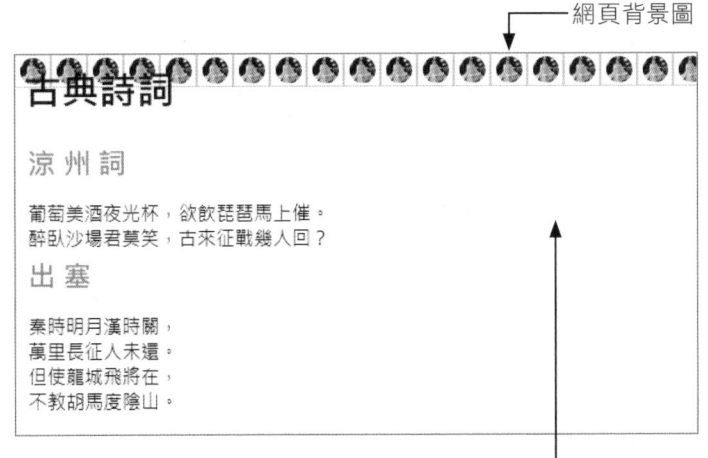

網頁背景圖

請捲動捲軸試試!背景圖固定不動了

4-5-5　設定背景圖案位置

⟨/⟩ background-position 設定背景圖案位置

格式如下：

```
background-position:x位置 y位置
```

例如：

```
<style type="text/css">
    body { background-position:20px 50px}
</style>
```

background-position 的設定值必須有兩個值，分別是 x 值與 y 值，x 與 y 值可以是座標數值，或是直接輸入位置，如下所示：

1.　**x 座標 y 座標**：直接輸入 x y 座標，單位可以是 pt、px 或百分比，請參考以下示意圖：

單位可以混合使用，舉例來說：

● **background-position:20px 50px**：表示水平方向距離左上角 20px，垂直方向離左上角 50px 的距離。

- **background-position:20px 50%**：表示水平方向距離左上角 20px，垂直方向為 50%。

TIPS 　如果 background-position 省略 y 的值，則垂直方向會以 50% 為預設值，上例 background-position:20px 50%，也可以寫為 background-position:20px，只是為了避免混淆，還是建議以完整的數值表示。

2. 如果不想計算座標值，可以直接輸入位置，只要輸入水平方向與垂直方向的位置就可以了，水平位置有 left（左）、center（中）、right（右），垂直有 top（上）、center（中）、bottom（下），例如：

```
background-position:center center
```

這表示背景圖會放在元件水平方向與垂直方向的中間位置。水平位置與垂直位置的關係，看看以下範例您就清楚了。

範例 background-position.htm

```
<html>
<head>
<title>background-position</title>
<style type="text/css">
td {
    background-image:url(images/icon.jpg);    /*網頁背景圖*/
    background-repeat:no-repeat;              /*背景圖不重複*/
    vertical-align:bottom;                    /*讓文字靠下對齊*/
    text-align:center;                        /*讓文字水平置中*/
}
</style>
</head>
<body>
<table border="2" align="center">
    <tr>
        <td width="100" height="100" style="background-position:left
top;">left top</td>
        <td width="100" height="100" style="background-position:center
top;">center top</td>
```

```
        <td width="100" height="100" style="background-position:right
top;">right top</td>
    </tr>
    <tr>
        <td width="100" height="100" style="background-position:center
left;">center left</td>
        <td width="100" height="100" style="background-position:center
center;">center center</td>
        <td width="100" height="100" style="background-position:center
right;">center right</td>
    </tr>
    <tr>
        <td width="100" height="100" style="background-position:left
bottom;">left bottom</td>
        <td width="100" height="100" style="background-position:center
bottom;">center bottom<p></td>
        <td width="100" height="100" style="background-position:right
bottom;">right bottom</td>
    </tr>
</table>
</body>
</html>
```

【執行結果】

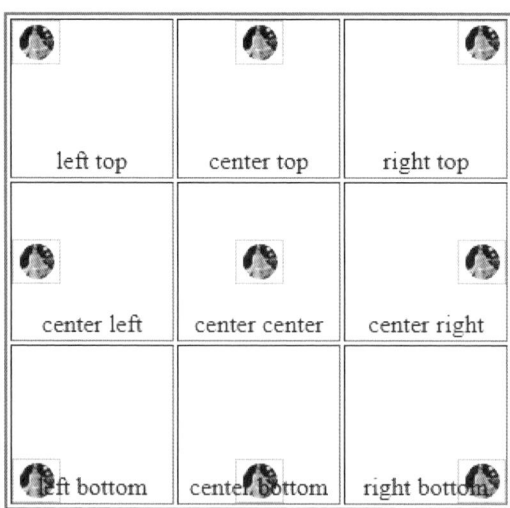

TIPS　由於網頁預設 background-repeat 屬性是 repeat，因此設定 background-position 屬性時，必須先修改 background-repeat 屬性。

4-5-6　background 綜合設定背景圖案

background 是比較特別的屬性，它可以一次設定好所有的背景屬性，格式如下：

```
background:背景屬性值
```

各個屬性值沒有前後順序，只要以空格分開即可，例如：

```
<style type="text/css">
    body {background:url(images/dot.gif) repeat-x fixed 100% 100%;}
</style>
```

</> background-size 設定背景尺寸

background-size 是 CSS3 的語法，以往背景圖無法調整大小，這個新語法能夠讓我們設定背景圖的尺寸，格式如下：

```
background-size: "60px 80px"
```

background-size 的值可以是長、寬，百分比（%）、cover 或 contain。

其中 cover 會讓背景圖符合元件大小並充滿元件，contain 則是讓背景圖符合元件大小但不超出元件，而兩者都不會改變圖形長寬比。

範例 background-size.htm

```
<!DOCTYPE html>
<html lang="zh-TW">

<head>
<title>
```

```
background-size property
</title>
<style>
div {
width:300px;
height:200px;
border:2px solid red;
}
#div1{
background-image:url('images/a.jpg');
background-size:auto;
}
#div2{
background-image:url('images/abundant.jpg');
background-size:120px 120px;
}
#div3{
background-image:url('images/alike.jpg');
background-size:50%;
}
</style>
</head>

<body>
<h2> background-size:auto; </h2>
<div id = "div1"></div>
<h2> background-size:120px 120px; </h2>
<div id = "div2"></div>
<h2> background-size:50%; </h2>
<div id = "div3"></div>
</body>
</html>
```

【執行結果】

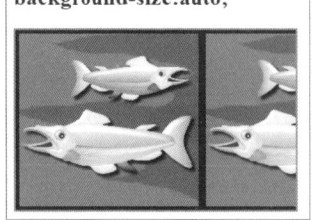

background-size:auto;

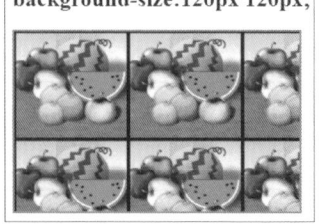

background-size:120px 120px;

background-size:50%;

4-6 設定背景漸層

　　CSS3 可以讓背景產生漸層效果，漸層屬性是 linear-gradient（線性漸層）及 radial-gradient（圓形漸層），語法如下：

```
linear-gradient(漸層方向, 色彩1, 位置1,色彩2,位置2....)
```

　　線性漸層的方向，只要設定起點即可，例如 top 表示由上至下，left 表示由左至右，top left 代表由左上到右下，也可以用角度來表示，例如 45 度表示左下到右上，-45 度表示左上到右下。由於 IE10 以下瀏覽器不支援此語法，建議以 Chrome 來瀏覽以下範例。

範例 linear-gradient.htm

```
<html>
<head>
<title>background-position</title>
<style type="text/css">
div {
width:300px;
height:300px;
/* Old browsers */
background: #c42300;
/* FF3.6+ */
background: -moz-linear-gradient(-45deg, #c42300 0%, #22cc00 33%, #00c9c6
69%, #0300bf 100%);
/* Chrome,Safari4+ */
background: -webkit-gradient(linear, left top, right bottom, color-
stop(0%,#c42300), color-stop(33%,#22cc00), color-stop(69%,#00c9c6), color-
stop(100%,#0300bf));
/* Chrome10+,Safari5.1+ */
background: -webkit-linear-gradient(-45deg, #c42300 0%,#22cc00
33%,#00c9c6 69%,#0300bf 100%);
/* Opera 11.10+ */
background: -o-linear-gradient(-45deg, #c42300 0%,#22cc00 33%,#00c9c6
69%,#0300bf 100%);
/* IE10+ */
background: -ms-linear-gradient(-45deg, #c42300 0%,#22cc00 33%,#00c9c6
69%,#0300bf 100%);
```

```
background: linear-gradient(135deg,  #c42300 0%,#22cc00 33%,#00c9c6
69%,#0300bf 100%);
}

</style>
</head>
<body>
<div></div>

</body>
</html>
```

【執行結果】

在 gradient 樣式尚未成為 CSS 標準前，為了讓各個瀏覽器都能正確顯示，使用時必須在前端加上瀏覽器識別（Prefix），也因為尚未成為標準，所以各個瀏覽器 linear-gradient 屬性的參數還會稍有不同，以下列出各瀏覽器識別方式。

- Firefox：以 -moz- 識別。

- Google Chrome / Safari：以 -webkit- 識別。

- Opera：以 -o- 識別。

- IE 9+：以 -ms- 識別。

如此一來，語法就變得相當複雜，這時候我們可以藉由一些工具來幫忙產生 gradient 語法，以下將介紹 Ultimate CSS Gradient Generator 網頁，只需要按幾個按鈕，就可以產生 gradient 語法相當方便。

</> Ultimate CSS Gradient Generator

網址：http://www.colorzilla.com/gradient-editor/。一進入網頁就會看到如下圖畫面，只要在顏色選擇器上快按兩下，從跳出的視窗中就可以選擇顏色。

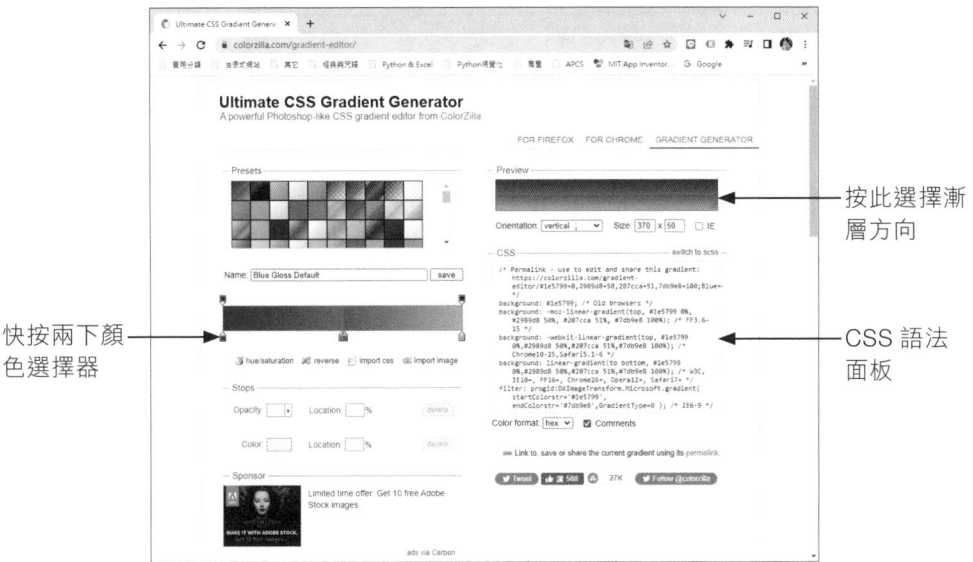

快按兩下顏色選擇器之後會跳出如下的色彩選擇視窗，從顏色面板選擇喜歡的顏色，再按下「OK」鈕就可以了。

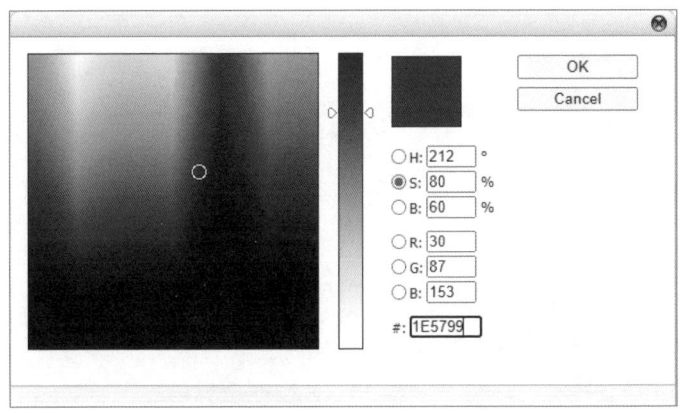

顏色及漸層方向都設定完成之後，在 CSS 語法面板按下「copy」鈕，就可以將語法複製到剪貼簿，直接可以貼在您的 HTML 文件裡面使用。

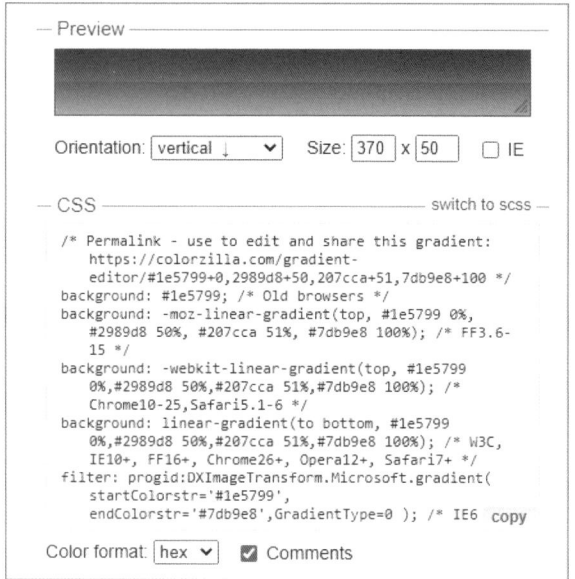

重 點 回 顧

- CSS 具有以下的特點和優勢：語法簡單，撰寫容易；讓網頁維護更輕鬆容易；可減少程式碼的數量，讓網頁載入速度更快。

- CSS 樣式表是由選擇器（Selector）與樣式規則（Rule）所組成，其基本格式如下：

```
h2{color: blue;}
```

- CSS 添加方式：行內宣告、內嵌宣告、連結外部樣式檔。

- 行內宣告直接在 HTML 標記中利用 style 屬性宣告 CSS 語法，同時寫明所要使用的樣式規則。

- 內嵌宣告是以 <style></style> 的成對標籤來標記，將標記內容放在 <head> 與 </head> 的標題區內，其中 type 屬性是告訴瀏覽器使用的是 CSS 樣式。後方則依序將所要設定的樣式選擇器與樣式規則列出。

- 只要在 <head></head> 標題區內加入樣式表檔的連結路徑與檔名，即可連結至樣式表檔，語法如下：

```
<link rel=stylesheet type="text/css" href="樣式檔路徑/檔名.css">
```

- HTML 文件中可以將此三種添加方式混合使用，如果三者之間有相互衝突時，基本上瀏覽器會以行內宣告為第一優先，接著是內嵌宣告，最後才是連結外部的樣式檔。

- 選擇器為 CSS 套用範圍，基本上分標籤名稱、class 類別、id 三種。

- 使用 HTML 標記當作選擇器，可以將 HTML 文件裡相同的標記都套用同一種樣式。

- class 類別是在 HTML 標記中加入 class 屬性，例如 <table> 標記中要套用 CSS 樣式，就是在 < table > 標記中加入 class 屬性。

- 在同一網頁中只能有一個地方使用 id 名稱，要套用 id 選擇器樣式前，必須先在 HTML 標記中加入 id 屬性。例如 <table> 標記中要套用 CSS 樣式，就是在 <table> 標記中加入 id 屬性，其標記方式如下：

```
<table id="id名稱">
```

- ◉ color 設定顏色，通常以 16 進位碼顯示，也可以使用 RGB 碼或用顏色名稱。

- ◉ font-family 可以同時指定多種字型，中間以逗號（,）分隔，瀏覽器會依照排列順序找到符合的字型，字型名稱最好以雙引號（"）括起來。

- ◉ font-size 用來指定字體大小，可用數值 + 百分比（%），或是數值 +px、mm、pt、em 等單位。

- ◉ font-style 設定值有三種，分別是 normal（正常字）、italic（斜體字）及 oblique（斜體字），italic 與 oblique 效果是相同的。

- ◉ 常用的段落屬性有如下幾種：text-align: 對齊方式、text-indent: 首行縮排距離、letter-spacing: 數值 + 單位、line-height: 數值 + 單位。

- ◉ 常用的文字效果屬性有如下幾種：vertical-align: 對齊方式、text-shadow:h-shadow v-shadow blur color 陰影樣式。

- ◉ 在背景部分，利用 CSS 可以設定背景顏色、背景圖片，也可以設定圖片是否重複顯現。

- ◉ CSS3 已經支援多重背景了，也就是說，我們可以透過語法就可以將兩張圖片組合成一張背景圖。

- ◉ 控制網頁背景色，顏色值可為 16 進位碼顯示、RGB 碼。

- ◉ 設定網頁背景圖案，常用的圖片格式為 jpg、png、gif 三種。

- ◉ 在設定網頁背景圖時，也可以使用小圖案來進行拼貼，它的好處是檔案量非常小，卻可以美化網頁背景。

- ◉ background-attachment 的設定值有兩種：
  - fixed：當網頁捲動時，背景圖案固定不動。
  - scroll：當網頁捲動時，背景圖案會隨捲軸捲動，這是預設值。

- ◉ background-position 的設定值必須有兩個值，分別是 x 值與 y 值，x 與 y 值可以是座標數值，或是直接輸入位置。

- ◉ background 是比較特別的屬性，它可以一次設定好所有的背景屬性。

- ◉ background-size 是 CSS3 的語法，以往背景圖無法調整大小，這個新語法能夠讓我們設定背景圖的尺寸。

- ◉ CSS3 可以讓背景產生漸層效果，漸層屬性是 linear-gradient（線性漸層）及 radial-gradient（圓形漸層）。

評 量 時 間

選擇題

1.（　）對於 CSS 說明，下列何者的說明有誤？

    A. CSS 樣式表是由選擇器（Selector）與樣式規則（Rule）所組成

    B. CSS 樣式表中所加入的註解文字是以 <!--　--> 表示

    C. CSS 樣式可以直接寫在 HTML 標記裡，作為行內的宣告

    D. CSS 一次設定就可以控制多個網頁的樣式與布局

2.（　）對於漸層特效的說明，下列何者有誤？

    A. 漸層特效只要兩個顏色以上就可設定

    B. 漸層特效的預設效果是從左到右

    C. 漸層的語法是 linear-gradient

    D. 如果要從左方漸層到右方，則漸層方向要設定為 to right

3.（　）對於 CSS 套用網頁的方式，何者說法有誤？

    A. 行內宣告優先於內嵌宣告

    B. 內嵌宣告優先於連結外部的樣式檔

    C. 內嵌宣告優先於行內宣告

    D. 行內宣告優先於連結外部的樣式檔

4.（　）下列哪個 CSS 不是用來設定文字的屬性？

    A. color   B. font-family   C. text-align   D. font-weight

5.（　）下列哪個 CSS 不是用來設定段落的屬性？

    A. text-align   B. letter-spacing   C. line-height   D. Font-style

6.（　）對於陰影效果的說明，下列何者正確？

    A. h-shadow 是設定水平方向的陰影大小

    B. 陰影顏色只能使用十六進位的方式表示

    C. 水平方向的陰影大小和垂直方向的陰影大小必須同數值

    D. 區塊的陰影樣式的語法順序是 v-shadow h-shadow color blur

7.（　） 關於 CSS 的敘述，下列何者說法有誤？

A. 設定字元與字元之間的距離，讓字距變寬鬆或緊密，是使用 Letter-spacing 的屬性

B. vertical-align 用來設定文字水平對齊方式，也可以設定上下標字

C. text-shadow 是加入文字的陰影

D. 設定圓角效果是使用 border-radius 來處理

8.（　） 對於 CSS 說明，下列何者的說明是正確的？

A. Vertical-align 若設定為 sub，是指將文字設為上標字

B. Text-align 用來設定字型的屬性，可決定縮排距離

C. 同一網頁中只能有一個地方使用 id

D. Style Sheet 只能放在 <head></head> 標記內

簡答題

1. 試簡述 CSS 的特點和優勢。

2. 請問 CSS 添加方式有哪幾種？

3. 請問 CSS 套用順序？

4. 請問 CSS 選擇器有哪幾種套用範圍？

5. 請問 CSS 常用的文字屬性有哪幾種？

6. 請問 CSS 常用的段落屬性有哪幾種？

7. 試簡述設定背景漸層的語法。

05

超夯的網頁區塊規劃

　　網頁元件的編排位置會影響到網頁整體的美觀，以往在 HTML 標記中，要控制網頁元件的位置都是使用表格來進行編排，但是也會被表格所限制，且在維護時會比較困難，而這裡介紹的版面編排方式可以讓網頁更具變化性，包括如何控制編排框、切割網頁區塊、設定區塊元素等，讓網頁的設計賦予更多的變化。

5-1　div 標記與 span 標記

　　HTML 文件裡需要將元件做對齊功能時，常會用到 <div> 標記，這對 <div> 標記來說是大材小用了。<div> 標記是動態網頁不可或缺的元件之一，它具有群組與圖層的功能，如果搭配 JavaScript 語法或 CSS 語法，還可以讓網頁元件產生移動效果，甚至能控制元件的顯示與隱藏，而這些技巧經常被應用在動態網頁的製作上。

5-1-1　認識 div 標記

　　<div> 標記是圍堵標記，結束必須有 </div> 標記，它屬於獨立的區塊標記（Block-level），也就是說它不會與其他元件同時顯示在同一行，</div> 標記之後會自動換行。

　　<div> 標記的功能有點類似群組，只要放在 <div></div> 標記裡的元件，都會視為單一物件。另外，在 HTML 語法裡 <div> 標記通常被用來做對齊功能，<div> 標記語法如下：

```
<div align="center" style="font-size: 15pt ; ">
```

　　<div> 標記的屬性如下：

</> align

　　align 屬性是用來設定 <div></div> 標記裡的元件對齊方式，設定值有 center（置中對齊）、left（靠左對齊）以及 right（靠右對齊）。

style

style 屬性裡是 CSS 語法，CSS 語法是用來設定元件的樣式，上面語法「font-size: 15pt ;」的意思是將文字大小設定為 15pt。

請看以下範例：

範例 div.htm

```
<html>
<head>
<title>div標記的應用</title>
</head>
<body>
<div align="center">
APCS 命題內容領域<br>
程式設計基本觀念<br>
資料型態，常數，變數，變數範圍<br>
控制結構<br>
迴路結構<br>
函式 (functions)<br>
遞迴 (recursion)<br>
陣列與結構<br>
基礎資料結構，包括：佇列和堆疊<br>
基礎演算法，包括：排序和搜尋
</div>
</body>
</html>
```

【執行結果】

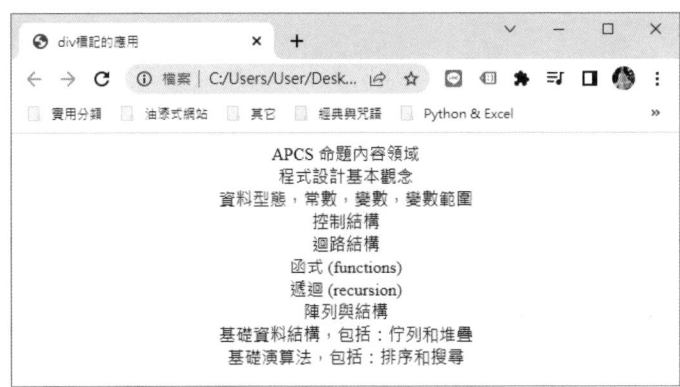

上述程式範例中的 <div align="center"> 的作用與置中標記 <center> 功能是相同的，都是將標記內的元件對齊。

5-1-2 認識 span 標記

<span> 標記與 <div> 標記有點類似，差別在於 </div> 標記之後會換行，而 <span> 是屬於行內標記（Inline-level），它會與其他元件顯示於同一行。<span> 標記語法如下：

```
<span style="font-size: 13pt;">
```

<span> 標記主要是針對 CSS 樣式表所設計的，在 HTML 語法裡較少使用。透過以下範例，您就更清楚 <div> 與，<span> 標記的用法與兩者的差別。

範例 span.htm

```
<html>
<head>
<title>div標記與span標記</title>
</head>
<body>
<div style="font-size: 15pt ;color: #FF0000;background-color:#FFFFCC">APCS
命題內容領域</div>
程式設計基本觀念
資料型態，常數，變數，變數範圍
控制結構
迴路結構
函式 (functions)
遞迴 (recursion)
陣列與結構
基礎資料結構，包括：佇列和堆疊
基礎演算法，包括：排序和搜尋
</div>
<p>
<span style="font-size: 15pt ;color: #6600FF;background-
color:#FFFFCC">APCS 命題內容領域</span>
程式設計基本觀念
資料型態，常數，變數，變數範圍
```

```
控制結構
迴路結構
函式 (functions)
遞迴 (recursion)
陣列與結構
基礎資料結構，包括：佇列和堆疊
基礎演算法，包括：排序和搜尋
</body>
</html>
```

【執行結果】

div 標記是獨 ← 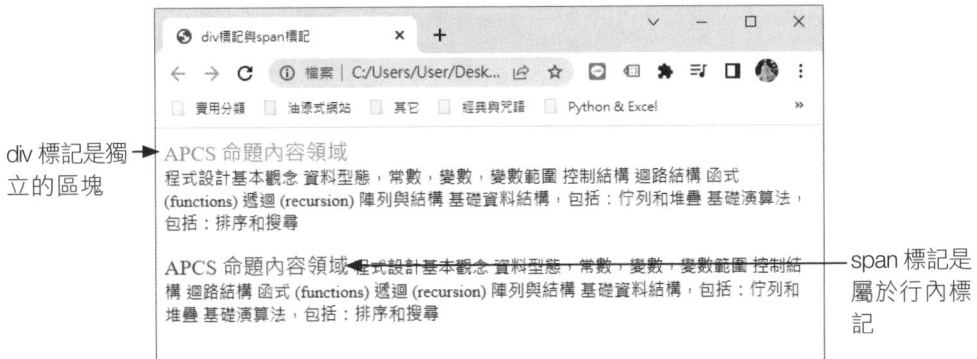 → span 標記是
立的區塊　　　　　　　　　　　　　　　　　屬於行內標
　　　　　　　　　　　　　　　　　　　　　記

　　　<div> 標記與 <span> 標記裡的 style 屬性裡是 CSS 語法，「font-size」是設定文字大小，「color」是設定文字顏色，「background-color」則是設定背景顏色。

5-2 編排網頁區塊的常用標籤

　　　在設計網站時，通常會先規劃網頁的架構與版面，利用區塊讓同類型的內容放在一塊，這樣瀏覽者在瀏覽資訊時就能一目了然。div 標記屬於區塊元素，它能讓指定的元素依照撰寫的先後順序由上而下排列，接著只要利用 float 屬性與 clear 屬性也能做出兩欄式的編排，不過因為 id 屬性是自由命名的，如果名稱與架構完全無關，其他人很難從名稱判斷網頁架構，所以 HTML5 將一些容易識別的語意標記制定成網頁結構標記，讓 HTML 語法只呈現網頁結構與內容，網頁美化的部分就交給 CSS 處理。這小節我們就針對結構化的語意標記做說明，讓各位輕鬆編排網頁結構。

5-2-1　結構化的語意標記

　　HTML5 所提供的語意標記，主要用來定義網頁架構，讓搜尋引擎能夠快速根據語意標記找到網頁重點所在，所以較無重要的內容，就盡量不使用語意標記。使用語意標記能輕鬆架構出如下的兩欄式網頁：

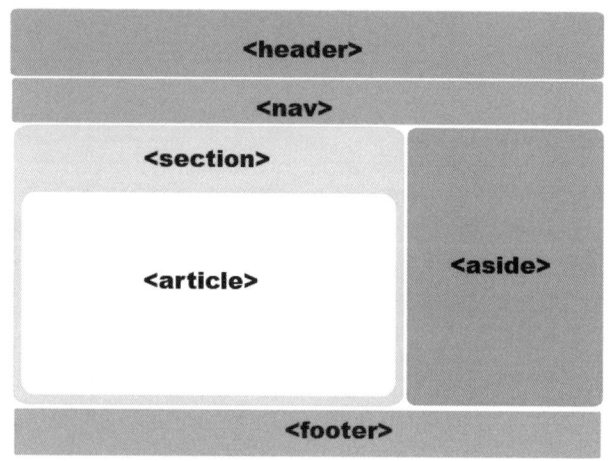

　　這裡先將各項標記所代表的意義說明如下：

- <header>：位在網頁頂端，用來顯示網站名稱、主題或是主要資訊，首頁動畫通常都會放置在此處。

- <nav>：定義導覽與連結的選單，方便瀏覽者瀏覽整個網站內容，或用來連結到其他主題。

- <aside>：放置於網頁的左右兩側，用以顯示主內容以外的相關訊息。

- <article>：用來定義主內容區，文件的主要內容很多時，可透過 <article> 來做區分。

- <section>：設定專題的章節或段落。

- <footer>：位在網頁底端，用來放置版權宣告、作者、公司聯絡等相關資訊。

5-2-2 設定標題 / 主內容 / 頁尾區塊

網頁最基本的架構包含三個區塊，最上方為標題區塊，中間為主內容區，最下方為頁尾區塊，所以利用 <header>、<main> 、<footer> 三個標記來處理，再從 CSS 樣式裡加入宣告即可，此處我們為區塊訂定不同的色彩，以方便各位識別。

範例 block1.htm

```
<head>
<title>標題/主內容/頁尾區塊</title>
<meta charset="utf-8">
<style>
header{background-color:red;}
main{background-color:green;}
footer{background-color:yellow;}
</style>
</head>
<body>
<header>標題區塊</header>
<main>主內容區塊</main>
<footer>頁尾區塊</footer>
</body>
```

【執行結果】

區塊建立後，只要再宣告各區塊的寬度和高度，就可以顯示網頁基本布局。如下所示：

範例 block2.htm

```
<!DOCTYPE html>
<html lang="zh-TW">
<head>
<title>標題/主內容/頁尾區塊</title>
<meta charset="utf-8">
```

```
<style>
header{background-color:red; width:800px; height:80px}
main{background-color:green; width:800px;height:200px}
footer{background-color:yellow; width:800px; height:80px}
</style>
</head>
<body>
<header>標題區塊</header>
<main>主內容區塊</main>
<footer>頁尾區塊</footer>
</body>
</html>
```

【執行結果】

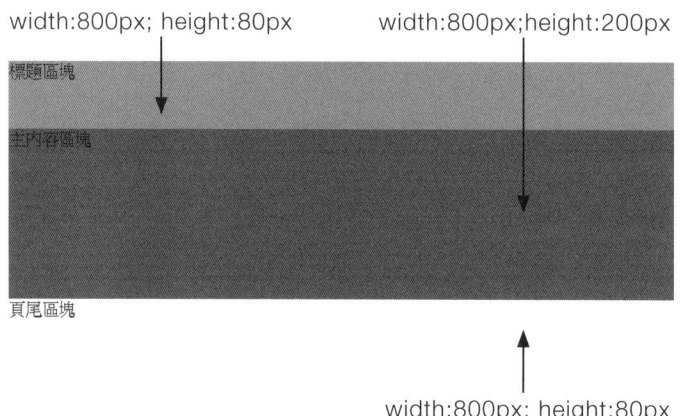

width:800px; height:80px   width:800px;height:200px

width:800px; height:80px

5-2-3 兩欄式版面

版面除了標題區塊和頁尾區塊外，很多網頁會將中間區塊分隔成兩欄，例如把左側設為選單區，右側設為主內容區。像這樣的兩欄式版面，可在標題區塊下方加入 <aside> 標記。

另外我們還必須使用到 float 屬性來設定對齊左側（Left）或右側（Right），clear 屬性則用來清除 float 屬性的浮動，其設定值有 left、right、both 三個。

接著延續上面的範例，請先加入 <aside> 標記及其大小、顏色，讓 aside 寬度加 main 寬度等於 header 寬度。

範例 two-columns-aside.htm

```
<style>
header{background-color:red; width:800px; height:80px;}
aside{background-color:violet; width:200px; height:200px;}
main{background-color:green; width:600px; height:200px;}
footer{background-color:yellow; width:800px; height:80px;}
</style>
</head>
<body>
<header>標題區塊</header>
<aside>側邊區塊</aside>
<main>主內容區塊</main>
<footer>頁尾區塊</footer>
</body>
```

加入後會先看到四個區塊由上而下排列，如圖示：

接下來請在 aside 和 main 加入 float: left 屬性，使之對齊左側，而 footer 加入 clear:both，使之清除浮動。如下面的程式範例所示：

範例 two-columns.htm

```
<!DOCTYPE html>
<html lang="zh-TW">
<head>
<title>兩欄式版面</title>
<meta charset="utf-8">
<style>
header{background-color:red; width:800px; height:80px;}
aside{background-color:violet; width:200px; height:200px; float:left;}
main{background-color:green; width:600px; height:200px; float:left;}
footer{background-color:yellow; width:800px; height:80px; clear:both;}
</style>
</head>
<body>
<header>標題區塊</header>
<aside>側邊區塊</aside>
<main>主內容區塊</main>
<footer>頁尾區塊</footer>
</body>
</html>
```

【執行結果】

標題區塊

側邊區塊　　主內容區塊

← 顯示兩欄並列的版面

頁尾區塊

5-2-4　加入其他區塊元素

　　區塊元素除了前面跟各位介紹過的 div 標記外，在 HTML 中常用的區塊元素還包括 section、article、nav 等，因為有特定的意義與用途，此處簡要說明如下：

⟨/⟩ 小節 <section></section>

用於表示網站內容的一部分，可為一個區域或整篇文章的一節。

⟨/⟩ 文章 <article></article>

用於可獨立出來的一篇文章，例如一則新聞、一則文章，可加入標題設定。

⟨/⟩ 導航 <nav></nav>

使用在網站上的導覽，如：回上一頁、回首頁等。

這些區塊可放置在網頁架構之中，外層可包含內層，例如我們可以在 <main></main> 標記中放置一個 section，而 <section></section> 標記之中放置兩個 article。如下面的程式範例所示：

範例 section.htm

```
<!DOCTYPE html>
<html lang="zh-TW">
<head>
<title>區塊應用</title>
<meta charset="utf-8">
<style>
header{background-color:red; width:800px; height:80px;}
aside{background-color:violet; width:200px; float:left;}
main{background-color:green; width:600px; float:left;}
footer{background-color:yellow; width:800px; height:80px; clear:both;}
</style>
</head>
<body>
<header>標題區塊</header>
<aside>側邊區塊</aside>
<main>
<section>
<article>
<h4>Google 雲端應用×遠距教學×居家上課×線上會議一書搞定</h4>
<p>
大疫情時代，老師們一定要會的遠距教學工作術！
從入門基礎到實務解說，帶你展現超高效的雲端教學技能。</p>
```

```
</article>
<article>
<h4>重點內容</h4>
<p>
遠距教學必備利器 Google Meet
師生互動平台 Google Classroom
將文件、試算表和簡報融入教學
掌握雲端硬碟的管理與使用
利用 Google 日曆安排線上行程
</p>
</article>
</section>
</main>
<footer>頁尾區塊</footer>
</body>
</html>
```

【執行結果】

重 點 回 顧

◉ <div> 標記是動態網頁不可或缺的元件之一，它具有群組與圖層的功能，如果搭配 JavaScript 語法或 CSS 語法，就能讓網頁元件產生移動效果，甚至能控制元件的顯示與隱藏。

◉ <div> 標記是圍堵標記，結束必須有 </div> 標記，它屬於獨立的區塊標記（Block-level），也就是說它不會與其他元件同時顯示在同一行，</div> 標記之後會自動換行。

◉ <div> 標記的功能有點類似群組，只要放在 <div></div> 標記裡的元件，都會視為單一物件。在 HTML 語法裡 <div> 標記通常被用來做對齊功能。

◉ <span> 標記與 <div> 標記有點類似，差別在於 </div> 標記之後會換行，而 <span> 是屬於行內標記（Inline-level），可與其他元件顯示於同一行。

◉ div 標記屬於區塊元素，它能讓指定的元素依照撰寫的先後順序由上而下排列，接著只要利用 float 屬性與 clear 屬性也能做出兩欄式的編排。

◉ HTML5 所提供的語意標記，主要用來定義網頁架構，讓搜尋引擎能夠快速根據語意標記找到網頁重點所在，所以較無重要的內容，就盡量不使用語意標記。

◉ <header>：位在網頁頂端，用來顯示網站名稱、主題或是主要資訊，首頁動畫通常都會放置在此處。

◉ <nav>：定義導覽與連結的選單，方便瀏覽者瀏覽整個網站內容，或用來連結到其他主題。

◉ <aside>：放置於網頁的左右兩側，用以顯示主內容以外的相關訊息。

◉ <article>：用來定義主內容區，文件的主要內容很多時，可透過 <article> 來做區分。

◉ <section>：設定專題的章節或段落。

◉ <footer>：位在網頁底端，用來放置版權宣告、作者、公司聯絡等相關資訊。

◉ 很多網頁會將中間區塊分隔成兩欄，例如把左側設為選單區，右側設為主內容區。像這樣的兩欄式版面，可在標題區塊下方加入 <aside> 標記。另外我們還必須使用到 float 屬性來設定對齊左側（Left）或右側（Right），clear 屬性則用來清除 float 屬性的浮動，其設定值有 left、right、both 三個。

評 量 時 間

🖋 選擇題

1. (　　) 下列何者不是屬於結構化的語意標記？

　　A. <title>　　　　B. <article>　　　　C. <section>　　　　D. <footer>

2. (　　) 下列何者是用來定義導覽與連結選單的語意標記？

　　A. <header>　　　B. <nav>　　　　　C. <section>　　　　D. <article>

3. (　　) 下列何者不是屬 <div> 標記的 align 的設定值？

　　A. center　　　　B. left　　　　　　c. right　　　　　　D. middle

🖋 簡答題

1. 試簡述 HTML5 所提供的語意標記的主要用意。

2. 試簡述常用結構化各種語意標記所代表的意義。

06

必學的吸睛網頁工作術

網頁元件的編排位置會影響到網頁整體的美觀，以往在 HTML 標記中，要控制網頁元件的位置都是使用表格來進行編排，但是也會被表格所限制，且在維護時會比較困難，而這裡介紹的版面編排方式可以讓網頁更具變化性。

6-1 區塊的留白與美化

想要有效控制網頁元件，最重要的是控制編排框的邊界留白、邊框、邊界等屬性，編排框就像個盒子模型一樣，不管是文字或圖片，都可以放在編排區塊裡面。如下圖所示：

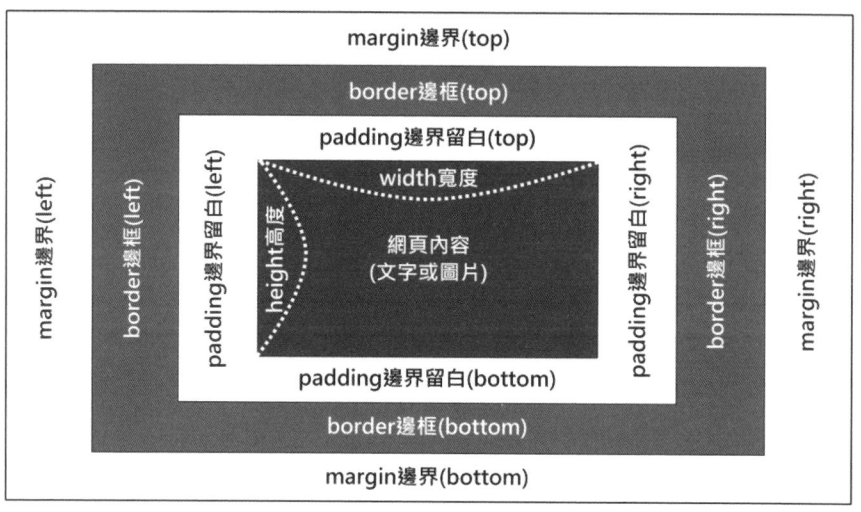

在這編排框中，網頁內容就是文字或圖片，可設定內容物的寬度與高度。其中padding 包圍整個內容物，透明且介於邊框與內容物之間，可分別控制它的上下左右距離。至於 border 邊框可以設定顏色或粗細，而 margin 邊界位在邊框之外，用來設定與其他網頁元件的距離。

6-1-1 div 區塊設定

在 HTML 語法中，通常是使用 <div> 來設定區塊，與 CSS 一起使用時，可在其中利用 style 屬性加入 CSS 語法來控制 <div> 區塊的顯示方式。下面的例子是設定 div 區塊寬度為 360px，高度為 200px，並指定這個區塊的背景色為黃色，字的顏色為藍色。請各位參考以下的範例：

範例 style.htm

```
<!DOCTYPE html>
<html lang="zh-TW">
<head>
<title>div區塊</title>
<meta charset="utf-8">
</head>
<body>
<div style="width:360px; height:200px; background-color:yellow;
color:blue;">
<h3>油漆式速記法介紹</h3>
榮欽科技研發的油漆式快速記憶法，可以幫助學生在很短時間內記下大量的單字。油漆式速記法採取
同步結合速讀與速記訓練，再加上多重感官刺激，迅速將單字記憶轉換為長期記憶，可以讓使用者由1
小時記憶20個單字，短時間進步到1小時速記400-500個單字。
</div>
</body>
</html>
```

【執行結果】

油漆式速記法介紹

榮欽科技研發的油漆式快速記憶法，可以幫助學生
在很短時間內記下大量的單字。油漆式速記法採取
同步結合速讀與速記訓練，再加上多重感官刺激，
迅速將單字記憶轉換為長期記憶，可以讓使用者由1
小時記憶20個單字，短時間進步到1小時速記400-
500個單字。

div 區塊寬度為 360px，高度為 200px

下面的小節我們針對區塊的使用技巧做說明。

6-1-2 邊界設定

邊界（Margin）位在邊框的外圍，用來設定元件的邊緣距離，可分別設定上下左右四邊，或是一次指定好邊界的屬性值即可。要設定上邊界，其語法如下：

```
margin-top:設定值
```

margin-top 設定值可為長度單位（px、pt）、百分比（%）、或 auto，auto 為預設值。除了上邊界外，margin-bottom 為下邊界，margin-right 為右邊界，margin-left 為左邊界。

另外，也可以一次設定好邊界的屬性值，其邊界值的排列順序與語法如下，而中間以空白分隔即可。

```
margin:上邊界值 右邊界值 下邊界值 左邊界值
```

以下的例子示範了如何一次設定好邊界的屬性值，這個 div 區塊上邊界 30px，右邊界 100px，下邊界 50px，左邊界 50px。

範例 margin.htm

```
<!DOCTYPE html>
<html lang="zh-TW">
<head>
<title>div區塊</title>
<meta charset="utf-8">
</head>
<body>
<div style="width:360px; height:200px; background-color:yellow;
color:blue;  margin:30px 100px 50px 50px">
<h3>油漆式速記法介紹</h3>
榮欽科技研發的油漆式快速記憶法，可以幫助學生在很短時間內記下大量的單字。油漆式速記法採取
同步結合速讀與速記訓練，再加上多重感官刺激，迅速將單字記憶轉換為長期記憶，可以讓使用者由1
小時記憶20個單字，短時間進步到1小時速記400-500個單字。
</div>
</body>
</html>
```

由於 div 區塊未指定尺寸，所以會因視窗的縮放而改變，其顯示結果如下：

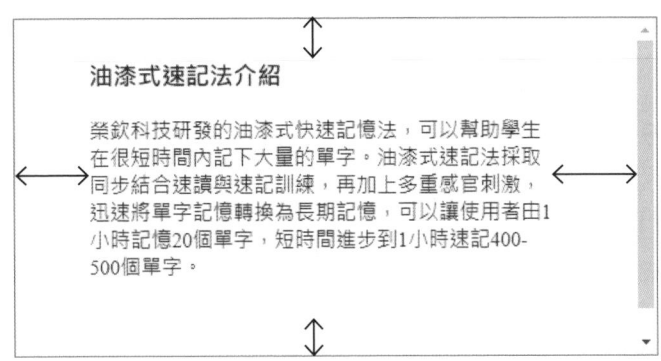

上邊界 30px，右邊界 100px，下邊界 50px，左邊界 50px

6-1-3　邊框設定

邊框的屬性包括邊框顏色、寬度、樣式、圓角等。相關屬性說明如下：

</> **border-style: 設定值**

設定邊框的樣式，目前提供 8 種設定值，包括 solid（實線）、dashed（虛線）、dotted（點線）、double（雙實線）、ridge（3D 凸線）、groove（3D 凹線）、inset（3D 嵌入線）、outset（3D 浮凸線）。如要設定上下左右的邊框樣式，可設定為「border-top-style」，依此類推。

</> **border-width：設定值**

設定邊框寬度，可以使用寬度數值 + 單位，或是使用 thin（薄）、thick（厚）、medium（中等）。通常設定邊框寬度前先要設定邊框樣式 border-style，否則邊框寬度無法顯現喔！

</> **border-color: 顏色值**

設定邊框顏色，可用 16 進位碼、RGB 碼或用顏色名稱。

⟨/⟩ **border-radius：設定值**

設定圓角邊框，可使用長度（px）或百分比。

以下的例子示範了如何將邊框樣式設為雙實線，邊框寬度設為 6px，邊框顏色為紅色，圓角邊框。

範例 border-style.htm

```
<!DOCTYPE html>
<html lang="zh-TW">
<head>
<title>邊框設定</title>
<meta charset="utf-8">
</head>
<body>
<div style="background-color:#F8FF78; color:red; border-style:double;
border-width:6px; border-color:red; border-radius:30px; ">
<h2>精美的小禮物</h2>
<img src="images/gift.png">
</div>
</body>
</html>
```

將邊框樣式設為雙實線，邊框寬度設為 6px，邊框顏色為紅色，圓角邊框，其顯示結果如下：

6-1-4　邊界留白設定

　　邊界留白 padding 是指邊框內側與文字 / 圖片邊緣的距離，通常可以設定上下左右四邊的屬性，例如：padding-top（上邊界留白距離），或是一次指定好邊界留白的數值。其設定值可為長度單位（px、pt）、百分比（%）、或是 auto。如果要一次設定好邊界留白距離的屬性設定順序如下：

```
padding:上邊界留白 右邊界留白 下邊界留白 左邊界留白
```

　　以下的例子示範了如何一次設定好邊界的屬性值，這個 div 區塊上邊界留白 30px、右邊界留白 20x、左邊界留白 20px、下邊界留白 30px。

範例 **padding.htm**

```
<!DOCTYPE html>
<html lang="zh-TW">
<head>
<title>邊界留白</title>
<meta charset="utf-8">
</head>
<body>
<div style="background-color:blue; color:white; padding:30px 20px 30px
20px">
榮欽科技研發的油漆式快速記憶法，可以幫助學生在很短時間內記下大量的單字。油漆式速記法採取
同步結合速讀與速記訓練，再加上多重感官刺激，迅速將單字記憶轉換為長期記憶，可以讓使用者由1
小時記憶20個單字，短時間進步到1小時速記400-500個單字。
</div>
</body>
</html>
```

【執行結果】

榮欽科技研發的油漆式快速記憶法，可以幫助學生在很短時間內記下大量的單字。油漆式速記法採取同步結合速讀與速記訓練，再加上多重感官刺激，迅速將單字記憶轉換為長期記憶，可以讓使用者由1小時記憶20個單字，短時間進步到1小時速記400-500個單字。

6-1-5 圖像邊框

圖像邊框是將邊框以基本圖形作為元素，中間則以連續拼貼或拉伸的方式呈現。圖像邊框的基本元素是採用九宮格方式作切割，如同井字形，如下所示：

範例 border.png

中間的淡黃色圖形會以連續拼貼或拉伸方式呈現

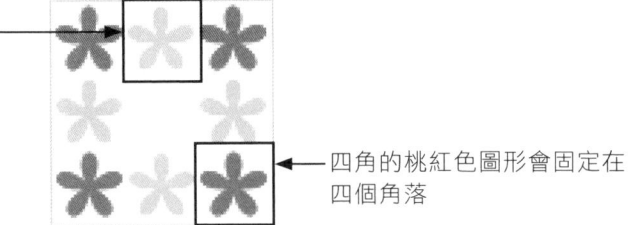

四角的桃紅色圖形會固定在四個角落

圖像邊框的語法表示方式如下：

```
border-image:source slice width repeat
```

</> source

source 是指圖片的路徑（必填資訊），例如圖檔「border.png」放在「images」資料夾中，就必須加入「url（"images/border.png"）」的資訊。

</> slice

slice 是指圖片使用的界線（必填資訊），如下所示：

slice 寬度（通常為基本形的寬度，若是變更該數值，也能產生不同的花邊效果喔）

</> width

width 為圖片的寬度，可省略不寫。

</> repeat

repeat 是圖片的填充方式，設定值有 stretch、repeat、round 三種：其中的
「stretch」是將基本形拉伸至整個邊框區域，「repeat」是連續拼貼，「round」則
是連續拼貼並自動調整圖片大小。由於填充方式設為「repeat」時，有時基本形會
顯示不完全，所以建議設定為「round」會比較好。

以下的例子示範了如何設定圖像邊框，而圖片的填充方式採用「round」則是
連續拼貼並自動調整圖片大小。

範例 border-image_round.htm

```
<!DOCTYPE html>
<html lang="zh-TW">
<head>
<title>花樣邊框</title>
<meta charset="utf-8">
<style>#bordering {border:20px solid; padding:15px; border-
image:url("images/border.png") 25 round; }
</style>
</head>
<body>
<p id="bordering">
榮欽科技研發的油漆式快速記憶法，可以幫助學生在很短時間內記下大量的單字。油漆式速記法採取
同步結合速讀與速記訓練，再加上多重感官刺激，迅速將單字記憶轉換為長期記憶，可以讓使用者由1
小時記憶20個單字，短時間進步到1小時速記400-500個單字。
</p>
</body>
</html>
```

【執行結果】

下列二圖分別是 repeat 及 stretch 圖片填充方式的外觀：

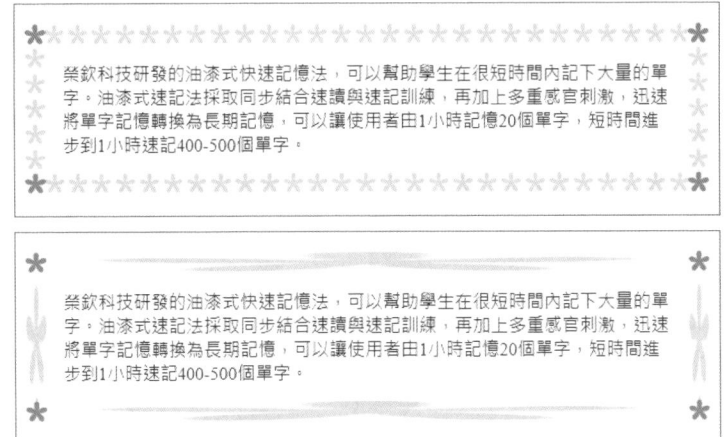

6-2 定位網頁元件

　　CSS 語法中有幾個與位置相關的屬性，可用來設定元件在網頁中排列的位置，所以安排元件位置之前，必須了解這些屬性的用法，此小節就來說明元件位置、寬高、與邊界距離，以及超出邊界的顯示方式：

6-2-1　元件位置的定位

　　CSS 語法中的 position 是設定元件位置的排列方式，此屬性通常會與 <div> 標記搭配使用，用來將元件精確定位，定位方式有兩種，absolute（絕對定位）與 relative（相對定位）兩種：

absolute（絕對定位）

　　是以有使用 position 定位的上一層元件（父元件）的左上角點為原點來定位，如果找不到有 position 定位的上一層元件，則以 <body> 左上角點為原點來定位。

relative（相對定位）

　　以元件本身的左上角點為原點來定位。

範例 position.htm

```
<div style="position:absolute; left:0px; top:0px; ">
<img src="images/A01.jpg" border="3">
<div style="position:absolute; left:0px; top:0px; ">
<img src="images/A02.jpg" border="3">
</div>
</div>
```

　　以上面的程式碼為例，外層和內層的 <div> 標籤都以 position 屬性來定位圖片，並指定左上角的位置。當內外兩層的 position 都設定為 absolute（絕對定位）時，則內外兩層的圖片會重疊在一起。

內層的 position 設定為 absolute（絕對定位）時，內外兩層的圖片相互重疊

　　若是將內層的 position 設定為 relative（相對定位）時，則內層圖片會以元件本身的左上角為原點，這樣圖片就不會重疊在一起。如下圖所示：

6-2-2　指定元件的寬高與邊界距離

其中 width 用來指定元件的寬度值，height 用來指定元件的高度值，單位可為 px 或 pt。例如：

```
div{ width:300px;height:225pt;}
```

6-2-3　指定元件與邊界的距離

參數 left 用來指定元件與左邊界的距離，也就是 x 座標，top 是用來指定元件與上邊界的距離，也就是 y 座標。座標值的單位可以是長度（px、pt）或百分比（%），X 方向愈往右值愈大，Y 方向愈往下值越大。例如：

```
div{ left:20px;top:30pt;}
```

6-2-4　設定超出邊界的顯示方式

當元件內容超過元件的長度與寬度時，可以設定內容的呈現方式，設定值有以下四種：

- visible：不管元件長寬，內容完全呈現。
- hidden：超出長寬的內容就不顯示。
- scroll：無論內容會不會超出長寬，都加入捲軸。
- auto：依狀況決定是否顯示捲軸。

範例 overflow.htm

```
<!DOCTYPE html>
<html lang="zh-TW">
<head>
<title>超出邊界的顯示方式</title>
<meta charset="utf-8">
<div style="position:absolute; width:250px; height:150pt; overflow:auto">
    <img src="images/A01.jpg" width="300" height="225" border="2">
```

```
</div>
</body>
</html>
```

　　如上所示，由於 div 標籤的大小比放置的圖片還要小，所以當 overflow 設定為「auto」時，就會自動顯示捲軸了。如下圖所示：

6-2-5　疊字標題

　　標題字是利用兩個「Design Contest」及「作品設計小競賽」文字重疊交錯而成，後方的文字是紅色、字高 50px，與網頁左上角垂直距離 15px，與元件水平距離 50px，而前方的文字是白色、字高 50px，與網頁左上角垂直距離 30px，與元件水平距離 250px，外圍加上火焰暈開的特效，如下圖。

後方文字（id=text1）　　　　　　　　　　　　　　前方文字（id=text2）

　　由於我們要在這兩句文字加上 CSS 效果，因此先分別用 <h1> 標記定義出文字樣式，並命名為 text1 及 text2。先來看這部份的 HTML 碼，如下行：

```
<h1 id="text1">Design Contest</h1>
<h1 id="text2">作品設計小競賽</h1>
```

接著，就可以加入 CSS 語法，先來看後方的文字，語法如下所示：

```
h1#text1{
    margin:0px;padding:0px;
    top:15px;
    position:absolute;        /*設定div為絕對定位*/
    font-size:40px;           /*字高*/
    color:#FF0000;            /*字的顏色*/
    margin-left:50px;         /*與元件水平距離*/
}
```

我們要移動文字的位置，而且會改變文字的層級，因此必須設定 position 屬性為絕對定位（Absolute）。

文字（text2）除了移動位置之外，還加入了光暈（Glow）及陰影（Shadow）效果，來看這一段 CSS 語法。

```
h1#text2{
    margin:0px;padding:10px;
    position:absolute;
    font-size:50px;
    color:#FFFF;
    top:30px;
    margin-left:250px;
    filter:glow(color=#ff0000, strength=10);     /*設定光暈濾鏡*/
    text-shadow: 15px 15px 15px #0000FF;
}
```

由於特效語法各家瀏覽器的支援程度不同，在套用這些特效時應特別注意如何讓各家瀏覽器都能有很好的瀏覽效果。例如我們就可以使用 text-shadow 屬性為文字加上陰影。

Design Contest
作品設計小競賽

6-3 項目清單的美化

我們在學習 HTML 語法時已經示範如何建立項目清單，不過透過 HTML 語法所能產生項目清單前面的符號或數字樣式並不是很多，所以如果只是採用這些語法來建立項目清單，會發現大家的項目清單風格會非常相近。事實上，我們還可以藉助 CSS 語法的設定來美化項目清單。如此一來每一位網頁設計師就可以搭配網頁的設計風格，設計出風格相近的項目清單的外觀，有助於視覺的美觀性，也可以讓項目清單所呈現的資訊，更加容易理解與明瞭。

6-3-1 使用「list-style-type」設定清單符號種類

各位可以在項目清單中的每一個項目前看到一個符號，這個符號就稱為清單符號。我們可以依自己的需求設定自己喜歡的清單符號種類，而且也允許各位設定「無清單符號」。在預設的情況下，條列式清單會在各項目前顯示「實心圓形」的清單符號，而編號清單會在各項目前顯示「數字」的清單符號。以下我們整理了各種清單符號的種類，如下表所示：

none	不顯示符號	佇列 (queue) 堆疊 (stack) 樹狀圖 (tree) 圖形 (graph)
disc	實心圓形	• 佇列 (queue) • 堆疊 (stack) • 樹狀圖 (tree) • 圖形 (graph)
circle	空心圓形	○ 佇列 (queue) ○ 堆疊 (stack) ○ 樹狀圖 (tree) ○ 圖形 (graph)
square	實心正方形	▪ 佇列 (queue) ▪ 堆疊 (stack) ▪ 樹狀圖 (tree) ▪ 圖形 (graph)

lower-alpha	小寫英文字母	a. 佇列 (queue) b. 堆疊 (stack) c. 樹狀圖 (tree) d. 圖形 (graph)
upper-alpha	大寫英文字母	A. 佇列 (queue) B. 堆疊 (stack) C. 樹狀圖 (tree) D. 圖形 (graph)
decimal	阿拉伯數字	1. 佇列 (queue) 2. 堆疊 (stack) 3. 樹狀圖 (tree) 4. 圖形 (graph)
decimal-leading-zero	十進位制的阿拉伯數字，前方自動補零	01. 佇列 (queue) 02. 堆疊 (stack) 03. 樹狀圖 (tree) 04. 圖形 (graph)
armenian	亞美尼亞語	Ա. 佇列 (queue) Բ. 堆疊 (stack) Գ. 樹狀圖 (tree) Դ. 圖形 (graph)
lower-greek	希臘語	α. 佇列 (queue) β. 堆疊 (stack) γ. 樹狀圖 (tree) δ. 圖形 (graph)
lower-roman	小寫羅馬數字	i. 佇列 (queue) ii. 堆疊 (stack) iii. 樹狀圖 (tree) iv. 圖形 (graph)
upper-roman	大寫羅馬數字	I. 佇列 (queue) II. 堆疊 (stack) III. 樹狀圖 (tree) IV. 圖形 (graph)

以下的範例示範了各種清單符號種類。

範例 list-style-type.htm

```
<!DOCTYPE html>
<html lang="zh-TW">
<head>
<title>list sytle type</title>
<meta charset="utf-8">
</head>
<body>

<ul style="list-style-type: none;">
<li>佇列 (queue)</li>
<li>堆疊 (stack)</li>
<li>樹狀圖 (tree)</li>
<li>圖形 (graph)</li>
</ul>

<ul style="list-style-type: disc;">
<li>佇列 (queue)</li>
<li>堆疊 (stack)</li>
<li>樹狀圖 (tree)</li>
<li>圖形 (graph)</li>
</ul>

<ul style="list-style-type: circle;">
<li>佇列 (queue)</li>
<li>堆疊 (stack)</li>
<li>樹狀圖 (tree)</li>
<li>圖形 (graph)</li>
</ul>

<ul style="list-style-type: square;">
<li>佇列 (queue)</li>
<li>堆疊 (stack)</li>
<li>樹狀圖 (tree)</li>
<li>圖形 (graph)</li>
</ul>

<ul style="list-style-type: lower-alpha;">
<li>佇列 (queue)</li>
<li>堆疊 (stack)</li>
<li>樹狀圖 (tree)</li>
```

```
<li>圖形 (graph)</li>
</ul>

<ul style="list-style-type: upper-alpha;">
<li>佇列 (queue)</li>
<li>堆疊 (stack)</li>
<li>樹狀圖 (tree)</li>
<li>圖形 (graph)</li>
</ul>

<ul style="list-style-type: decimal">
<li>佇列 (queue)</li>
<li>堆疊 (stack)</li>
<li>樹狀圖 (tree)</li>
<li>圖形 (graph)</li>
</ul>

<ul style="list-style-type: decimal-leading-zero;">
<li>佇列 (queue)</li>
<li>堆疊 (stack)</li>
<li>樹狀圖 (tree)</li>
<li>圖形 (graph)</li>
</ul>

<ul style="list-style-type: armenian;">
<li>佇列 (queue)</li>
<li>堆疊 (stack)</li>
<li>樹狀圖 (tree)</li>
<li>圖形 (graph)</li>
</ul>

<ul style="list-style-type: lower-greek;">
<li>佇列 (queue)</li>
<li>堆疊 (stack)</li>
<li>樹狀圖 (tree)</li>
<li>圖形 (graph)</li>
</ul>

<ul style="list-style-type: lower-roman;">
<li>佇列 (queue)</li>
<li>堆疊 (stack)</li>
<li>樹狀圖 (tree)</li>
```

```
<li>圖形 (graph)</li>
</ul>

<ul style="list-style-type: upper-roman;">
<li>佇列 (queue)</li>
<li>堆疊 (stack)</li>
<li>樹狀圖 (tree)</li>
<li>圖形 (graph)</li>
</ul>

</body>
</html>
```

6-3-2 使用「list-style-position」設定清單符號位置

「list-style-type」屬性是設定清單符號種類，另外我們也可以利用「list-style-position」屬性來設定清單符號的顯示位置，可以設定的參數值為「outside」及「inside」分別用來指定清單符號顯示在外側及內側的位置。接著用以下範例來說明這兩種設定值在呈現位置有何不同：

範例 list-style-position.htm

```
<!DOCTYPE html>
<html lang="zh-TW">
<head>
<title>list sytle position</title>
<meta charset="utf-8">
</head>
<body>

<ul style="list-style-position: inside;">
<li>佇列 (queue)</li>
<li>堆疊 (stack)</li>
<li>樹狀圖 (tree)</li>
<li>圖形 (graph)</li>
</ul>

<ol style="list-style-position: outside;">
<li>佇列 (queue)</li>
```

```
<li>堆疊 (stack)</li>
<li>樹狀圖 (tree)</li>
<li>圖形 (graph)</li>
</ol>

</body>
</html>
```

【執行結果】

- 佇列 (queue)
- 堆疊 (stack)
- 樹狀圖 (tree)
- 圖形 (graph)

1. 佇列 (queue)
2. 堆疊 (stack)
3. 樹狀圖 (tree)
4. 圖形 (graph)

6-3-3 使用「list-style-image」自訂清單符號圖示

前面提到的「list-style-type」屬性只能顯示出一些較簡單的清單符號，其實如果想將清單符號變更成圖片，就可以利用「list-style-image」屬性來設定。不過請注意，這個屬性設定不能被應用在編號清單符號，它只能在條列式清單中指定一張圖片，來變換條列式清單的清單符號的圖示外觀，它的設定方式必須提供該圖像檔案的 URL，可支援的圖片檔案格式如：png。

範例 list-style-image.htm

```
<!DOCTYPE html>
<html lang="zh-TW">
<head>
<title>list-style-image</title>
<meta charset="utf-8">
</head>
<body>
```

```
<ul style="list-style-image: url(images/icon.png);">
<li>佇列 (queue)</li>
<li>堆疊 (stack)</li>
<li>樹狀圖 (tree)</li>
<li>圖形 (graph)</li>
</ul>
</body>
</html>
```

【執行結果】

　　前面已介紹了三個和清單項目有關的屬性，例如：list-style-type、list-style-position、list-style-image 等，其實我們還有一個作法就是利用「list-style」屬性一次設定所有與清單符號相關的屬性。只要在各個設定值之間以半形空格隔開即可。設定的語法如下：

```
ul {
  list-style: circle url(image/mypic.png) inside;
}
```

6-4　彈性版面（Flexible Layout）編排

　　CSS 彈性盒子排版（CSS Flexible Box Layout）是 CSS 的模組，它能最佳化使用者介面的彈性安排，是目前主流的彈性版面的配置方式，本單元將針對彈性版面（Flexible Layout）編排的語法進行說明，同時也會說明如何將元件水平排列、設定元件排列方向、設定水平對齊方式、設定垂直對齊方式、設定多行對齊等多種彈性版面的配置方式。

6-4-1 套用 item 類別

　　CSS 彈性盒子排版（CSS Flexible Box Layout）的基本語法就是必須先在 HTML 中建立一個容器裝置的父元素，接著再於該容器裝置中插入各項項目的子元素。例如以下的 HTML 檔案中的建立一個包含一個父元素的 div 標籤和四個子元素的 div 標籤，這個 HTML 檔案會套用「style.css」的樣式設定：

範例 ch06/01/index.htm

```
<!doctype html>
<html lang="zh-TW">

<head>
    <meta charset="UTF-8">
    <title>各種 Layout</title>
    <link rel="stylesheet" href="style.css">
</head>

<body>
    <div class="container">
        <div class="item">春天(Spring)</div>
        <div class="item">夏天(Summer)</div>
        <div class="item">秋天(Fall)</div>
        <div class="item">冬天(Winter)</div>
    </div>
</body>

</html>
```

ch06/01/style.css

```
@charset "UTF-8";
.item {
  background: #bb0;
  color: #0ff;
  margin: 15px;
  padding: 15px;
}
```

【執行結果】

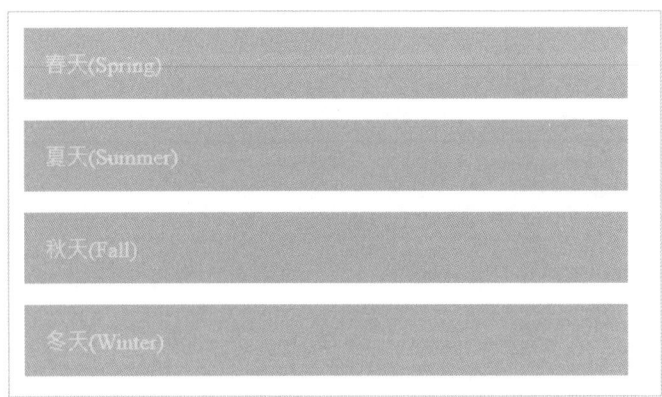

從上面的執行結果，各位可以看出四個子項目會由上而下來展現。

6-4-2　套用 display:flex;

如果想改變上例中子項目的排列方式為左右水平的方式來進行版面配置，這種情況下只要 CSS 檔案中在「.container」類別的父元素加入「display: flex;」的屬性設定即可，請參考以下的 HTML 檔案及 CSS 檔案設定：

範例 ch06/02/index.htm

```
<!doctype html>
<html lang="zh-TW">

<head>
    <meta charset="UTF-8">
    <title>各種 Layout</title>
    <link rel="stylesheet" href="style.css">
</head>

<body>
    <div class="container">
        <div class="item">春天(Spring)</div>
        <div class="item">夏天(Summer)</div>
        <div class="item">秋天(Fall)</div>
```

```
        <div class="item">冬天(Winter)</div>
    </div>
</body>

</html>
```

ch06/02/style.css

```
@charset "UTF-8";
.container {
    display: flex;
}
.item {
    background: #bb0;
    color: #0ff;
    margin: 15px;
    padding: 15px;
}
```

【執行結果】

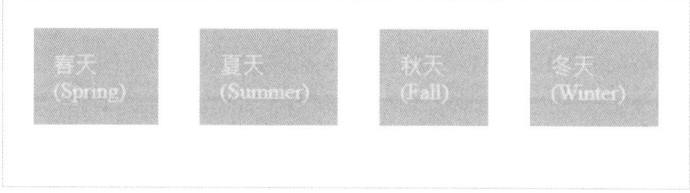

　　從上面的執行結果，各位可以看出四個子項目為左右水平的方式來進行版面配置。也就是說在父元素「.container」類別中加入了「display: flex;」的屬性描述後，所有的子元素就會以水平的方式自動並列。

　　接著如果要自行決定子元素的排列方式，則必須在父元素增加屬性設定，其中「flex-direction」屬性可以用來設定子元素的排列方向；「justify-content」屬性屬性可以用來設定子元素的水平對齊方式；「flex-wrap」屬性可以用來設定子元素是否進行換行動作；「align-items」屬性可以用來設定子元素垂直方向的對齊方式；「align-content」屬性可以用來設定子元素橫跨多行時的對齊方式。

首先來示範如何利用「flex-direction」屬性來設定子元素的排列方向。

6-4-3 「flex-direction」屬性設定

「flex-direction」屬性可以設定的值有以下幾種：

- **row**：這是預設值，其功用是設定子項目由左往右排列。

- **row-reverse**：其功用是設定子項目由右往左排列。

- **column**：其功用是設定子項目由上向下排列。

- **column -reverse**：其功用是設定子項目由下向上排列。

請參考以下的 HTML 檔案及 CSS 檔案設定：

範例 **ch06/03/index.htm**

```
<!doctype html>
<html lang="zh-TW">

<head>
    <meta charset="UTF-8">
    <title>各種 Layout</title>
    <link rel="stylesheet" href="style.css">
</head>

<body>
    <div class="container1">
        <div class="item">春天(Spring)</div>
        <div class="item">夏天(Summer)</div>
        <div class="item">秋天(Fall)</div>
        <div class="item">冬天(Winter)</div>
    </div>
    <div class="container2">
        <div class="item">春天(Spring)</div>
        <div class="item">夏天(Summer)</div>
        <div class="item">秋天(Fall)</div>
        <div class="item">冬天(Winter)</div>
    </div>
    <div class="container3">
```

```
        <div class="item">春天(Spring)</div>
        <div class="item">夏天(Summer)</div>
        <div class="item">秋天(Fall)</div>
        <div class="item">冬天(Winter)</div>
    </div>
    <div class="container4">
        <div class="item">春天(Spring)</div>
        <div class="item">夏天(Summer)</div>
        <div class="item">秋天(Fall)</div>
        <div class="item">冬天(Winter)</div>
    </div>
</body>

</html>
```

ch06/03/style.css

```css
.container1 {
    display: flex;
    flex-direction:row
}
```

【執行結果】

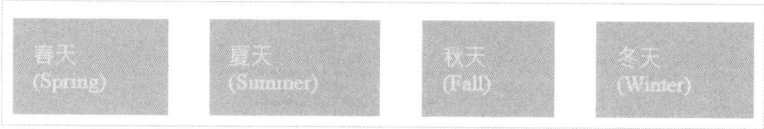

從執行結果可以看出子項目由左往右排列。

ch06/03/style.css

```css
.container2 {
    display: flex;
    flex-direction:row-reverse
}
```

【執行結果】

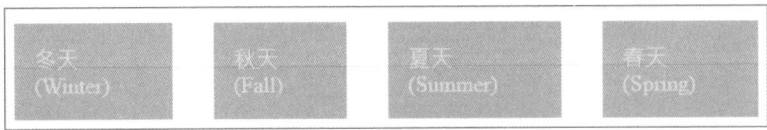

從執行結果可以看出子項目由右往左排列。

ch06/03/style.css

```
.container3 {
    display: flex;
    flex-direction:column
}
```

【執行結果】

從執行結果可以看出子項目由上向下排列。

ch06/03/style.css

```
.container4 {
    display: flex;
    flex-direction:column-reverse
}
```

【執行結果】

從執行結果可以看出子項目由下向上排列。

6-4-4 「justify-content」屬性設定

「justify-content」屬性可以用來設定子元素的水平對齊方式,「justify-content」
屬性可以設定的值有以下幾種:

- **flex-start**:這是預設值,其功用是設定子項目從前面開始排列並向左對齊。

- **flex-end**:其功用是設定子項目從後面開始排列並向右對齊。

- **center**:置中對齊。

- **space-between**:左右對齊,會將第一個元素及最後一個元素分別放在左右
  的兩端,其餘子項目再以等距的方式排列。

- **space-around**:分前對齊,所有子項目的元素均以等距的方式排列。

請參考以下的 HTML 檔案及 CSS 檔案設定:

範例 ch06/04/index.htm

```
<!doctype html>
<html lang="zh-TW">
```

```
<head>
    <meta charset="UTF-8">
    <title>各種 Layout</title>
    <link rel="stylesheet" href="style.css">
</head>

<body>
    <div class="container1">
        <div class="item">春天(Spring)</div>
        <div class="item">夏天(Summer)</div>
        <div class="item">秋天(Fall)</div>
        <div class="item">冬天(Winter)</div>
    </div>
    <div class="container2">
        <div class="item">春天(Spring)</div>
        <div class="item">夏天(Summer)</div>
        <div class="item">秋天(Fall)</div>
        <div class="item">冬天(Winter)</div>
    </div>
    <div class="container3">
        <div class="item">春天(Spring)</div>
        <div class="item">夏天(Summer)</div>
        <div class="item">秋天(Fall)</div>
        <div class="item">冬天(Winter)</div>
    </div>
    <div class="container4">
        <div class="item">春天(Spring)</div>
        <div class="item">夏天(Summer)</div>
        <div class="item">秋天(Fall)</div>
        <div class="item">冬天(Winter)</div>
    </div>
    <div class="container5">
        <div class="item">春天(Spring)</div>
        <div class="item">夏天(Summer)</div>
        <div class="item">秋天(Fall)</div>
        <div class="item">冬天(Winter)</div>
    </div>
</body>

</html>
```

ch06/04/style.css

```css
@charset "UTF-8";
.container1 {
    display: flex;
    justify-content:flex-start;
}
.container2 {
    display: flex;
    justify-content:flex-end;
}
.container3 {
    display: flex;
    justify-content:center;
}
.container4 {
    display: flex;
    justify-content:space-between;
}
.container5 {
    display: flex;
    justify-content:space-around;
}
.item {
    background: #bb0;
    color: #0ff;
    margin: 15px;
    padding: 15px;
}
```

【執行結果】

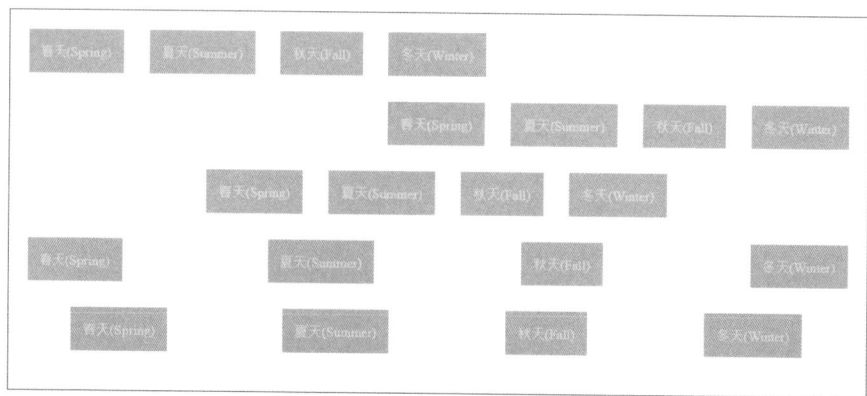

從執行結果可以看出五種不同的水平對齊方式。

6-4-5 「flex-wrap」屬性設定

「flex-wrap」屬性可以用來設定子元素是否進行換行動作。「flex-wrap」屬性可以設定的值有以下幾種：

- **nowrap**：這是預設值，其功用是設定就是不換行。

- **wrap**：其功用是設定子項目「換行」的意思。

- **wrap-reverse**：就是會換行，但換行後子項目的排列方式會改相反方向，即由下往上排列。

請參考以下的 HTML 檔案及 CSS 檔案設定：

範例 ch06/05/index.htm

```
<!doctype html>
<html lang="zh-TW">

<head>
    <meta charset="UTF-8">
    <title>各種 Layout</title>
    <link rel="stylesheet" href="style.css">
</head>

<body>
    <div class="container1">
        <div class="item">1.Java</div>
        <div class="item">2.C語言</div>
        <div class="item">3.C++</div>
        <div class="item">4.Python</div>
        <div class="item">5.JavaScript</div>
        <div class="item">6.Visual C#</div>
        <div class="item">7.App Inventor</div>
        <div class="item">8.Scratch</div>
    </div>
    <div class="container2">
        <div class="item">1.Java</div>
```

```
        <div class="item">2.C語言</div>
        <div class="item">3.C++</div>
        <div class="item">4.Python</div>
        <div class="item">5.JavaScript</div>
        <div class="item">6.Visual C#</div>
        <div class="item">7.App Inventor</div>
        <div class="item">8.Scratch</div>
    </div>
    <div class="container3">
        <div class="item">1.Java</div>
        <div class="item">2.C語言</div>
        <div class="item">3.C++</div>
        <div class="item">4.Python</div>
        <div class="item">5.JavaScript</div>
        <div class="item">6.Visual C#</div>
        <div class="item">7.App Inventor</div>
        <div class="item">8.Scratch</div>
    </div>
</body>

</html>
```

ch06/05/style.css

```
.container1 {
    display: flex;
    flex-wrap:nowrap;
}
```

【執行結果】

從執行結果可以看出 nowrap 其功用是設定就是不換行。

ch06/05/style.css

```
.container2 {
    display: flex;
    flex-wrap:wrap;
}
```

【執行結果】

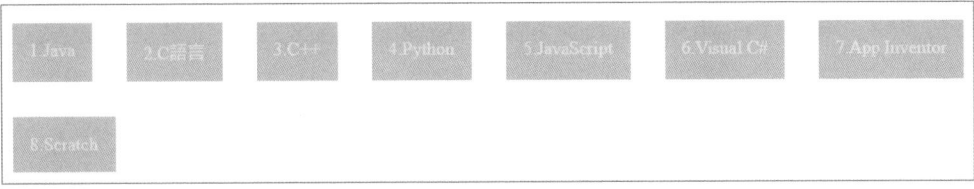

　　從執行結果可以看出 wrap 其功用是設定子項目 " 換行 " 的意思。

ch06/05/style.css

```
.container3 {
    display: flex;
    flex-wrap:wrap-reverse;
}
```

【執行結果】

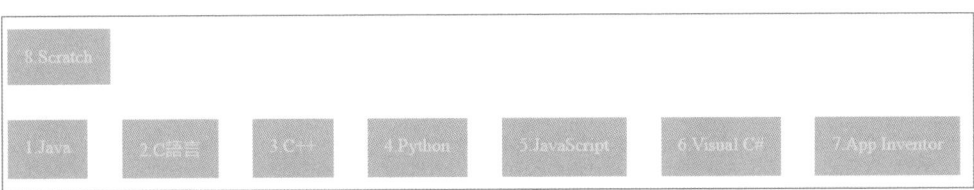

　　從執行結果可以看出 wrap-reverse：就是會換行，但換行後子項目的排列方式
會改相反方向，即由下往上排列。

6-4-6 「align-items」屬性設定

這個「align-items」屬性可以用來設定子元素垂直方向的對齊方式。「align-items」屬性可以設定的值有以下幾種：

- **stretch**：這是預設值，其功用是設定拉伸，如果彈性項目沒有設定尺寸就會被 " 拉伸 "，但如果都有的話就不會被拉伸。

- **flex-start**：其功用是設定子項目從前面開始排列並向上對齊。

- **flex-end**：其功用是設定子項目從後面開始排列並向下對齊。

- **center**：置中對齊。

- **baseline**：基線對齊，第一行文字的最下方那條線會相互對齊。

以下例子將示範置中對齊，請參考 HTML 檔案及 CSS 檔案設定：

範例 ch06/06/index.htm

```
<!doctype html>
<html lang="zh-TW">

<head>
    <meta charset="UTF-8">
    <title>各種 Layout</title>
    <link rel="stylesheet" href="style.css">
</head>

<body>
    <div class="container1">
        <div class="item">1.Java</div>
        <div class="item">2.C語言</div>
        <div class="item">3.C++</div>
        <div class="item">4.Python</div>
        <div class="item">5.JavaScript</div>
        <div class="item">6.Visual C#</div>
        <div class="item">7.App Inventor</div>
        <div class="item">8.Scratch</div>
    </div>
</body>

</html>
```

ch06/06/style.css

```
@charset "UTF-8";
.container1 {
    display: flex;
    align-items:center;
    height:100vh;
}
.item {
    background: #bb0;
    color: #0ff;
    margin: 15px;
    padding: 15px;
}
```

【執行結果】

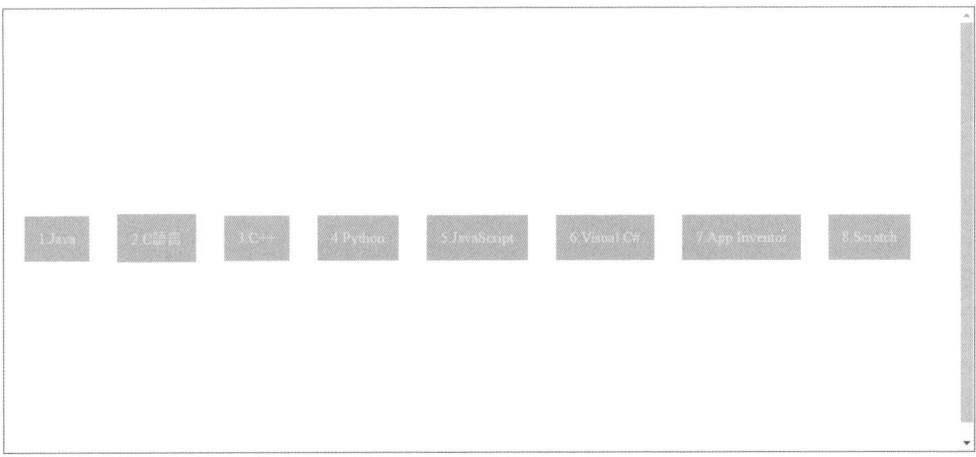

6-4-7 「align-content」屬性設定

「align-content」屬性可以用來設定子元素橫跨多行時的對齊方式。「align-content」屬性可以設定的值有以下幾種：

- **stretch**：這是預設值，其功用是設定拉伸，會根據父元素的高度進行延伸填滿，即每行內容元素全部撐開至 flexbox 大小。

- **flex-start**：其功用是設定子項目從前面開始排列。

- **flex-end**：其功用是設定子項目從後面開始排列。

- **center**：置中對齊，每行對齊交錯軸線中間。

- **space-between**：上下對齊，會將第一個元素及最後一個元素分別放在上下的兩端，其餘子項目再以等距的方式排列。

- **space-around**：分散對齊，所有子項目的元素均以等距的方式排列。

以下例子將示範「space-around：分散對齊」，請參考 HTML 檔案及 CSS 檔案設定：

範例 ch06/07/index.htm

```
<!doctype html>
<html lang="zh-TW">

<head>
    <meta charset="UTF-8">
    <title>各種 Layout</title>
    <link rel="stylesheet" href="style.css">
</head>

<body>
    <div class="container1">
        <div class="item">1.Java</div>
        <div class="item">2.C語言</div>
        <div class="item">3.C++</div>
        <div class="item">4.Python</div>
        <div class="item">5.JavaScript</div>
        <div class="item">6.Visual C#</div>
        <div class="item">7.App Inventor</div>
        <div class="item">8.Scratch</div>
    </div>
</body>

</html>
```

ch06/07/style.css

```
@charset "UTF-8";
.container1 {
    display: flex;
    flex-wrap:wrap;
    align-content:space-around;
    height:200px;
}
.item {
    background: #bb0;
    color: #0ff;
    margin: 15px;
    padding: 15px;
}
```

【執行結果】

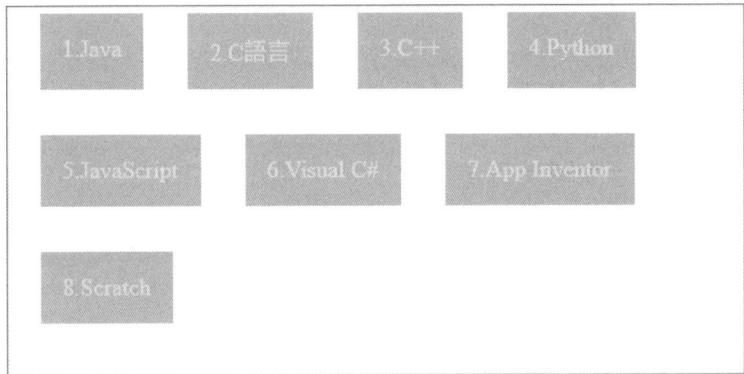

6-5 重置網頁 CSS 設定

　　「重置網頁 CSS 設定」可以讓網頁排版更為順利，其實不同的瀏覽器預設的情況下，會套用各家廠商自行加入 CSS 預設值的設定，基於這項原因，當我們根據需求進行 CSS 的設定時，這些 CSS 預設值的設定，有時候會為網頁設計師在排版的時候帶來不便，這是因為網頁設計師必須得依每一種瀏覽器的不同，多花一些時間來調整改寫 CSS 語法，因此為了方便各種瀏覽器可以有一致的外觀呈現，建議在套用自己製作的 CSS 前，可以先行重置 CSS（Reset CSS）。

為了有效改善上述問題，聞名世界的 CSS 大師「Eric A. Meyer」針對 CSS 語法中造成各大瀏覽器最常發生不一致的狀況，寫成了一個 Reset CSS 檔案，只要在網頁設計的過程中事先加入以下的「Reset CSS」語法，就可以解決各大瀏覽器呈現外觀不一致的現象。要取得這個「Reset CSS」語法建議各位可以連上下圖的網頁取得：https://meyerweb.com/eric/tools/css/reset/reset.css。

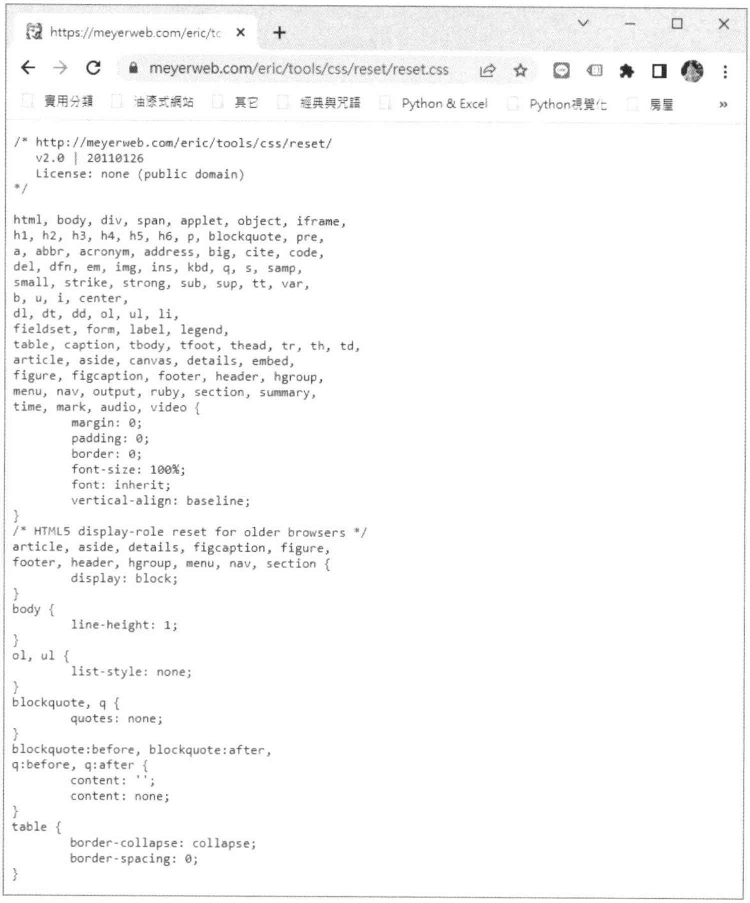


```
/* http://meyerweb.com/eric/tools/css/reset/
   v2.0 | 20110126
   License: none (public domain)
*/

html, body, div, span, applet, object, iframe,
h1, h2, h3, h4, h5, h6, p, blockquote, pre,
a, abbr, acronym, address, big, cite, code,
del, dfn, em, img, ins, kbd, q, s, samp,
small, strike, strong, sub, sup, tt, var,
b, u, i, center,
dl, dt, dd, ol, ul, li,
fieldset, form, label, legend,
table, caption, tbody, tfoot, thead, tr, th, td,
article, aside, canvas, details, embed,
figure, figcaption, footer, header, hgroup,
menu, nav, output, ruby, section, summary,
time, mark, audio, video {
	margin: 0;
	padding: 0;
	border: 0;
	font-size: 100%;
	font: inherit;
	vertical-align: baseline;
}
/* HTML5 display-role reset for older browsers */
article, aside, details, figcaption, figure,
footer, header, hgroup, menu, nav, section {
	display: block;
}
body {
	line-height: 1;
}
ol, ul {
	list-style: none;
}
blockquote, q {
	quotes: none;
}
blockquote:before, blockquote:after,
q:before, q:after {
	content: '';
	content: none;
}
table {
	border-collapse: collapse;
	border-spacing: 0;
}
```

重置網頁 CSS 設定的作法就是將「reset.css」語法在 <head> 部份載入，而我們自己所撰寫的 CSS 檔案（此處假設自己的 CSS 檔名為 mystyle.css），則必須先載入「reset.css」語法之後再行載入，否則如果「reset.css」語法的載入順序在後面，就會覆寫前面自己寫的 CSS 語法，請參考以下的正確語法：

```
<head>
<title>重置網頁CSS設定</title>
<meta charset="utf-8">
<link rel="stylesheet" href="https://meyerweb.com/eric/tools/css/reset/
reset.css">
<link rel="stylesheet" href="css/mystyle.css">
</head>
<body>
```

以下的例子我們可以看出，只要載入「reset.css」語法後，項目符號預設的清單都會消失不見，而且不同瀏覽器的顯示結果外觀都一樣，例如以下的範例程式：

範例 reset.htm

```
<!DOCTYPE html>
<html lang="zh-TW">
<head>
<title>重置網頁CSS設定</title>
<meta charset="utf-8">
<link rel="stylesheet" href="https://meyerweb.com/eric/tools/css/reset/
reset.css">
</head>
<body>
<ul style="list-style-type: disc;">
<li>佇列 (queue)</li>
<li>堆疊 (stack)</li>
<li>樹狀圖 (tree)</li>
<li>圖形 (graph)</li>
</ul>
</body>
</html>
```

以下為三種不同瀏覽器的執行結果：

🌐 Google Chrome 瀏覽器的執行外觀

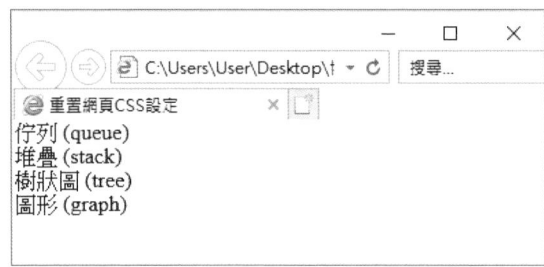

🌐 Internet Explorer 瀏覽器的執行外觀

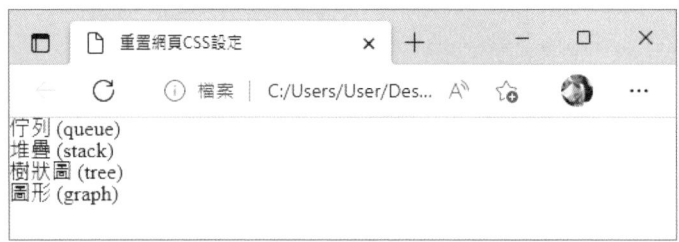

🌐 Microsoft Edge 瀏覽器的執行外觀

重 點 回 顧

- ⊙ 想要有效控制網頁元件，最重要的是控制編排框的邊界留白、邊框、邊界等屬性，編排框就像個盒子模型一樣，不管是文字或圖片，都可以放在編排區塊裡面。

- ⊙ 邊界（Margin）位在邊框的外圍，用來設定元件的邊緣距離，可分別設定上下左右四邊，或是一次指定好邊界的屬性值即可。

- ⊙ 邊框的屬性包括邊框顏色、寬度、樣式、圓角等。

- ⊙ border-style 設定邊框的樣式，目前提供 8 種設定值，包括 solid（實線）、dashed（虛線）、dotted（點線）、double（雙實線）、ridge（3D 凸線）、groove（3D 凹線）、inset（3D 嵌入線）、outset（3D 浮凸線）。

- ⊙ border-width 設定邊框寬度，可以使用寬度數值 + 單位，或是使用 thin（薄）、thick（厚）、medium（中等）。通常設定邊框寬度前先要設定邊框樣式 border-style，否則邊框寬度無法顯現。

- ⊙ border-color 設定邊框顏色，可用 16 進位碼、RGB 碼或用顏色名稱。

- ⊙ border-radius 設定圓角邊框，可使用長度（px）或百分比。

- ⊙ 邊界留白 padding 是指邊框內側與文字 / 圖片邊緣的距離，通常可以設定上下左右四邊的屬性。

- ⊙ 圖像邊框是將邊框以基本圖形作為元素，中間則以連續拼貼或拉伸的方式呈現，圖像邊框的基本元素是採用九宮格方式作切割。

- ⊙ repeat 是圖片的填充方式，設定值有 stretch、repeat、round 三種：其中的「stretch」是將基本形拉伸至整個邊框區域；「repeat」是連續拼貼；「round」則是連續拼貼並自動調整圖片大小。

- ⊙ 定位方式有兩種：absolute（絕對定位）與 relative（相對定位）兩種。absolute（絕對定位）是以有使用 position 定位的上一層元件（父元件）的左上角點為原點來定位，如果找不到有 position 定位的上一層元件，則以 <body> 左上角點為原點來定位。relative（相對定位）是以元件本身的左上角點為原點來定位。

- ⊙ width 用來指定元件的寬度值，height 用來指定元件的高度值，單位可為 px 或 pt。

⊙ left 用來指定元件與左邊界的距離，也就是 x 座標，top 是用來指定元件與上邊界的距離，也就是 y 座標。座標值的單位可以是長度（px、pt）或百分比（％），X 方向愈往右值愈大，Y 方向愈往下值越大。

⊙ 當元件內容超過元件的長度與寬度時，可以設定內容的呈現方式，設定值有四種：visible、hidden、scroll、auto。

⊙ 我們可以依需求設定自己喜歡的清單符號種類，而且也允許各位設定「無清單符號」。在預設的情況下，條列式清單會在各項目前顯示「實心圓形」的清單符號，而編號清單會在各項目前顯示「數字」的清單符號。

⊙ 「list-style-type」屬性是設定清單符號種類，另外也可以利用「list-style-position」屬性來設定清單符號的顯示位置，可以設定的參數值為「outside」及「inside」分別用來指定清單符號顯示在外側及內側的位置。

⊙ 如果各位想將清單符號變更成圖片，就可以利用「list-style-image」屬性來設定。

⊙ 「list-style」屬性可以一次設定所有與清單符號相關的屬性，只要在各個設定值之間以半形空格隔開即可。

⊙ CSS 彈性盒子排版（CSS Flexible Box Layout）是 CSS 的模組。它能最佳化使用者介面的彈性安排，是目前主流的彈性版面的配置方式。

⊙ 「flex-direction」屬性可以用來設定子元素的排列方向。

⊙ 「justify-content」屬性可以用來設定子元素的水平對齊方式。

⊙ 「flex-wrap」屬性可以用來設定子元素是否進行換行動作。

⊙ 「align-items」屬性可以用來設定子元素垂直方向的對齊方式。

⊙ 「align-content」屬性可以用來設定子元素橫跨多行時的對齊方式。

⊙ 為了方便各種瀏覽器可以有一致的外觀呈現，建議在套用自己製作的 CSS 前，建議先行重置 CSS（Reset CSS）的前置工作。

⊙ 重置網頁 CSS 設定的作法就是將「reset.css」語法在 <head> 部份載入，而我們自己所撰寫的 CSS 檔案（此處假設自己的 CSS 檔名為 mystyle.css），則必須先行載入「reset.css」語法之後再行載入，否則如果「reset.css」語法的載入順序在後面，就會覆寫前面自己寫的 CSS 語法。

評 量 時 間

選擇題

1.（　）下列何者敘述錯誤？

    A. 邊框寬度 border-width 的設定值可使用 thin、thick、medium

    B. border-radius 是用來設定圓角邊框，可使用長度（px）或百分比

    C. Padding 是用來設定元件的邊緣距離，Margin 是指邊框內側與文字 / 圖片邊緣的距離。

    D. 邊界值的排列順序與語法是：Margin: 上邊界值 右邊界值 下邊界值 左邊界值。

2.（　）對於邊界的說明，下列何者的說明有誤？

    A. 邊界值的排列順序與語法是：Margin: 上邊界值 下邊界值 左邊界值 右邊界值

    B. 邊界設定值可設為 auto

    C. 邊界位在邊框的外圍，用來設定元件的邊緣距離

    D. 邊界的長度單位可設為 px、pt

3.（　）邊框的屬性設定不包括下列何項：

    A. 邊框顏色　　　　B. 邊框寬度　　　　C. 邊框樣式　　　　D. 邊框留白

4.（　）對於邊框圖像的說明，何者有誤？

    A. 圖像邊框的基本元素是採用九宮格方式作切割

    B. 圖像邊框是將邊框以基本圖形作為元素，中間以連續拼貼或拉伸方式呈現

    C. 圖像邊框必須以 slice 設定圖片使用的界線

    D. width 為圖片的寬度，必填寫才行

5.（　）邊框圖像中的 repeat 是圖片的填充方式，關於它的設定值何者有誤？

    A. stretch　　　　B. repeat　　　　C. round　　　　D. pixel

簡答題

1. 請問邊框的屬性包括哪些功能設定？

2. 邊框屬性中的 border-style 設定邊框的樣式，請問它提供哪幾種設定值？

3. 請問 CSS 語法中的 position 是設定元件位置的精確定位，請問它有哪兩種定位方式，試簡述之。

4. 當元件內容超過元件的長度與寬度時，可以有哪幾種設定內容的呈現方式？

5. 試簡述重置網頁 CSS 設定的作法。

6. 彈性版面（Flexible Layout）編排語法中和子元素排列方向有關的屬性是哪一個，它有哪幾種設定值？

7. 彈性版面（Flexible Layout）編排語法中和用來設定子元素橫跨多行時的對齊方式的屬性是哪一個，它有哪幾種設定值？

8. 彈性版面（Flexible Layout）編排語法中和設定子元素的水平對齊方式的屬性是哪一個，它有哪幾種設定值？

07

CHAPTER

輕鬆搞定網站
圖像與色彩

本章將介紹有關網站圖像的相關主題，這其中包括如何取得圖像的管道與了解網頁色彩相關的知識，同時我們也會一併示範一些必學的圖像編修技巧，這些技巧包括：變更圖像大小及解析度、變更圖片格式、裁切圖片強化主題、製作透明圖案…等。

7-1 一次搞定網頁圖像

圖片在網頁上具有畫龍點睛的作用，一般有三個用途：一是放在網頁上當作說明圖片或美化之用，二是當作連結的圖案，三是做為網頁背景圖案。網頁中加入圖片雖然可以讓網頁變得生動吸睛，但是初學者往往不知圖片使用的技巧，尤其現今的世代，智慧型手機拍攝相片相當方便，拍完的相片就直接拿來使用，不知縮放尺寸、剪裁或做透明背景處理，使得圖片過大造成網頁開啟速度變緩慢，或是插圖外圍出現白色底，無法與有色的背景相融合，因此這裡有必要告訴各位介紹一些圖像使用的技巧。

去背景處理的插圖，能與網頁背景圖完美融合 →

← 插圖未做去背景處理，旁邊會出現白色底，看起來不美觀

7-1-1 照片素材的取得

巧婦難為無米炊，想要使用圖片，首先就必須要有圖片才行。以下是幾個圖片的來源：

1. 利用繪圖軟體自行製作圖片
2. 從掃描器或數位相機
3. 網路上免費的網頁素材

　　網路上可以找到很多熱心網友提供免費圖片下載，只要在搜尋網站輸入關鍵字「網頁素材」，就能找到很多圖片素材。如果讀者有使用他人的照片或是圖片的需求時，可以透過該網站所提供的聯絡方式與著作權人聯絡，向著作權人詢問是否可以授權使用，相信熱心的網友都會樂於提供授權。最好能在網頁適當位置標示圖片的來源出處，這樣才是尊重著作權人的作法喔！

7-1-2　使用繪圖軟體編修製作

　　要符合自己的創意設計網頁，最好的方式就是使用繪圖軟體進行編修製作，像是 PhotoImpact、Photoshop、PaintShop Pro…等，都是很好用的圖形處理工具，可製作一些簡單的圖鈕或圖案美化網頁。如果各位沒有以上的軟體，也可以上網搜尋免費的繪圖程式，PhotoCap 是一個優秀的影像處理軟體，尤其是對相片的處理功能更是相當齊全，例如：去除紅眼、美化肌膚、亮度調整、色偏調整等等，另外像是專業影像軟體必備的圖層、濾鏡、去背功能，它也樣樣具備，可以說是功能完善又簡單好用的軟體。

　　PhotoCap 可分為免費版本及商業版本，免費版本提供給個人、家庭、學校教育單位，無任何商業或營利行為使用。您可以上網搜尋關鍵字「PhotoCap」，然後安裝此軟體。

　　使用影像編輯程式還有一個好處，就是能將影像大小和解析度調整成網頁用的比例大小，或是裁切掉不適合的地方，讓主題變明顯，而且調整 1:1 的比例可以讓網頁執行的效能變好，不會讓瀏覽者因為等得不耐煩而放棄瀏覽該網頁。

7-1-3　注意影像品質 / 解析度與檔案量

　　網路上所搜尋到的圖片，如果原圖檔過小，將其放大後影像會變模糊，品質不佳會影響網頁畫面的效果。如果影像檔過大，不做縮小處理則檔案量會太大，因此要善用繪圖軟體來控制檔案量。如下所示的 300×300 像素的圖片，儲存品質為 90% 的 jpg 檔案量為 25.2 kb，而儲存品質為 50% 的 jpg 檔只要 10.3 kb，兩者在瀏覽器上看的效果差不多，但傳輸速度卻差很，所以各位可以善用壓縮比例來降低檔案量。

7-1-4　網頁圖片使用須知

　　網頁常用的圖片格式為 png、jpg 以及 gif 格式。通常靜態的圖片常用 png、jpg 格式，動態的圖形則使用 gif 格式。網頁上受限於頻寬，太多或太大的圖片會讓網頁顯示的速度變慢，造成瀏覽者的困擾，對整體的網站視覺來講，也只是增加更大的負擔。因此放入圖片前應該先做好規劃並篩選適合的圖片。網頁圖片的選擇應考慮圖片格式、解析度以及圖片大小等三項重點。

建議的圖片格式

　　選擇網頁上的圖片只有一個原則，圖片清晰的前提下，檔案越小越好。筆者建議大家採用 jpg 或 gif 的圖片格式，盡量不要使用 bmp，因為 bmp 格式的圖檔檔案比較大。

建議的圖片解析度

　　解析度是指在單位長度內的像素點數，單位為 dpi（Dot Per Inch），是以每英吋包含幾個像素來計算。像素越多，解析度就越高，而圖片的品質也就越細緻；

反之，解析度越低，品質就越粗糙。基本上，網頁上理想解析度只要 72dpi 就夠了（電腦螢幕的解析度每英吋 72 點）。

📟 建議的圖片大小

　　網頁上使用的圖檔當然是越小越好，不過必須考慮到圖檔的清晰度，一張圖檔很小但是很模糊的圖片，放在網頁上也是沒有意義的。一般來說，圖片最好不要超過 30KB。如果有特殊情況，非得使用大張的圖片不可，建議您可以先將圖片切割成數張小圖，再「拼」到網頁上，如此一來，可以縮短圖片顯示速度，瀏覽者就不需等待一大張圖下載的時間。（圖片分割方法，以下章節中會有詳細的說明）

圖檔先切割成 4 張小圖，再到網頁上拼成一張完整的圖片

掌握以上三項重點，我們就可以幫網頁加上美美的圖片，也不用擔心影響網頁瀏覽的效率了。

7-2 必學的圖像編修技巧

網頁圖片最常需要做的工作就是變更圖片大小、解析度、圖片格式、剪裁，或是去背處理，這裡就以 PhotoCap 程式做介紹，針對這幾項編修技巧進行說明，其餘的功能請各位自行嘗試。

7-2-1 變更圖像大小及解析度

安裝完 PhotoCap 程式後請啟動該程式，由左上角按下「載入」鈕，或執行「檔案 / 載入影像」指令，將要編修的圖像開啟於視窗中。

❶ 按此鈕找到要開啟的影像

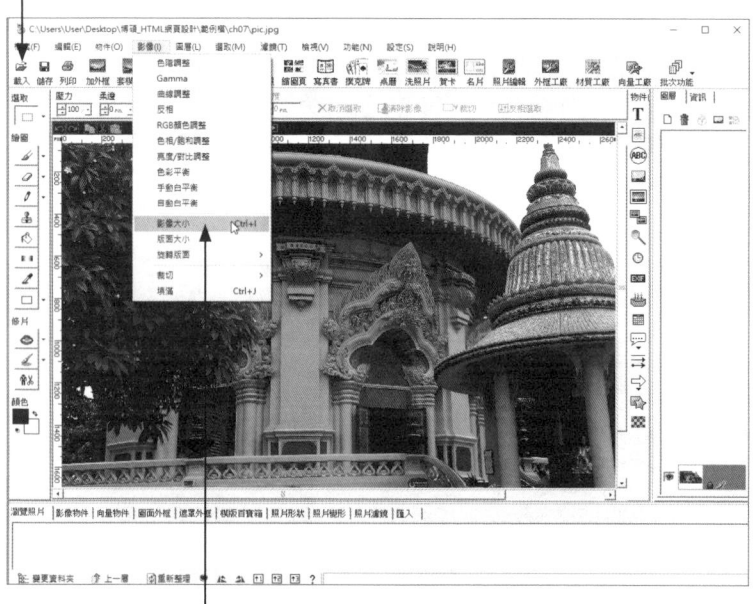

❷ 執行「影像 / 影像大小」指令

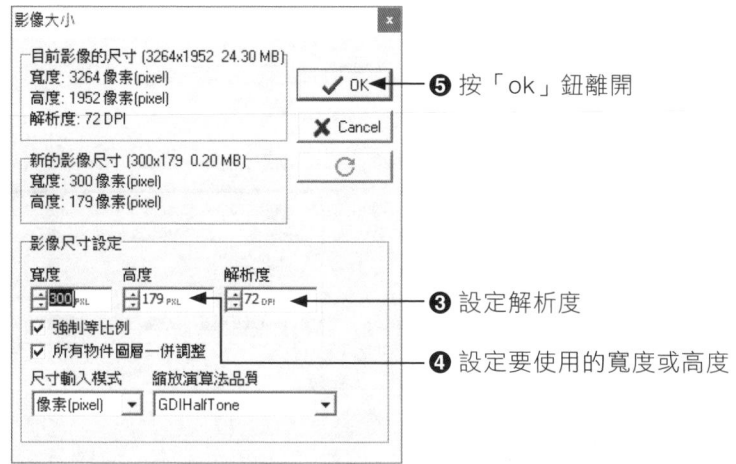

❺ 按「ok」鈕離開

❸ 設定解析度

❹ 設定要使用的寬度或高度

變更大小和解析度後，按「1:1」鈕可看到影像的實際尺寸和比例

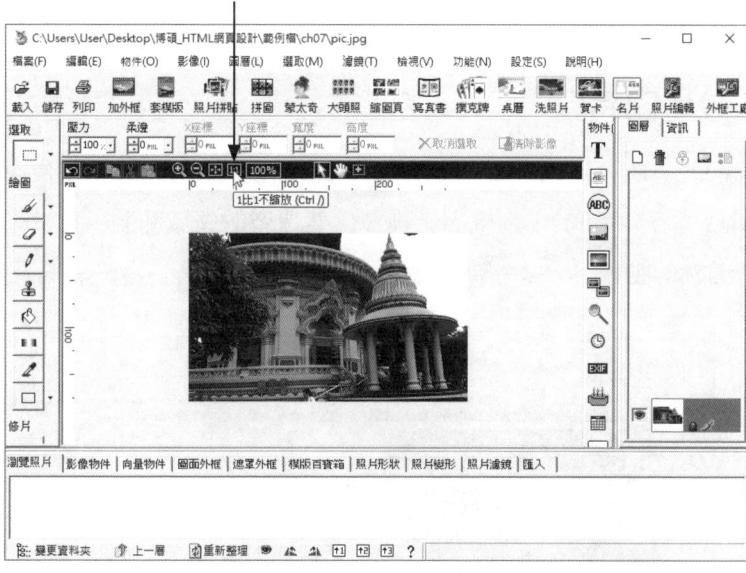

7-2-2　變更圖片格式

　　網頁用的圖片格式為 gif、jpg、png 三種，如果找的圖檔格式並非以上三種，那麼就利用「檔案 / 另存影像」指令進行圖片格式的變更。

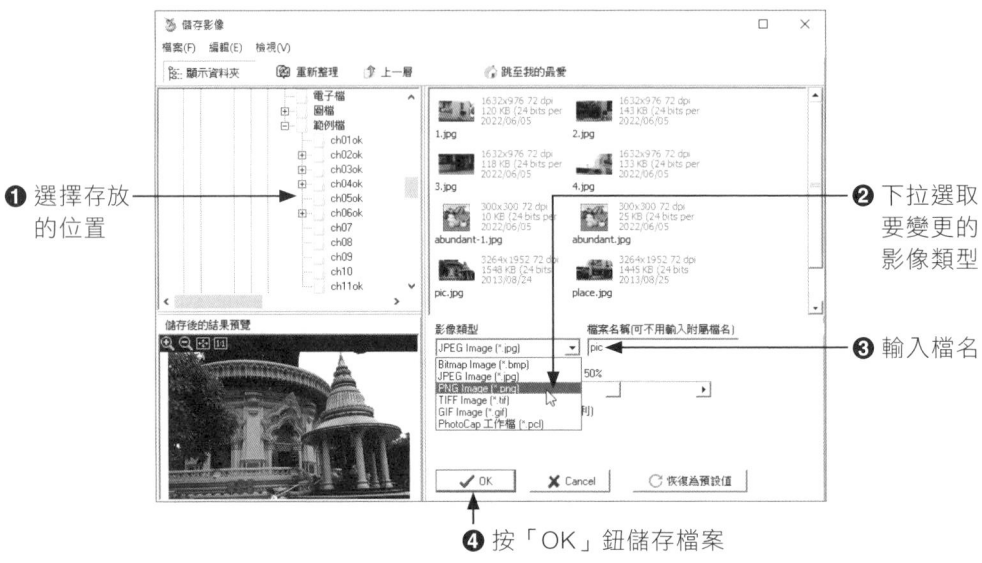

❶ 選擇存放的位置

❷ 下拉選取要變更的影像類型

❸ 輸入檔名

❹ 按「OK」鈕儲存檔案

7-2-3 裁切圖片

要讓畫面的主題更鮮明，裁切周圍多餘的畫面就可以輕鬆辦到。點選左側的選取工具（預設是矩形選取），到畫面上拖曳出要保留的區域範圍，再按下「裁切」鈕即可完成剪裁的動作。

❶ 點選「矩形選取」工具

❸ 按「裁切」鈕完成裁切

❷ 拖曳出要保留下來的區域範圍

←─── 顯示裁切結果

7-2-4 製作透明圖案

　　要將不規則的圖案去除外圍的白色背景，可透過「魔術棒」選取工具與「反向選取」功能來完成。製作方式如下：

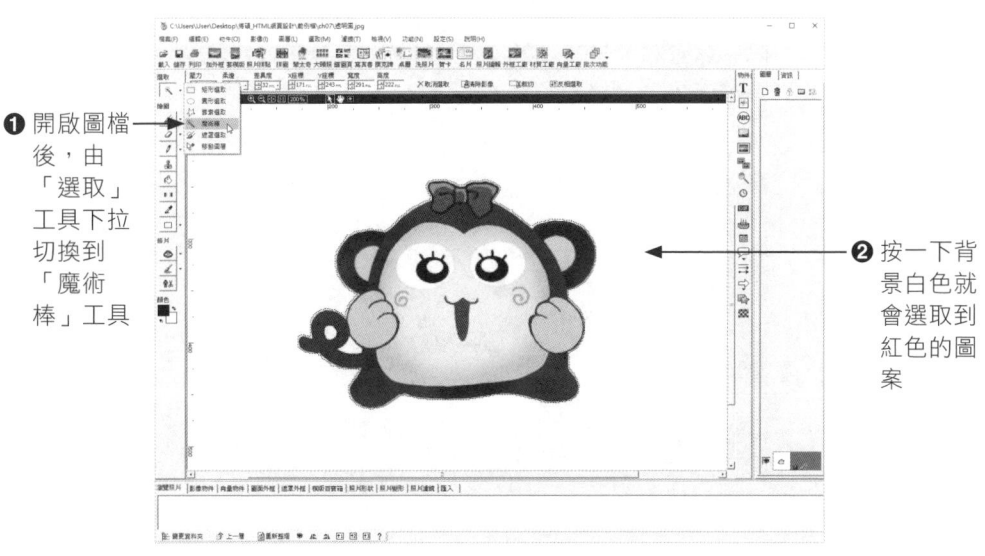

❶ 開啟圖檔後，由「選取」工具下拉切換到「魔術棒」工具

❷ 按一下背景白色就會選取到紅色的圖案

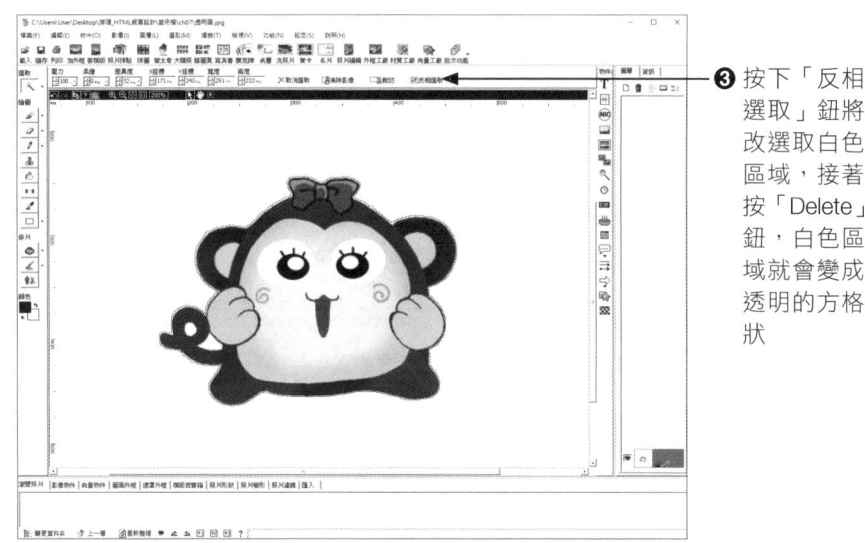

❸ 按下「反相選取」鈕將改選取白色區域,接著按「Delete」鈕,白色區域就會變成透明的方格狀

　　接下來執行「檔案 / 另存影像」指令,選擇支援透明背景的 png 格式,設定「32 位元格式(含透明度的資訊)」,這樣儲存完的圖形就是完成去背景處理的圖案了。

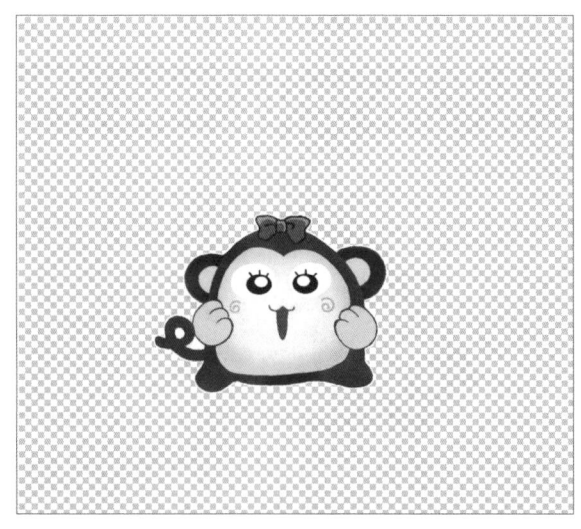

7-2-5 切割圖片為數張小圖

網頁上並不適合放置大圖，如果有特殊情形必須放上大圖，那麼我們可以先將圖片切割成數張小圖，再組合到網頁上，如此一來，才能縮短圖片顯示速度。圖片要如何切割呢？請看以下介紹。首先請開啟 place.jpg 圖檔：

範例 切割大圖為數張小圖

❶ 按此鈕

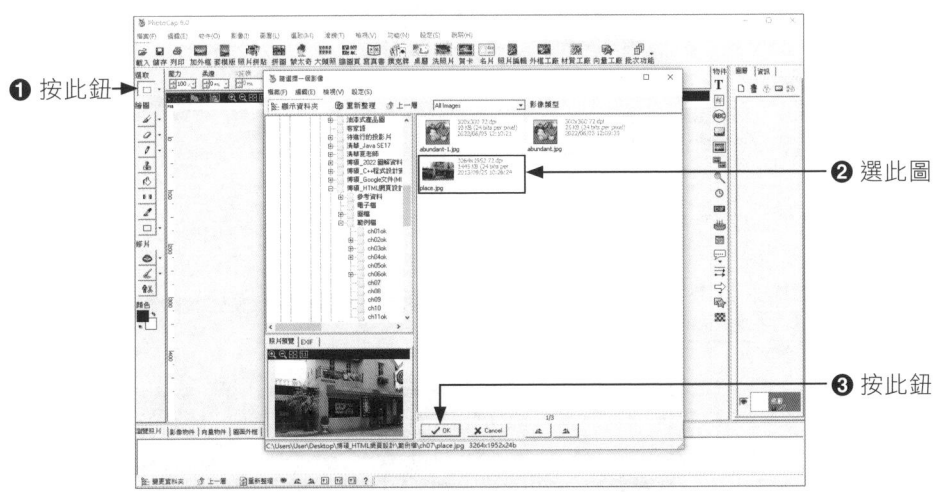

❷ 選此圖

❸ 按此鈕

按此鈕可以將畫面中的檢視畫面縮小

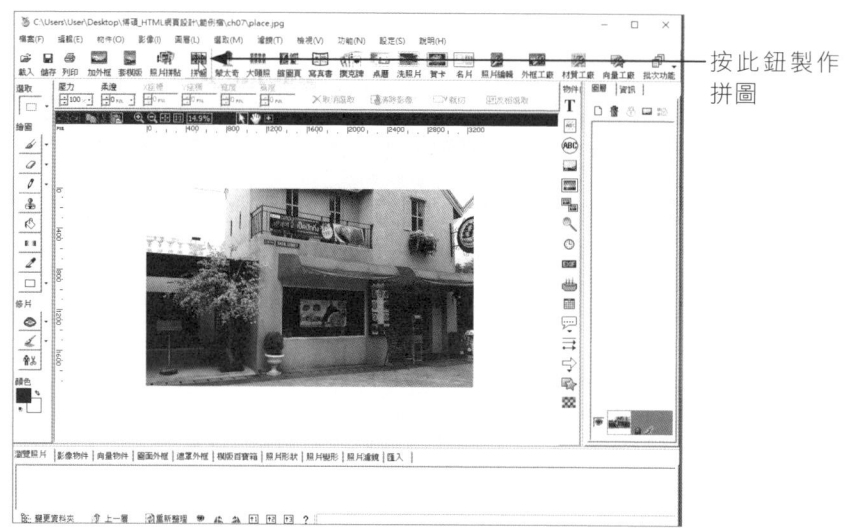

按此鈕製作拼圖

❶ 拼圖數量水平及垂直都輸入 2，邊緣距離輸入 0，立體處及光線處也輸入 0

❷ 按住 Ctrl 鍵不放，一一選取這四張圖

❹ 按此鈕

❸ 勾選此項

這四張小圖會分別置於四個圖層，只要將這四個圖層另存新檔。

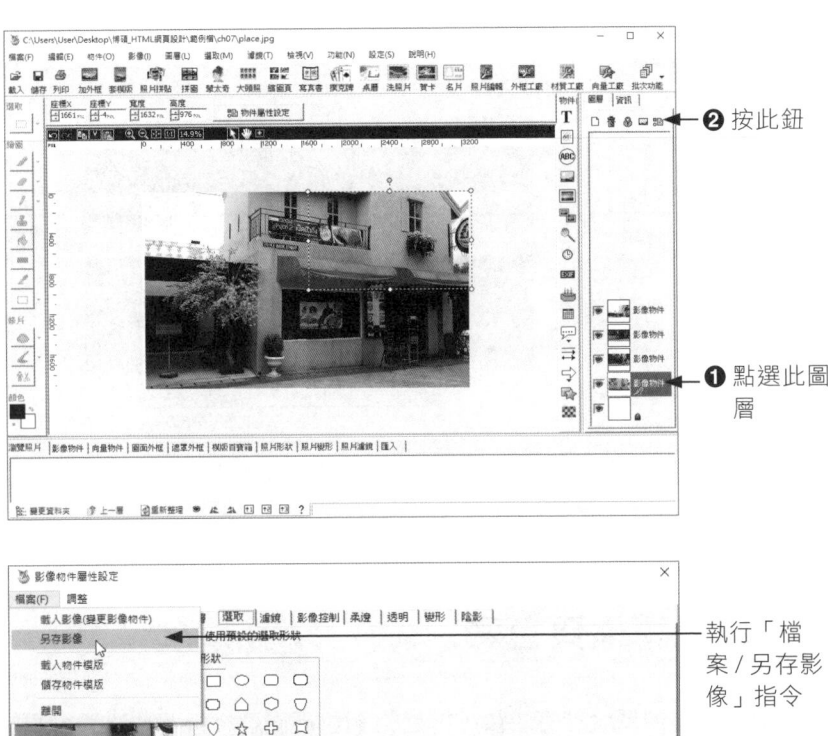

❷ 按此鈕

❶ 點選此圖層

執行「檔案／另存影像」指令

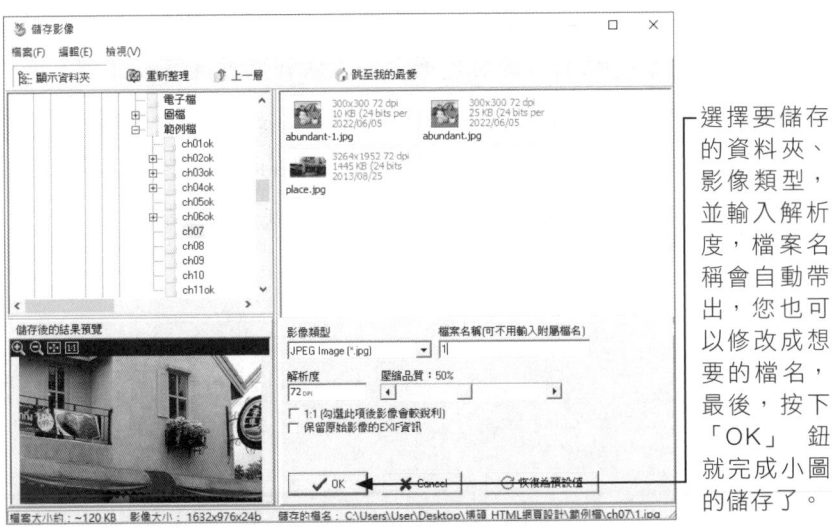

選擇要儲存的資料夾、影像類型，並輸入解析度，檔案名稱會自動帶出，您也可以修改成想要的檔名，最後，按下「OK」鈕就完成小圖的儲存了。

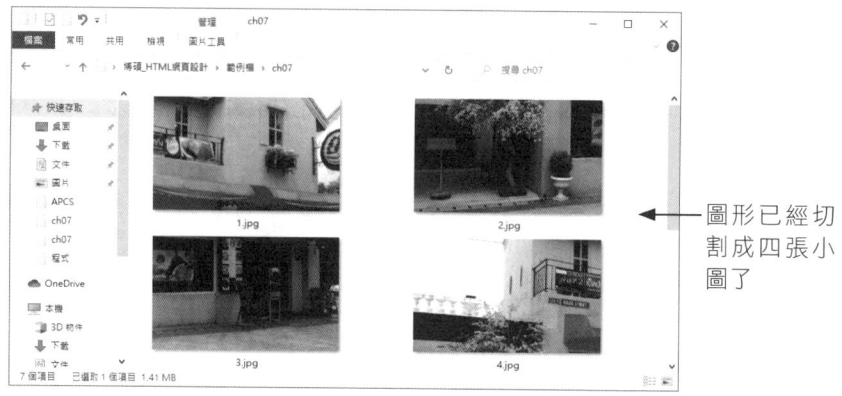

圖形已經切割成四張小圖了

切割完成的小圖，必須藉由表格，才能正確無誤的組合成完整的大圖，顯示於網頁上。

7-3 玩轉網頁色彩

很多人在網頁設計完成後，總是對配色不滿意，接著要來談網頁配色與網頁安全色，希望透過這些網頁配色技巧與網頁安全色的基礎知識，讓你從本質上解決不同風格的網頁配色問題，來提升網頁設計的品質與特殊風格。

網頁配色的問題很早就有人在做研究，因為顏色會影響使用者的印象與情緒。像是暖色系帶給人溫馨的感覺，通常會出現在女性的商品之中，冷色系看起來較具專業，可建立信任感與安全感，綠色給人安定舒服感和放鬆心情，黑色則強而有力，高貴奢華的商品上多偏愛黑色，對比強烈的配色則具有活力。所以開始設計網頁前，最好能針對網頁屬性或目標對象來選擇適合的色系。

嬰兒與母親
選用粉紅色
系作為主色
調

🔘 嬰兒與母親：https://www.mababy.com/

台灣人壽選
用平和安定
的綠色調為
主色

🔘 台灣人壽：https://www.taiwanlife.com/

當各位對網頁主色調有些想法後，可以透過一些小工具來輔助配色。

📺 Colorspire

Colorspire（https://www.colorspire.com/）可以讓你快速看到不同顏色在網站
上搭配的效果，讓你快速修正網頁配色。

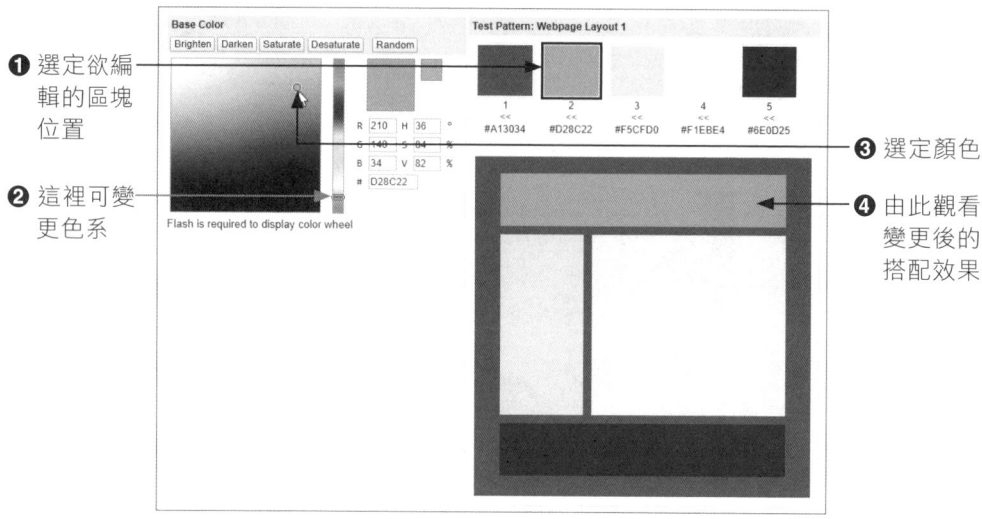

❶ 選定欲編輯的區塊位置

❷ 這裡可變更色系

❸ 選定顏色

❹ 由此觀看變更後的搭配效果

</> Color Hunter

Color Hunter（http://www.colorhunter.com/）可以從自己喜歡的主題中找到多個色彩的搭配，然後將這些色彩應用到自己設計的網站中。進入該網站後，先由網頁下方的文字連結快速找到喜歡的類別，上方就會自動列出各種色彩搭配，如下所示：

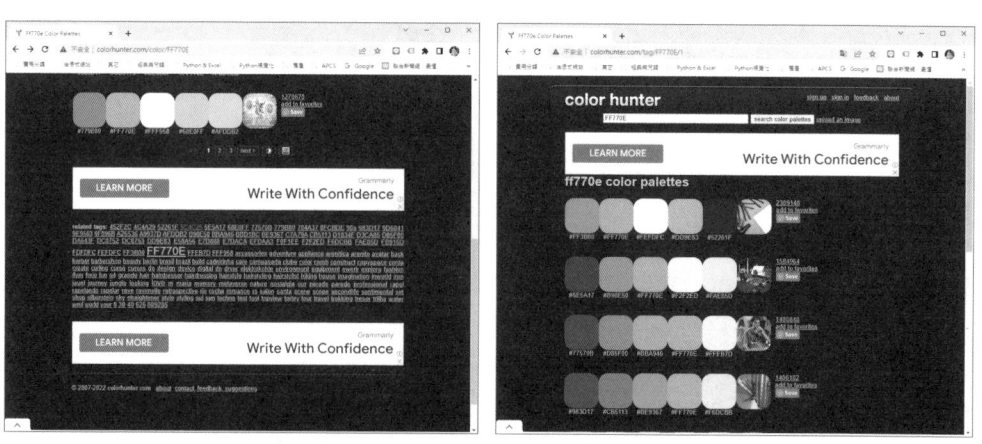

⬤ 先選類別，就會顯示右圖的各種配色

　　由於 Color Hunter 是從相片中擷取顏色，所以你也可以將自己喜歡的相片上傳。如下圖所示，按下「upload an image」的文字連結後，接著按下「選擇檔案」鈕找到你的圖片，最後按下「upload image」鈕，就可以看到擷取的色彩囉！

❶ 按此文字連結

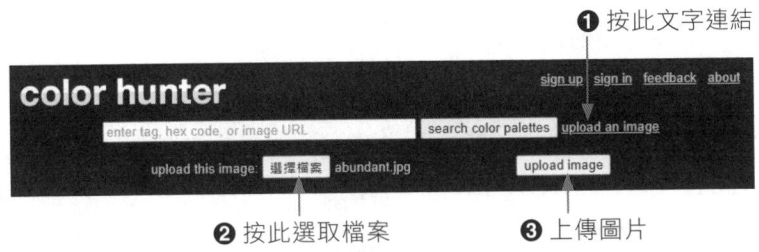

❷ 按此選取檔案　　　　　❸ 上傳圖片

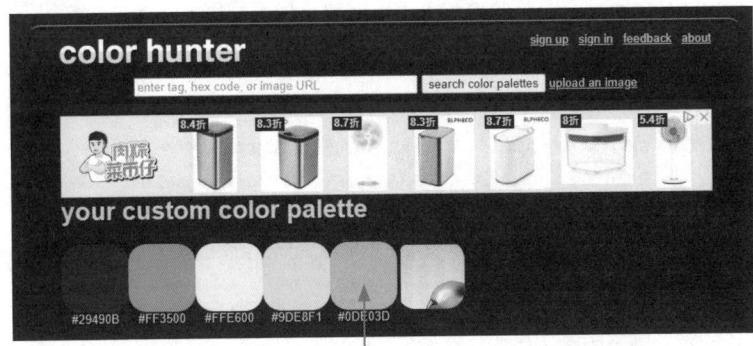

❹ 顯示擷取的色彩

重 點 回 顧

- ⊙ 圖片在網頁上一般有三個用途：一是放在網頁上當作說明圖片或美化之用，二是當作連結的圖案，三是做為網頁背景圖案。

- ⊙ 照片素材的取得來源：利用繪圖軟體自行製作圖片、從掃描器或數位相機、網路上免費的網頁素材。

- ⊙ PhotoCap 是一個優秀的影像處理軟體，尤其是對相片的處理功能更是相當齊全，是功能完善又簡單好用的軟體。

- ⊙ PhotoCap 可分為免費版本及商業版本，免費版本提供給個人、家庭、學校教育單位，無任何商業或營利行為使用。

- ⊙ 網路上所搜尋到的圖片，如果原圖檔過小，將其放大後影像會變模糊，品質不佳會影響網頁畫面的效果。如果影像檔過大，不作縮小處理則檔案量會太大，因此要善用繪圖軟體來控制檔案量。

- ⊙ 網頁常用的圖片格式為 png、jpg 以及 gif 格式。通常靜態的圖片常用 png、jpg 格式，動態的圖形則使用 gif 格式。

- ⊙ 網頁圖片的選擇應考慮圖片格式、解析度以及圖片大小等三項重點。

- ⊙ 建議大家採用 jpg 或 gif 的圖片格式，盡量不要使用 bmp，因為 bmp 格式的圖檔檔案比較大。

- ⊙ 解析度是指在單位長度內的像素點數，單位為 dpi（Dot Per Inch），是以每英吋包含幾個像素來計算。像素越多，解析度就越高，而圖片的品質也就越細緻；反之，解析度越低，品質就越粗糙。基本上，網頁上理想解析度只要 72dpi 就夠了（電腦螢幕的解析度每英吋 72 點）。

- ⊙ 一般來說，圖片最好不要超過 30KB。如果有特殊情況，非得使用大張的圖片不可，建議您可以先將圖片切割成數張小圖，再「拼」到網頁上。

- ⊙ 在 PhotoCap 要將不規則的圖案去除外圍的白色背景，可透過「魔術棒」選取工具與「反向選取」功能來完成。

◉ 網頁上並不適合放置大圖，如果有特殊情形必須放上大圖，那麼我們可以先將圖片切割成數張小圖，再組合到網頁上，如此一來，才能縮短圖片顯示速度。

◉ Colorspire 網站可以讓你快速看到不同顏色在網站上搭配的效果，讓你快速修正網頁配色。

◉ Color Hunter 網站可以從自己喜歡的主題中找到多個色彩的搭配，然後將這些色彩應用到自己設計的網站中。

評 量 時 間

✎ 選擇題

1.（　） 下列何者敘述錯誤？

　　　A. png 和 gif 格式都可支援透明背景的效果

　　　B. PhotoCap 分為免費版本及商業版本

　　　C. 網頁上的圖檔，解析度設得越高，圖像品質越好

　　　D. 網頁圖檔能使用 png、jpg、gif 三種格式

2.（　） 動態的圖形會使用哪一種檔案格式？

　　　A. png　　　　　　　B. jpg　　　　　　　C. bmp　　　　　　　D. gif

3.（　） 下列何者敘述錯誤？

　　　A. 網頁上非常適合放置大圖，而且越精緻越好

　　　B. 圖片最好不要超過 30KB

　　　C. 解析度是指在單位長度內的像素點數

　　　D. 網頁上理想解析度只要 72dpi 就夠了

✎ 簡答題

1. 請舉出幾個照片素材的取得。

2. 請簡述 PhotoCap 的功能與版本分類。

3. 網頁圖片的選擇應考慮哪幾項重點。

4. 通常圖片在網頁上一般有哪幾個用途？

5. 試簡述網頁常用的圖片格式。

6. 試簡述什麼是解析度，它和圖片品質有何關係？

08

實作─全螢幕 HTML5+CSS3 網頁設計

到了驗收的時候了，這個綜合實作將從無到有編寫 HTML 語法，加入導覽列、標題、內文、按鈕、背景圖像，並連結外部 CSS 樣式檔。

8-1 實作網頁內容

本章將練習 HTML5 的語意標記加上 CSS3 來排版，並運用前面所學的各種語法來完成一個網站。這個網站包括一個首頁（index.htm），可以分別連上三個頁面，分別是教學影片（movie.htm）、音樂欣賞（music.htm）及留言板（message.htm）。本實作網頁包括下列幾個重點：標題、圖片、文字、超連結、表單元件、插入音樂及影音等工作重點。

筆者已經事先建立好這四個網頁基本的 HTML 文件，這四個網頁將套用同一個 CSS 檔案，接著以 index.htm 檔案為範例，各位可以跟著操作，首先請開啟本章範例檔的「未完成檔 /index.htm」檔案，就會看到如下的畫面。

經過 CSS 樣式美化之後，完成網頁的最終成果外觀如下：

範例中所使用的圖檔在本章範例檔的「未完成檔 /images」資料夾裡都可以找到。

8-2 使用語意標記排版

製作網頁時，應該先規劃好網頁架構及版面安排，通常網頁版面可以劃分為幾個區塊，包含「標題區」、「選單區」、「主內容區」、「頁尾區」，如下圖：

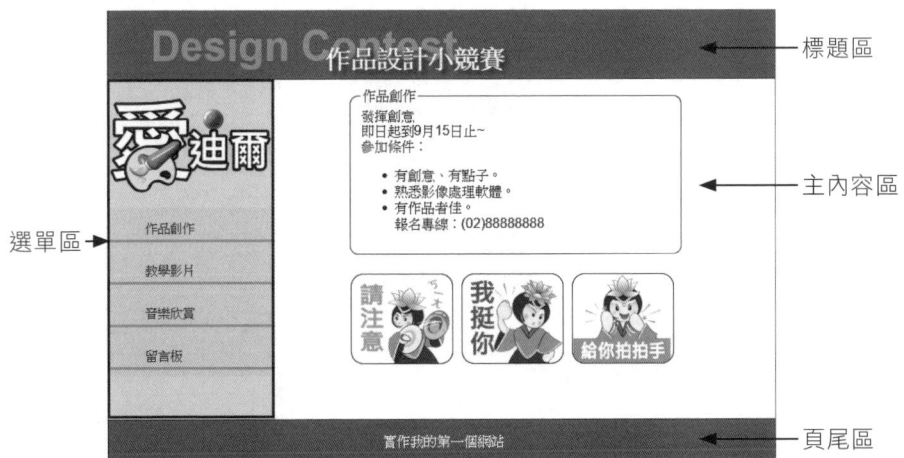

　　以往在美術編排上，很多設計師會使用 <table> 標記來做版面的配置，但是在 HTML5 有了「語意標記」後，即可清楚定義出網頁的架構，讓搜尋引擎能夠很快根據語意標記找出網頁重點所在，而且在版面安排上更具彈性，因此 <table> 標記不再是版面編排的利器，而是以語意標記為主。您可以用記事本開啟「未完成檔 / index.htm」檔案，跟著以下的說明，將語意標記加入 index.htm 檔的適當位置。

</> 設定標題區

　　標題區所使用的語意標記是 <header>，標記語法如下：

```
<header>
    <h1 id="text1">Design Contest</h1>
    <h1 id="text2">作品設計小競賽</h1>
</header>
```

</> 設定左側選單區

　　左側選單區使用兩個語意標記，一個是 <aside> 標記定義出側邊欄，再用 <nav> 標記定義網頁的連結選單。請參考下方示意圖：

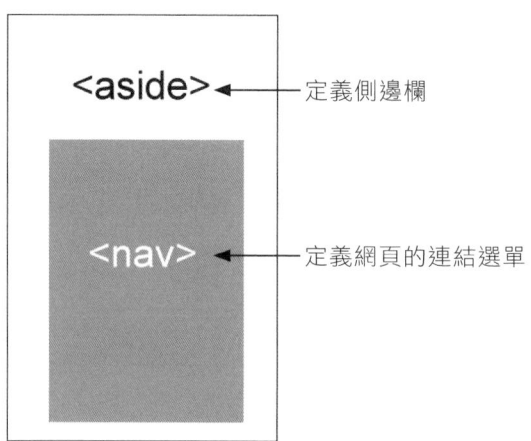

標記語法如下：

```
<aside>
    <nav>
    <ul>
        <li><a href="index.htm">作品創作</a></li>
        <li><a href="movie.htm">教學影片</a></li>
        <li><a href="music.htm">音樂欣賞</a></li>
        <li><a href="message.htm">留言板</a></li>
    </ul>
    </nav>
</aside>
```

</> 設定內容區

主內容區是用 <article> 標記來定義，主內容區共放了兩個區塊，一個是「作品創作」區，另一區則只是放置了三張圖片的圖片區，「作品創作」的區塊用 <section> 標記，圖片區則用 <div> 標記來定義，請參考下方示意圖：

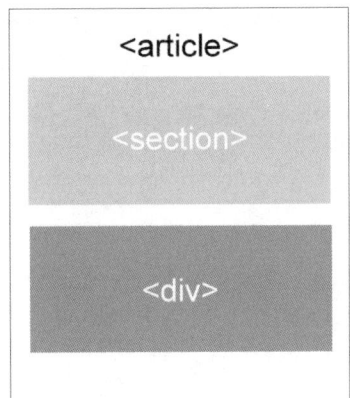

所要加入的標記語法如下：

```
<article>
        <section class="consection">
            <fieldset>
              <legend>作品創作</legend>
                發揮創意<br>
```

```
            即日起到9月15日止~<br>
            參加條件：<br>
            <ul>
            <li>有創意、有點子。</li>
            <li>熟悉影像處理軟體。</li>
            <li>有作品者佳。</li>
            報名專線：(02)88888888
        </fieldset>
    </section>
    <div class="consection">
        <img src="images/001.png" width="120">
        <img src="images/002.png" width="120">
        <img src="images/003.png" width="120">
    </div>
</article>
```

這裡的 <section> 標記與 <div> 標記將會套用同樣的樣式，因此我們可以用 class 屬性並指定 class 名稱，等新增 CSS 樣式時就不需要輸入兩組樣式了。

TIPS 語意標記是用來清楚定義出網頁的架構，讓搜尋引擎能很快根據語意標記找出網頁重點所在，如果是無意義的內容，應避免使用語意標記，例如範例中主內容區的重點在於作品創作，因此適合使用 <section> 標記，而第二個區塊只是放了三張圖片，對網頁內容來說並沒有意義，就可以使用 <div> 標記。

</> 設定頁尾區

頁尾區一般使用 <footer> 標記，通常用來放置公司行號或企業的聯絡地址、電話、版權宣告等資訊。語法設定如下：

```
<footer>實作我的第一個網站</footer>
```

在 index.htm 檔案一一加入了語意標記之後，就可以開始加上 CSS 樣式了。

套用 CSS 語法

網頁版面配置規劃及尺寸如下圖，接著來套用 CSS 語法吧！

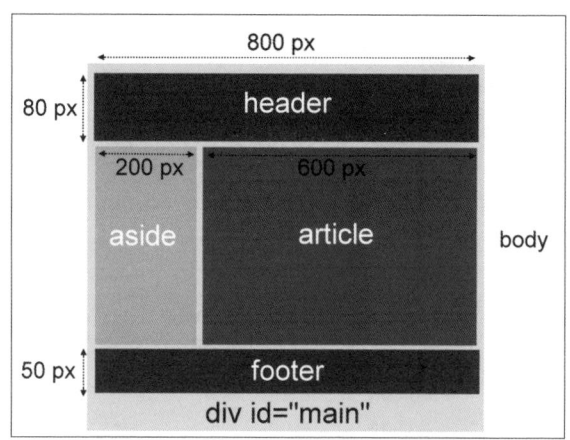

　　一般來說，一個網頁需要套用 CSS 的元件很多，如果與 HTML 文件寫在一起會讓程式碼看起來雜亂，通常建議採外部連結樣式檔的方式，將 CSS 檔連結進來。以下為「color.css」檔案的完整語法內容：

```
body{
    margin:0px;padding:0;
    font-family:Arial, Helvetica,  sans-serif,微軟正黑體;
    cursor:url(images/my.cur),url(images/my.png),auto;     /*改變滑鼠游標*/
    background-image: url('images/bg.jpg');     /*加入網頁背景圖*/
    background-attachment:fixed;            /*設定背景圖為固定式*/
}
#main{
    margin: 0 auto;
    border:0px #330000 solid;
    width:800px;
    height:auto;
}
header{
    border:1px #000000 solid;
    width:800px;
    height:80px;
    background:#A43F64;
```

```
}
aside{
    width:200px;
    float: left;
    height:400px;
    background: url(images/bg_lt.png) no-repeat;
}
nav{                     /*nav區塊格式*/
    border:0px #000000 solid;
    margin: 0px auto;padding:0px;
    margin-top:150px;
}
nav ul {
    list-style:none;              /*不顯示清單項目符號*/
    margin:0;padding:0;
}

nav li a {
    display:block;
    width:200px;
    height:50px;
    background-image:url(images/btn.png);   /*超連結原始狀態背景圖*/
    line-height:50px;
    text-indent:45px;
    text-decoration:none;        /*不顯示底線*/
    color:#333333;
    font-size:15px;
}
nav li a:hover {
    background-image:url(images/btn_hover.png); /*滑鼠移到連結時背景圖*/
    color:#ffffff;
}

h1#text1{
    margin:0px;padding:0px;
    top:15px;
    position:absolute;      /*設定div為絕對定位*/
    font-size:50px;          /*字高*/
    color:#FF0000;           /*字的顏色*/
    margin-left:50px;        /*與元件水平距離*/
}
h1#text2{
    margin:0px;padding:10px;
```

```
    position:absolute;
    font-size:30px;
    color:#FFFF;
    top:30px;
    margin-left:250px;
    filter:glow(color=#ff0000, strength=5);    /*設定光暈濾鏡*/
    text-shadow: 5px 5px 5px #432DA4;
}
article{
    border-right:1px #330000 solid;
    width:600px;
    margin-left:200px;
    height:400px;
    background:#FFFFFF;
}
.consection{
    display:block;
    border:0px #330000 solid;
    width:400px;
    left:10px;top:10px;
    margin:0px auto;padding:10px;
}
fieldset{
    border:1px solid;
    border-radius: 10px;
}
fieldset legend{
    text-align:center;
}
img{
    margin:3px;
    border-radius: 15px;
    border:1px solid;
}
footer{
    border:1px #000000 solid;
    background:#A43F64;
    color:#ffffff;
    width:800px;height:50px;
    text-align:center;
    line-height:50px;
}
```

接著請在 index.htm 檔中，在 <head></head> 之間加入外部連結樣式檔語法，如下所示：

```
<link rel=stylesheet type="text/css" href="color.css">
```

現在，請在瀏覽器瀏覽 index.htm 檔，版面就會套用 CSS 語法進行設定工作，這些工作包括：框線（Border）、背景（Background）、字體顏色（Color）、高度（Height）及寬度（Width）…等。為了方便控制網頁中元件的位置，筆者在 <body> 裡面新增一個 <div> 標記，利用 <div> 標記來設好網頁內容的寬度（800px），並且水平置中，想要將元件水平置中，最簡單的就是將 margin 屬性上下設為 0，左右就根據瀏覽器大小自行調整，語法如下：

```
margin: 0 auto;
```

接下來，我們來看看「選單區」是如何顯示在左邊。選單區套用的 CSS 語法如下：

```
aside{
    width:200px;
    float: left;
    height:400px;
    background: url(images/bg_lt.png) no-repeat;
}
```

其中 aside 標記只要設定 float（浮動）屬性值為 left，主內容區（Article）就會顯示在它的右邊。

8-3 文字重疊交錯效果的標題

標題字是利用兩個「Design Contest」及「作品設計小競賽」文字重疊交錯而成，後方的文字是紅色、字高 50px，與網頁左上角垂直距離 15px，與元件水平距離 50px，而前方的文字是白色、字高 30px，與網頁左上角垂直距離 30px，與元件水平距離 250px，外圍加上火焰暈開的特效，如下圖：

後方文字
（id=text1）

前方文字
（id=text2）

由於我們要在這兩句文字加上 CSS 效果，因此先分別用 <h1> 標記定義出文字樣式，並命名為 text1 及 text2。先來看這部份的 HTML 碼，如下行。

```
<h1 id="text1">Design Contest</h1>
<h1 id="text2">作品設計小競賽</h1>
```

接著，就可以加入 CSS 語法，先來看後方的文字，語法如下所示：

```
h1#text1{
    margin:0px;padding:0px;
    top:15px;
    position:absolute;      /*設定div為絕對定位*/
    font-size:50px;         /*字高*/
    color:#FF0000;          /*字的顏色*/
    margin-left:50px;       /*與元件水平距離*/
}
```

我們要移動文字的位置，而且會改變文字的層級，因此必須設定 position 屬性為絕對定位（Absolute）。文字（text2）除了移動位置之外，還加入了光暈（Glow）及陰影（Shadow）效果，來看這一段 CSS 語法：

```
h1#text2{
    margin:0px;padding:10px;
    position:absolute;
    font-size:30px;
    color:#FFFF;
    top:30px;
    margin-left:250px;
    filter:glow(color=#ff0000, strength=5);    /*設定光暈濾鏡*/
    text-shadow: 5px 5px 5px #432DA4;
}
```

8-4 網頁背景和滑鼠游標

　　網頁背景使用的是「images/bg.jpg」圖檔，我們希望當使用者捲動捲軸時，背景能固定不動。另外，滑鼠游標也用現有的游標檔「images/my.cur」檔，如下圖：

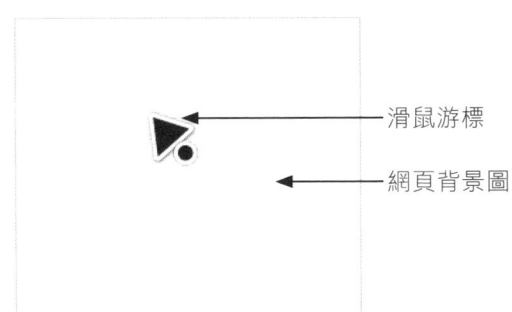

滑鼠游標

網頁背景圖

TIPS 想要將自製的滑鼠游標轉換成游標（.cur）格式，各位可以先將圖案做好，儲存成 *.png 格式，接著到 png 至 cur 轉換器（https://convertio.co/zh/png-cur/）上傳 png 圖檔，即可進行圖像的轉換。

　　由於網頁背景與滑鼠游標這兩項的效果都是應用於整個網頁，因此我們可以在 body 選擇器再加入以下的 CSS 語法，語法如下：

```
body{
    margin:0px;padding:0;
    font-family:Arial, Helvetica,  sans-serif,微軟正黑體;
    cursor:url(images/my.cur),url(images/my.png),auto;    /*改變滑鼠游標*/
    background-image: url('images/bg.jpg');    /*加入網頁背景圖*/
    background-attachment:fixed;                /*設定背景圖為固定式*/
}
```

8-5 超連結特效

　　超連結的狀態有四種，分別是尚未連結（Link）、已連結（Visited）、滑鼠移到連結時（Hover）以及執行中（Active）等四種狀態。您不一定要四種狀態全都設定,只要設定 hover 狀態就可以在滑鼠移到超連結時產生不一樣的效果。在範例中,我們希望在超連結文字加上背景圖,並且當滑鼠移到超連結上時,更換成另一張圖形,如下圖所示:

[原始狀態 圖檔名:**btn.png**]　　　　[滑鼠移到連結時 圖檔名:**btn_hover.png**]

除了背景圖之外,我們也改變了字體的顏色並取消超連結底線,CSS 語法如下:

```
nav{                          /*nav區塊格式*/
    border:0px #000000 solid;
    margin: 0px auto;padding:0px;
    margin-top:150px;
}
nav ul {
    list-style:none;          /*不顯示清單項目符號*/
    margin:0;padding:0;
}

nav li a {
    display:block;
    width:200px;
    height:50px;
    background-image:url(images/btn.png);   /*超連結原始狀態背景圖*/
    line-height:50px;
    text-indent:45px;
    text-decoration:none;       /*不顯示底線*/
    color:#333333;
    font-size:15px;
}
nav li a:hover {
    background-image:url(images/btn_hover.png); /*滑鼠移到連結時背景圖*/
    color:#ffffff;
}
```

由於在「a:hover」選擇器的高度(Height)、寬度(Width)、文字對齊(Text-align)、字距(Line-height)及超連結底線(Text-decoration)等設定值都與「a」選

擇器相同，因此可以省略不寫，「a:hover」選擇器會繼承「a」選擇器的設定值，我們只要在「a:hover」選擇器寫下兩者設定值不同的部分即可。

TIPS 在「a」選擇器裡設定了高度（Height）及寬度（Width），這兩個值必須與圖片的高度與寬度相同，否則圖案會重複顯示，或是您也可以再加入以下語法就可以任意改變寬度及高度值：

```
background-repeat: no-repeat;
```

8-6 設定主內容區

主內容區又分兩個區域，一是作品創作區，一個是圖片展示區，如下圖所示：

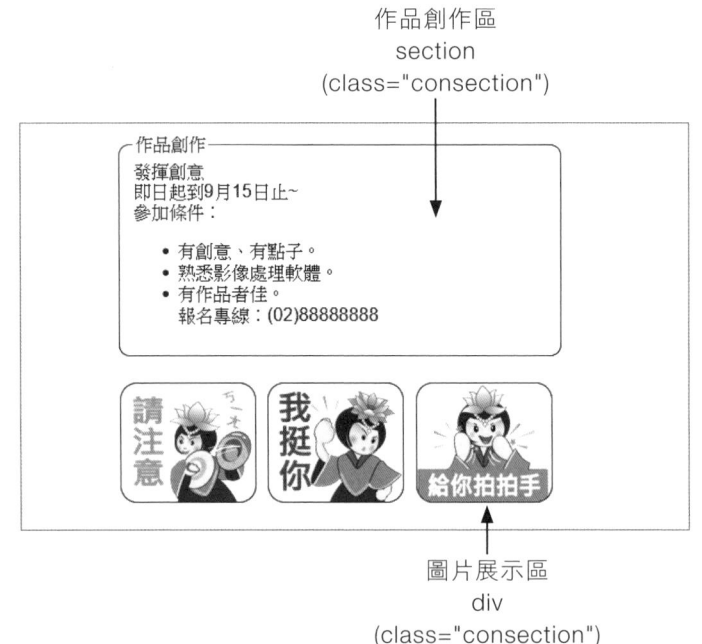

作品創作區
section
(class="consection")

圖片展示區
div
(class="consection")

這兩個區域的寬度一樣，因此可以將兩個區塊的 class 屬性設為相同。

```
.consection{
    display:block;
    border:0px #330000 solid;
    width:400px;
    left:10px;top:10px;
    margin:0px auto;padding:10px;
}
```

其中 display: block; 是用來設定區塊的模式，display 屬性常用的設定值有下列
兩種：

設定值	說明
block	區塊固定大小，當文字超過區塊時，文字會換行
inline	區塊隨著內容變動，當文字超過區塊時，區塊會擴大

「作品創作」展示區的方框

作品創作的方框是利用 <fieldset> 標記及 <legend> 標記組合而成，我們先看看
HTML 語法裡這兩個標記的用法。

```
<fieldset>
<legend>作品創作</legend>
        發揮創意<br>
        即日起到10月30日止~<br>
        參加條件：<br>
        <ul>
        <li>有創意、有點子。</li>
        <li>熟悉影像處理軟體。</li>
        <li>有作品者佳。</li>
        報名專線：(02)88888888
</fieldset>
```

接下來，加入 CSS 樣式表，語法如下：

```
fieldset{
    border:1px solid;
    border-radius: 10px;
}
fieldset legend{
    text-align:center;
}
```

圖片展示區

在圖片展示區部分，只要將圖片加入圓角，再將邊框設為 1px，就可以了，語法如下：

```
img{
    margin:3px;
    border-radius: 15px;
    border:1px solid;
}
```

以下為 index.htm 網頁完整的程式碼：

```
<!DOCTYPE html>
<html>
<head>
<title>我的網頁展示</title>
<link rel=stylesheet type="text/css" href="color.css">
</head>
<body>
<div id="main">
<!--標題-->
    <header>
        <h1 id="text1">Design Contest</h1>
        <h1 id="text2">作品設計小競賽</h1>
    </header>
    <!--左方區塊-->
    <aside>
        <nav>
        <ul>
```

```
            <li><a href="index.htm">作品創作</a></li>
            <li><a href="movie.htm">教學影片</a></li>
            <li><a href="music.htm">音樂欣賞</a></li>
            <li><a href="message.htm">留言板</a></li>
        </ul>
        </nav>
    </aside>
    <!--主內容-->
    <article>
        <section class="consection">
            <fieldset>
                <legend>作品創作</legend>
                    發揮創意<br>
                    即日起到9月15日止~<br>
                    參加條件：<br>
                    <ul>
                    <li>有創意、有點子。</li>
                    <li>熟悉影像處理軟體。</li>
                    <li>有作品者佳。</li>
                    報名專線：(02)88888888
            </fieldset>
        </section>
        <div class="consection">
            <img src="images/001.png" width="120">
            <img src="images/002.png" width="120">
            <img src="images/003.png" width="120">
        </div>
    </article>
    <!--頁尾-->
    <footer>實作我的第一個網站</footer>
</div>

</body>
</html>
```

NOTE

09

CHAPTER

實作─兩欄式網頁設計

本章將以 div 標籤切割網頁區塊，規劃出標題區、頁尾區、主內容區、右側欄位區等區塊，再插入標題、文案、圖片，利用這個例子實作兩欄式網頁設計。

9-1 認識多欄式版面

所謂欄就是垂直方向的直行，我們可以將網頁版面分割成多個欄來呈現，而這種網頁的排版方式就稱為欄位式網頁排版，這種多欄式的排版方式較適合被設計在內容較多的網頁，例如新聞性網站。而「兩欄式版面」顧名思義就是網站內容以兩欄的方式來加以呈現，這種版面的排版方式，在現行的網頁設計風格中算是一種實用且簡潔的表現方式。

至於左右兩欄的寬可以由設計者自行決定，通常該網頁的重點內容的欄位會較寬，至於邊欄所安排的欄位則會較窄，比較常見的比例為 2:1 或 3:1。不過也有一些設計風格會以絕對寬度來加以呈現。而「三欄式版面」就是網站內容以三欄的方式來加以呈現，這種版面的排版方式也算是一種常見的網頁排版方式，它也就是兩欄式網頁排版再多加入一個欄位，變成網頁內容以三欄的方式來加以呈現。例如以下網站就是一種多欄式版面的網頁排版方式。

9-2 完整網頁內容外觀預覽

本章將練習語意標記加上 CSS3 來排版，並運用前面所學的各種語法來完成一個兩欄式網頁網站。這個網站包括一個網頁（introduction.html），包括網頁的標題區塊、兩欄式版面及網頁的頁尾（Footer）區塊。以下為經過 CSS 樣式美化之後完成的網頁成果：

在操作過程中所使用的圖檔都可以在本章範例檔的「/images」資料夾裡找到。而本章所設計的網頁 CSS 樣式設定檔，在「/css/ style.css」資料夾裡都可以找到。以下為「introduction.html」完整程式碼：

```
<!DOCTYPE html>
<html lang="zh-Hant-TW">
    <head>
        <meta charset="utf-8">
        <title>雙欄式網頁展示</title>
        <meta name="description" content="雙欄式網頁展示">
        <link href="css/style.css" rel="stylesheet">
    </head>

    <body>
        <div id="books" class="big-bg">
```

```
    </div>

    <div class="book-introduction outlook">
      <article>
        <header class="publisher">
          <h2 class="book-name">暢銷書籍介紹：</h2>
          <p class="book-list">網際網路類別的新書簡介</p>
        </header>
        <img src="images/bookcase.jpg" alt="書架陳列">
        書名：Google Analytics網站資料分析：網路行銷與商務決策的利器<br />
        <p>
          網站分析的主要工作包括：資料收集、報表製作、分析解讀、進行決策、執行
落實、優化改進等。
          Google Analytics四大類型的報表提供不同的數據洞察力，包括：受眾分
析、流量來源、使用者行為、
          使用者轉換數據等四個維度的數據，可依使用者需求獲得各式的資訊。
          本書係以入門者的角度撰寫，跟著書中所編排的架構學習，將可學會許多
Google Analytics完整實用的功能，
          且重要的觀念都有「示意圖」互相對照，並可藉由範例製作得到Google
Analytics精要知識與解讀資訊能力。
        </p>
        書名：一次學會 Google Office 必備工具：文件 X 試算表 X 簡報 X 雲端硬
碟<br />
        <p>
          快速了解Google創新服務與工具
          免費擁有Google雲端版的Office軟體
          將文件、試算表和簡報安全地儲存在線上
          與他人共同編輯文件、試算表或簡報
          掌握Google雲端硬碟亮點、管理與使用
          Google提供雲端版的Office軟體，可以讓使用者以免費的方式，透過瀏覽器
將文件、試算表和簡報安全地儲存在線上，
          並從任何地方進行編輯，還可以邀請他人檢視並共同編輯內容。本書架構相當
完整，為了提高閱讀性，各項重點知識會以實作為主、功能說明為輔。
        </p>
        書名：Google 雲端應用×遠距教學×居家上課×線上會議一書搞定：老師、家
長、學生、上班族居家必備懶人包<br />
        <p>
          本書依照使用 Google 雲端平台所必須學會的技能，將內容區分為七大篇。
分別為「遠距教學必備利器 - Google Meet」、
          「師生互動平台 - Google Classroom」、「Google 文件應用」、
「Google 簡報應用」、「Google 試算表應用」、
```

「Google 表單應用」、「Google 教學的好幫手」，整體架構十分完整。此外為了提高閱讀性，

編排上以實作為主，功能說明為輔，並加入步驟說明以及圖說，讓大家輕鬆掌握遠距教學時的必備技能。

```
                </p>
        </article>

        <aside>
                <h2 class="catalog">公司的理念與源起</h2>
                <p>
```

公司創辦人高榮欽先生與其事業夥伴胡昭民先生、吳燦銘先生與鄭苑鳳小姐，早年就在台東成立一個原住民讀書會，

照顧一群有心向學卻苦無良好環境的原住民小朋友。他們堅信原住民最需要的並不是物質上的支援，而是提升他們的「教育環境」與「社會競爭力」。

在有限的條件與物資之下，仍幫忙不少原住民同胞獲得應有的教育資源。

但他們知道這是不夠的，所以回國之後，因其資訊背景，在高雄成立「榮欽科技」。

近年有感於原住民的社會競爭力日益薄弱，原住民文化也在逐漸消失中，因此大膽以土地融資方式投入高科技領域的電腦產業，

希望證明原住民也具有潛力及智慧可以融入資訊業，而不只是侷限於勞力及傳統產業，其用意頗為深遠。

```
                </p>
                <h2 class="catalog">書籍類別與應用領域</h2>
                <ul class="sub-menu">
                        <li><a href="#">Web 應用</a></li>
                        <li><a href="#">程式語言</a></li>
                        <li><a href="#">演算法與資料結構</a></li>
                        <li><a href="#">資訊應用</a></li>
                        <li><a href="#">電子商務與網路行銷</a></li>
                </ul>
        </aside>
    </div>

    <footer>
        <div class="outlook">
            <p><small> Zong Chin Technology Corporation All Rights
Reserved.</small></p>
        </div>
    </footer>

    </body>
</html>
```

以下為完整的「style.css」檔案內容：

```css
@charset "UTF-8";
html {
    font-size: 100%;
}
body{
    font-family: :Arial, Helvetica,  sans-serif,微軟正黑體;
    line-height: 1.7;
    color: #432;
}
a {
    text-decoration: none;
}
img {
    max-width: 100%;
}

/* HEADER */

.outlook{
    max-width: 1200px;
    margin: 0 auto;
    padding: 0 4%;
}

/* 大型背景影像 */
.big-bg {
    background-size: cover;
    background-position: center top;
    background-repeat: no-repeat;
}

#books {
    background-image: url(../images/news-bg1.jpg);
    height: 270px;
    margin-bottom: 40px;
}



#books .page-title {
    text-align: center;
```

```css
}


/* 書籍內容介紹 */
article {
    width: 74%;
}

.book-introduction {
    display: flex;
    justify-content: space-between;
    margin-bottom: 50px;
}

.publisher {
    position: relative;
    padding-top: 4px;
    margin-bottom: 40px;
}

.book-name {
    font-family: Arial, Helvetica,  sans-serif,微軟正黑體;
    font-size: 2rem;
    font-weight: normal;
}
.book-name,
.book-list {
    margin-left: 120px;
}

article img {
    margin-bottom: 20px;
}
article p {
    margin-bottom: 1rem;
}

aside {
    width: 22%;
}
```

```css
aside p {
    padding: 12px 10px;
}

.catalog {
    font-size: 1.375rem;
    padding: 0 8px 8px;
    border-bottom: 2px #0bd solid;
    font-weight: normal;
}

.book-kind {
    margin-bottom: 60px;
    list-style: none;
}
.book-kind li {
    border-bottom: 1px #ddd solid;
}
.book-kind a {
    color: #432;
    padding: 10px;
    display: block;
}
.book-kind a:hover {
    color: #0bd;
}

/* 頁尾 */
footer {
    background:#330000;
    text-align: center;
    line-height:50px;
    padding: 40px 0;
}
footer p {
    color: #fff;
    font-size: 50px;
}
```

製作網頁時，應該先規劃好網頁架構及版面安排，通常網頁版面可以劃分為幾個區塊，包含「標題區塊」、「兩欄式版面」、「主要內容區塊」及「頁尾區塊」，如下圖：

請根據上面的「introduction.html」檔案的內容，將語意標記加入 introduction. html 檔的適當位置。首先請先參考下方的語法加入本網頁頭的組成：

```
<head>
    <meta charset="utf-8">
    <title>雙欄式網頁展示</title>
    <meta name="description" content="雙欄式網頁展示">
    <link href="css/style.css" rel="stylesheet">
</head>
```

9-3 製作網頁的標題區塊

標題區所使用的語意標記是 <header>，標記語法如下：

```
<header class="publisher">
    <h2 class="book-name">暢銷書籍介紹：</h2>
    <p class="book-list">網際網路類別的新書簡介</p>
</header>
```

9-4 製作網頁的兩欄式版面

我們在 <div id="books" class="big-bg"> 和「footer」區塊之間加入一個 <div> 標籤，接著在這個 <div> 標籤內安排兩個水平並列的方塊，第一個方塊是用來放置書籍介紹的主要區塊 <article> 標籤，以及其他相關說明的 <aside> 標籤，如此一來，<article> 標籤和 <aside> 標籤就會構成兩欄式版面，如以下的語法所示：

```
<div class="book-introduction outlook">
    <article>
        此處為用來放置書籍介紹的主要區塊
    </article>
    <aside>
        此處邊為補充說明的邊欄區塊
    </aside>
</div>
```

這部份所設定的排版樣式可以參考 CSS 檔案中的 article 及 aside 的樣式設定，內容如下：

```
article img {
    margin-bottom: 20px;
}
article p {
    margin-bottom: 1rem;
}
```

```
aside {
    width: 22%;
}

aside p {
    padding: 12px 10px;
}
```

9-5 製作網頁的主要內容區塊

在製作網頁的主要內容區塊時，我們會在 <article> 區塊內部加上一些標題等
文字標示，請參考如下內容撰寫的 HTML 語法：

```
<article>
    <header class="publisher">
        <h2 class="book-name">暢銷書籍介紹：</h2>
        <p class="book-list">網際網路類別的新書簡介</p>
    </header>
</article>
```

以下為相關的 CSS 排版樣式的設定，這些排版樣式如下所示：

```
.publisher {
    position: relative;
    padding-top: 4px;
    margin-bottom: 40px;
}

.book-name {
    font-family: Arial, Helvetica,  sans-serif,微軟正黑體;
    font-size: 2rem;
    font-weight: normal;
}
.book-name,
.book-list {
    margin-left: 120px;
}
```

9-5-1 描述書籍文案簡介

接著在 <header class="publisher"> 下面插入影像及利用 <p> 標籤來加入書籍介紹的各種段落，請參考如下內容撰寫 HTML 語法：

```
<article>
    <header class="publisher">
        <h2 class="book-name">暢銷書籍介紹：</h2>
        <p class="book-list">網際網路類別的新書簡介</p>
    </header>
    <img src="images/bookcase.jpg" alt="書架陳列">
            書名：Google Analytics網站資料分析：網路行銷與商務決策的利器<br />
    <p>
            網站分析的主要工作包括：資料收集、報表製作、分析解讀、進行決策、執行落實、
優化改進等。
            Google Analytics四大類型的報表提供不同的數據洞察力，包括：受眾分析、流量
來源、使用者行為、
            使用者轉換數據等四個維度的數據，可依使用者需求獲得各式的資訊。
            本書係以入門者的角度撰寫，跟著書中所編排的架構學習，將可學會許多Google
Analytics完整實用的功能，
            且重要的觀念都有「示意圖」互相對照，並可藉由範例製作得到Google Analytics
精要知識與解讀資訊能力。
    </p>
        書名：一次學會 Google Office 必備工具：文件 X 試算表 X 簡報 X 雲端硬碟<br />
        <p>
            了解Google創新服務與工具
            免費擁有Google雲端版的Office軟體
            將文件、試算表和簡報安全地儲存在線上
            與他人共同編輯文件、試算表或簡報
            掌握Google雲端硬碟亮點、管理與使用
            Google提供雲端版的Office軟體，可以讓使用者以免費的方式，透過瀏覽器將文件、
試算表和簡報安全地儲存在線上，
            並從任何地方進行編輯，還可以邀請他人檢視並共同編輯內容。本書架構相當完整，
為了提高閱讀性，各項重點知識會以實作為主、功能說明為輔。
        </p>
        書名：Google 雲端應用×遠距教學×居家上課×線上會議一書搞定：老師、家長、學生、
上班族居家必備懶人包<br />
        <p>
            本書依照使用 Google 雲端平台所必須學會的技能，將內容區分為七大篇。分別為
「遠距教學必備利器 - Google Meet」、
```

```
            「師生互動平台 - Google Classroom」、「Google 文件應用」、「Google
簡報應用」、「Google 試算表應用」、
            「Google 表單應用」、「Google 教學的好幫手」,整體架構十分完整。此外為了
提高閱讀性,
            編排上以實作為主,功能說明為輔,並加入步驟說明以及圖說,讓大家輕鬆掌握遠距
教學時的必備技能。
        </p>
</article>
```

9-6 製作右側的邊欄

接著要製作右側的邊欄,就是 <aside> 標籤的內容,這部份將放置「公司的
理念與源起」的文字簡介及書籍的類別清單。請參考如下內容撰寫 HTML 語法:

```
<aside>
    <h2 class="catalog">公司的理念與源起</h2>
    <p>
            公司創辦人高榮欽先生與其事業夥伴胡昭民先生、吳燦銘先生與鄭苑鳳小姐,早年就
在台東成立一個原住民讀書會,
            照顧一群有心向學卻苦無良好環境的原住民小朋友。他們堅信原住民最需要的並不是
物質上的支援,而是提升他們的「教育環境」與「社會競爭力」。
            在有限的條件與物資之下,仍幫忙不少原住民同胞獲得應有的教育資源。
            但他們知道這是不夠的,所以回國之後,因其資訊背景,在高雄成立「榮欽科技」。
            近年有感於原住民的社會競爭力日益薄弱,原住民文化也在逐漸消失中,因此大膽以
土地融資方式投入高科技領域的電腦產業,
            希望證明原住民也具有潛力及智慧可以融入資訊業,而不只是侷限於勞力及傳統產
業,其用意頗為深遠。
    </p>
    <h2 class="catalog">書籍類別與應用領域</h2>
    <ul class="sub-menu">
        <li><a href="#">Web 應用</a></li>
        <li><a href="#">程式語言</a></li>
        <li><a href="#">演算法與資料結構</a></li>
        <li><a href="#">資訊應用</a></li>
        <li><a href="#">電子商務與網路行銷</a></li>
    </ul>
</aside>
```

以下為相關的 CSS 排版樣式的設定，這些排版樣式包括：catalog、book-kind 的樣式，如下所示：

```
.catalog {
    font-size: 1.375rem;
    padding: 0 8px 8px;
    border-bottom: 2px #0bd solid;
    font-weight: normal;
}

.book-kind {
    margin-bottom: 60px;
    list-style: none;
}
.book-kind li {
    border-bottom: 1px #ddd solid;
}
.book-kind a {
    color: #432;
    padding: 10px;
    display: block;
}
.book-kind a:hover {
    color: #0bd;
}
```

9-7 製作網頁的頁尾區塊

頁尾區使用 <footer> 標記，通常用來放置聯絡方式或版權宣告。語法如下。請在 <div id="books" class="big-bg"> 這個區塊下面，也就是 </body> 這個結束標籤的前面加入我們要製作網頁的頁尾區塊，頁尾的語法是用 <footer> 及 </footer> 所包圍的內容。

```
<footer>
    <div class="outlook">
    <p><small> Zong Chin Technology Corporation All Rights Reserved.</small></p>
    </div>
</footer>
```

以下為相關的 CSS 排版樣式的設定，如下所示：

```
/* 頁尾 */
footer {
    background:#330000;
    text-align: center;
    line-height:50px;
    padding: 40px 0;
}
footer p {
    color: #fff;
    font-size: 50px;
}
```

9-8 實戰 RWD 響應式網頁

我們在第一章已初步簡介什麼是響應式網頁？本單元將採用簡單精要的方式，進一步介紹各種 RWD（Responsive Web Design）相關的資訊，包括關於 RWD 的基本概念、如何開發出符合 RWD 設計原則的網站、響應式網頁相對於手機 App 的各種優勢、使用 RWD 能帶來什麼樣的好處？以及設計 RWD 網頁關鍵實作步驟。

筆者期待本節內容可以帶領網頁開發的入門學習者，有能力利用 RWD 這個概念去設計網頁，進而確保當行動用戶進入你的網站時，所設計的網頁能讓用戶順利瀏覽、增加停留時間，也可以方便的使用任何跨平台、不同大小的裝置瀏覽。

9-8-1 設計出符合 RWD 設計原則的網站

RWD 網頁設計模式指讓網頁在各種不同尺寸的裝置下，網頁畫面卻能展現出合適比例外觀的設計原則，因此就有人把 RWD 的設計原則形容成網頁內容物就像水一般，可以在不同尺寸的裝置中自然地流動。

我們就以下方網頁（https://digital.zct.com.tw/）為例，當各位試著調整一個網頁的視窗寬度時，如果發現網頁內容隨著寬度變小而變換版面的呈現方式，而這種會依網頁寬度而以合適比例變動網頁內容的設計原則，我們就稱該網站符合 RWD 的設計原則。

9-8-2　使用 RWD 所帶來好處

隨著行動上網越來越普及，許多人都會在不同地點或工作場合使用各種不同裝置來上網。早期一些企業或商業因應這樣的趨勢，為了服務使用手持裝置的使用者，除了有適用桌上電腦或筆電開啟瀏覽器的網站外，也會另外將網站開發成手機 App，但是這種解決方案必須花較大的成本去維護。

但是如果改採 RWD 的網站設計原則，就可以直接利用 CSS 媒體查詢控制版面，不論什麼尺寸大小的裝置，都開啟同一網站上的網頁，這種作法比起傳統的解決方案，在維護及成本具有更大的優勢。另外利用 RWD 原則設計網站在分享、搜尋排名上也都比一般行動版網站來得好。

至於響應式網頁設計相較於手機 App 的最大優勢，由於網站一律使用相同的網址和網頁程式碼，同

🔵 Facebook 手機版 App

一個網站適用於各種裝置，當然不需要針對不同版本
設計不同視覺效果，簡單來說，只要做一個網站的費
用，就可以跨平台使用，解決多種裝置的瀏覽問題。
但是如果以 App 的方式開發網站，就必須根據不同手
機系統（iOS、Android）分別開發，而且設計者一定
要先從應用程式商店下載安裝 App 才有辦法使用，再
加上 App 完成之後要不定期針對新版本測試，才能讓
App 在新出廠的手機上運作順暢。

　　更具吸引力的一點，將網站開發成 RWD 響應式網
頁，未來只需要維護及更新一個網站內容，不再需要
為了不同的裝置設備，再花時間找人編寫網站內容，
每次連上網頁都會是最新版本，代表著我們的管理成
本也同步節省。

🔵 **RWD 能節省網站設計與
維護成本**

　　響應式網頁設計（RWD）是目前被公認為能夠對行動裝置用戶提供最佳的視覺
體驗，它的特點是不論在手機、平板電腦、桌上型電腦的網址 URL 都是不變，還可
以讓網頁中的文字以及圖片甚至是網站的特殊效果，自動適應使用者正在瀏覽的螢
幕大小。

　　隨著使用手持裝置瀏覽網站已是許多人的習慣，再加上電商網站的設計當然會
影響到行動行銷業務能否成功的關鍵，一個好的網站不只是侷限於有動人的內容、
網站設計方式、編排和載入速度、廣告版面和表達型態都是影響訪客抉擇的關鍵因
素。因此如何針對行動裝置的響應式網頁設計，讓網站提高行動上網的友善介面就
顯得特別重要，更是學習網頁前端人員不可缺少的技能。

9-8-3　設計 RWD 網頁實作步驟摘要

　　我們知道 RWD 是一種使用 CSS 媒體查詢控制版面的設計方式，要實作 RWD 網
頁設計，有以下幾步設定與做法：

1. 設定 viewport 檢視區

2. 決定 RWD 設計模式

3. 以 CSS media query（媒體查詢）設定版面配置

接著我們針對上述三個關鍵步驟，說明如下：

設定 viewport 檢視區

所謂 viewport 檢視區是指瀏覽網頁時，瀏覽器在各種裝置的顯示區域。在實作支援 RWD 響應式網頁的設計步驟中，我們必須在 HTML 的 head 部分設定 viewport 檢視區，以便告知瀏覽器如何控制網頁的大小和縮放。例如以下的語法功能，就是指示在手機等行動裝置顯示網頁時，以符合該裝置顯示區域的寬度來顯示網頁，有了這項 HTML 語法的設定，才可以將網頁文字以適當大小在該手持行動裝置中顯示。但是如果沒有下達這道指令，當在手機顯示網頁時，瀏覽器會按照桌上型電腦的寬度顯示，如此一來，文字就會變得很小，會造成網頁文字在行動裝置閱讀上的不舒適感。

```
<meta name="viewport" content="width=device-width, initial-scale=1">
```

決定 RWD 設計模式

完成「設定 viewport 檢視區」的第一步驟之後，接下來的工作就是要告知瀏覽器在不同 viewport 下的版面如何配置及網頁內容如何流動，本章最後的 RWD 網頁實作範例會以「欄內容下排（Column Drop）」設計模式來說明實作過程。

以 CSS media query（媒體查詢）設定版面配置

經過前面單元的介紹後，我們清楚知道透過 CSS 樣式表可以來告知瀏覽器如何進行版面配置，但是如果各位想要在設計 RWD 網頁過程中，可以依不同螢幕寬度，而有不同的 CSS 樣式設定語法，要達到這項任務，就必須藉助 CSS3 中提供的媒體查詢語法。

例如希望當螢幕尺寸在 600px 以下時，對 <p> 設定字體大小為 36px」，在 CSS 樣式表中的媒體查詢基本的寫法，舉例如下：

```
@media (max-width: 600px) {
  p {
    font-size: 36px;
  }
}
```

上述的 CSS 語法中的「max-width: 600px」的意義就是指「螢幕尺寸 600px 以下」，因此所有螢幕尺寸 600px 以下的 CSS 內容，都可以寫在這個 CSS 設定區段中。也就是說透過 CSS 媒體查詢語法，設定我們可以指示瀏覽器依我們在不同尺寸大小所設定的樣式，來呈現網頁內容，例如字體的大小或圖片的大小，甚至容器的寬高等樣式。

這一個步驟解說的「媒體查詢」的主要功用，就是在告知瀏覽器請依不同裝置的畫面大小來改變樣式，當畫面寬度大於所設定的寬度，就要切換到不同的樣式設定，而這個畫面尺寸的切換點就被稱為斷點（Breakpoint），以上述語法設定中的「@media（max-width: 600px）」就是說明目前的斷點為 600px，建議在思考如何設定斷點時，最好是以該裝置較短的寬度來作為斷點切換的基準，但由於瀏覽網頁的裝置相當多，通常小裝置畫面的直式寬度尺寸大約介於 370px~450px 左右，而大裝置畫面的直式寬度的尺寸大約大於 760px，因此在「Media Query（媒體查詢）」要設定斷點（就是指設定要切換樣式的尺寸），通常會設定在小裝置畫面的直式寬度，與大裝置畫面的直式寬度的中間尺寸，這也就是為何我們會在上述「媒體查詢」設定的語法中將斷點大約設定為 600px。

另外，這裡有一點要強調的重點，當我們在不同尺寸的 CSS 媒體查詢中設定內容的寬高、大小，通常會使用「相對單位」來設定，像是 width: 60%、width: 120vh、height: 90vh、font-size: 5em 等，也就是說使用相對單位設定寬高、大小，才可以在該範圍的「viewport 檢視區」中達到 RWD 的效果。

9-8-4 將兩欄式網頁在手機版改成垂直排列

清楚了實作 RWD 網頁設計的幾個關鍵步驟後，接下來就來示範如何將本章的兩欄式網頁加入 RWD 網頁設計模式，也就是說，以手機顯示網頁時，會將原先的網頁內容改成垂直排列。

在還沒有開始實作 RWD 手機版網頁之前，各位可以將前面還沒有調整成 RWD 的電腦版網頁，試著縮放螢幕寬度，我們將發現即使螢幕寬度縮小到 600px，網頁內容還是以原先兩欄式呈現，如下面二圖所示：

　　由於這樣的版面配置，無法以較佳的視覺效果來呈現網頁內容，因此想設計
RWD 響應式網頁，就必須在原先的「style.css」樣式檔中加入如下的媒體查詢 CSS
語法：

```css
/* 支援手機版的響應式網頁所加入的媒體查詢 */
@media (max-width: 600px) {
    .page-title {
        font-size: 2.5rem;
    }

    .book-introduction {
        flex-direction: column;
    }
    article,
    aside {
        width: 100%;
    }
    #books .page-title {
        margin-top: 30px;
    }
    aside {
        margin-top: 60px;
    }
    .publisher {
        margin-bottom: 30px;
    }
    .book-name {
        font-size: 1.375rem;
    }
    .book-list {
        font-size: 0.875rem;
        margin-top: 10px;
    }
    .book-name,
    .book-list {
        margin-left: 80px;
    }
}
```

加入了上述媒體查詢的語法之後，就是告知瀏覽器當觀看網頁的裝置寬度小於所設定的斷點 600px 時，就改以「flex-direction: column;」這個屬性設定的指示，將網頁內容改成垂直排列。我們直接以在電腦上觀看網頁內容呈現的變化，各位就可以注意到當螢幕寬度大於 600px 時，會以原先設定的「display:flex;」兩欄式水平並排的方式呈現，如下圖所示：

但是在電腦上將瀏覽器的螢幕寬度縮小到小於所設定的 600px 斷點時，則會改成「flex-direction: column;」這種屬性設定來變更版面配置，這種情況下就會將網頁內容改成垂直排列，因此原先的兩欄式水平並排的呈現外觀，就會自動調整成如下圖所示，將本章範例網頁中「公司的理念與源起」及「書籍類別與應用領域」導覽列選單的內容，改以垂直方向進行排列，如下圖所示：

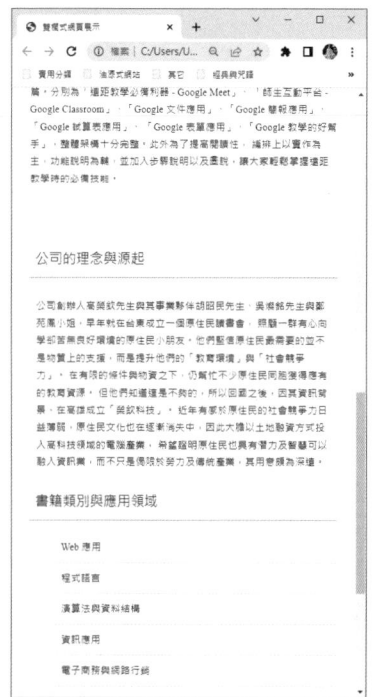

以下為本章範例加入了支援手機版響應式網頁完整的「style.css」檔案內容：

```css
@charset "UTF-8";
html {
    font-size: 100%;
}
body{
    font-family: :Arial, Helvetica,  sans-serif,微軟正黑體;
    line-height: 1.7;
    color: #432;
}
a {
    text-decoration: none;
}
img {
    max-width: 100%;
}
/* HEADER */
```

```
.outlook{
    max-width: 1200px;
    margin: 0 auto;
    padding: 0 4%;
}

/* 大型背景影像 */
.big-bg {
    background-size: cover;
    background-position: center top;
    background-repeat: no-repeat;
}

#books {
    background-image: url(../images/news-bg1.jpg);
    height: 270px;
    margin-bottom: 40px;
}
#books .page-title {
    text-align: center;
}

/* 書籍內容介紹 */
article {
    width: 74%;
}

.book-introduction {
    display: flex;
    justify-content: space-between;
    margin-bottom: 50px;
}

.publisher {
    position: relative;
    padding-top: 4px;
    margin-bottom: 40px;
}

.book-name {
    font-family: Arial, Helvetica,  sans-serif,微軟正黑體;
    font-size: 2rem;
    font-weight: normal;
}
.book-name,
```

```
.book-list {
    margin-left: 120px;
}

article img {
    margin-bottom: 20px;
}
article p {
    margin-bottom: 1rem;
}

aside {
    width: 22%;
}

aside p {
    padding: 12px 10px;
}

.catalog {
    font-size: 1.375rem;
    padding: 0 8px 8px;
    border-bottom: 2px #0bd solid;
    font-weight: normal;
}

.book-kind {
    margin-bottom: 60px;
    list-style: none;
}
.book-kind li {
    border-bottom: 1px #ddd solid;
}
.book-kind a {
    color: #432;
    padding: 10px;
    display: block;
}
.book-kind a:hover {
    color: #0bd;
}

/* 頁尾 */
footer {
    background:#330000;
```

```
        text-align: center;
        line-height:50px;
        padding: 40px 0;
}
footer p {
        color: #fff;
        font-size: 50px;
}

/* 支援手機版的響應式網頁所加入的媒體查詢 */
@media (max-width: 600px) {
        .page-title {
                font-size: 2.5rem;
        }

        .book-introduction {
                flex-direction: column;
        }
        article,
        aside {
                width: 100%;
        }

        #books .page-title {
                margin-top: 30px;
        }
        aside {
                margin-top: 60px;
        }
        .publisher {
                margin-bottom: 30px;
        }
        .book-name {
                font-size: 1.375rem;
        }
        .book-list {
                font-size: 0.875rem;
                margin-top: 10px;
        }
        .book-name,
        .book-list {
                margin-left: 80px;
        }
}
```

10

實作─格狀式版面網頁設計

本章將以 div 標籤切割網頁區塊，規劃出標題區、頁尾區、主內容區，接著再使用 CSS 樣式中的 grid 語法來編排版面。

10-1 認識格狀式版面

格狀式版面（或稱磚牆式版面）是一種將大量影像與文字，以一種方形的方式來進行網頁排版，因為這種網頁版面的展現方式，看起來較整齊、有序，而且便於將資訊的表現方式整理成相同格式來加以呈現，因此非常適合搭配響應式網頁設計。格狀式版面又稱為「格線版面」或「卡片式設計」，例如像是購物網站、線上影音課程、線上軟體或圖庫，常可以看到格狀式版面這種網頁排版方式。

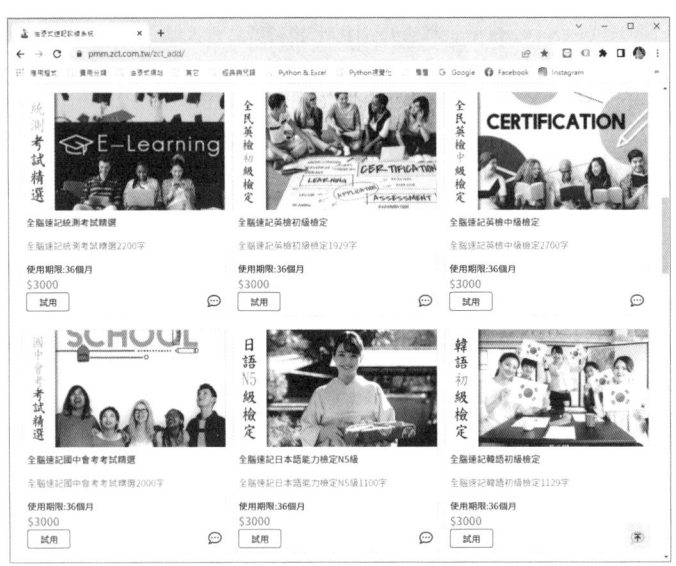

🔵 油漆式速記多國語言雲端自學網站

資料來源：https://pmm.zct.com.tw/zct_add/

在格狀式版面中，網頁設計師可以視產品的屬性或特點調整每個方塊的大小，也可以調整每個方塊的高度，只要各方塊間的區隔線條夠明顯，都可以讓整體網頁看起來的感覺井然有序、美觀清爽。另外由於每個區塊都有獨立的資訊，這種設計方式很適合使用者的閱讀，幫助各位能快速摘要出每個區塊的內容。各位可以在響應式網頁看到這種設計模式，因為無論從橫向或縱向都可以很容易進行切換。

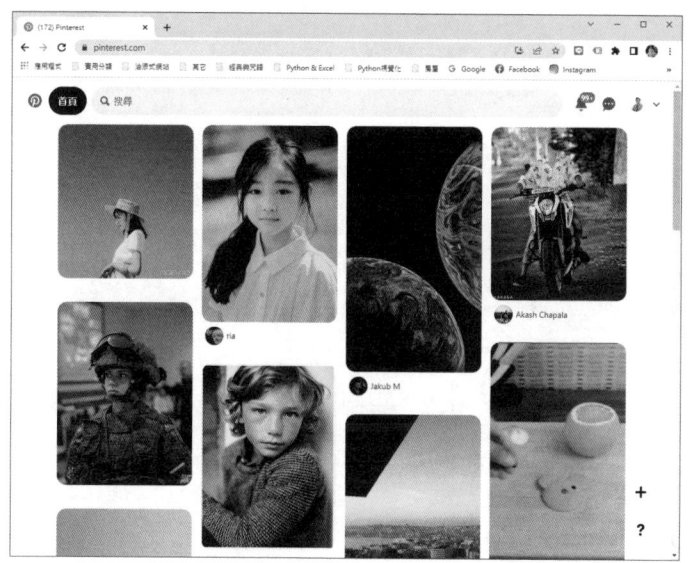

🌑 Pinterest 網站算是格狀式版面的代表性網站

資料來源：https://www.pinterest.com/

10-2 網格版面編排

Flex 是一維的，排版方式是「由上到下」，而網格版面（Grid Layout）編排是二維的網格系統，可以「指定」子項目排版在網格內的「任何地方」，它可以將子項目設定成同樣大小的方塊，並且可以指定格線間距，使其各子項目可以等距排列。

網格版面編排的作法有點像前面談到的彈性版面，必須先在 HTML 中建立一個容器裝置的父元素，接著再於該容器裝置中插入各項項目的子元素。下圖就是將 8 個方塊排成 4 欄兩列的網格版面編排的外觀安排方式：

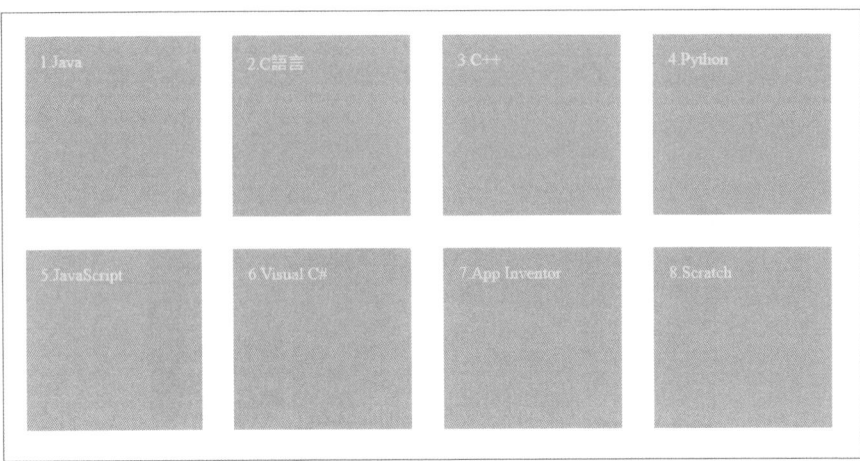

　　例如在下方的 HTML 檔案中建立一個包含一個父元素的 div 標籤和四個子元素的 div 標籤，這個 HTML 檔案會套用「style.css」的樣式設定：

範例 **ch10/grid1/index.htm**

```
<!doctype html>
<html lang="zh-TW">

<head>
    <meta charset="UTF-8">
    <title>各種 Layout</title>
    <link rel="stylesheet" href="style.css">
</head>

<body>
    <div class="container">
        <div class="item">1.Java</div>
        <div class="item">2.C語言</div>
        <div class="item">3.C++</div>
        <div class="item">4.Python</div>
        <div class="item">5.JavaScript</div>
        <div class="item">6.Visual C#</div>
        <div class="item">7.App Inventor</div>
        <div class="item">8.Scratch</div>
    </div>
</body>

</html>
```

如果想指定上例中子項目的排列方式為網格版面編排，此時只要在 CSS 檔案中的「.container」類別父元素加入「display: grid;」的屬性設定即可，請參考以下的 HTML 檔案及 CSS 檔案設定：

範例 ch10/grid1/style.css

```
@charset "UTF-8";
.container {
    display: grid;
}
.item {
    background: #bb0;
    color: #0ff;
    margin: 15px;
    padding: 15px;
}
```

【執行結果】

10-2-1　網格項目的寬高與空隙設定

　　從上圖的執行結果可以看出目前子項目的排列方式是由上而下，接著我們就可以利用 grid-template-columns 屬性來設定網格子項目的寬度，並利用 grid-template-rows 屬性來設定網格子項目的高度。同時可以利用 grid-gap 屬性來設定網格子項目的格線間距的寬度。例如以下的 HTML 檔案中建立一個包含一個父元素的 div 標籤和 8 個子元素的 div 標籤，這個 HTML 檔案會套用「style.css」的樣式設定：

範例 ch10/grid2/index.htm

```
<!doctype html>
<html lang="zh-TW">

<head>
    <meta charset="UTF-8">
    <title>各種 Layout</title>
    <link rel="stylesheet" href="style.css">
</head>

<body>
    <div class="container">
        <div class="item">1.Java</div>
        <div class="item">2.C語言</div>
        <div class="item">3.C++</div>
        <div class="item">4.Python</div>
        <div class="item">5.JavaScript</div>
        <div class="item">6.Visual C#</div>
        <div class="item">7.App Inventor</div>
        <div class="item">8.Scratch</div>
    </div>
</body>
</html>
```

　　而以下的 CSS 設定檔中指定了用 CSS grid 屬性來進行網格版面的排版方式，並且以 grid-template-columns 屬性來設定網格子項目的寬度為 200px，同時以 grid-template-rows 屬性來設定網格子項目的高度為 200px，而以 grid-gap 設定網格子項目的格線間距的寬度為 10px。

範例 ch10/grid2/style.css

```
@charset "UTF-8";
.container {
    display: grid;
    grid-template-columns:200px 200px 200px 200px;
    grid-template-rows:200px 200px;
    grid-gap:10 px;
}
.item {
    background: #bb0;
    color: #0ff;
    margin: 15px;
    padding: 15px;
}
```

【執行結果】

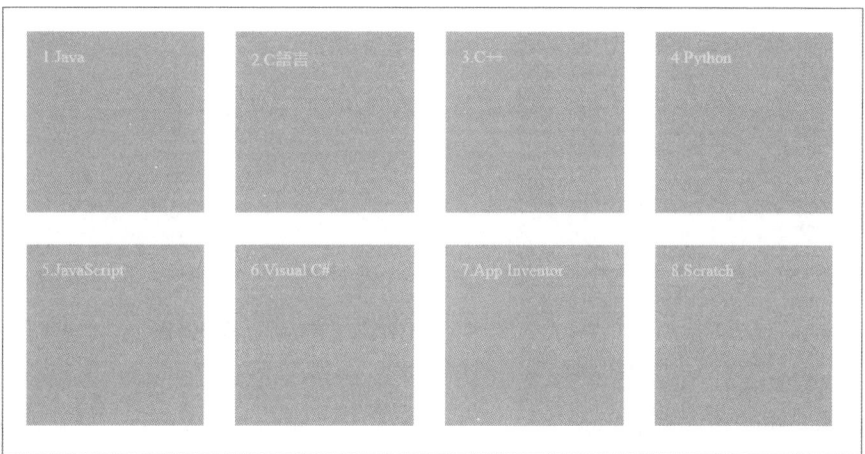

　　上例是以 px 來作為指定寬度的單位，其實使用 CSS 網格配置排版時，還可以使用「fr」這個單位，其原意是 fraction，意指用比例的方式來描述父元素與子元素兩者之間大小比例關係。例如以下的 HTML 檔案中建立一個包含一個父元素的 div 標籤和 8 個子元素的 div 標籤，這個 HTML 檔案會套用「style.css」的樣式設定：

範例 ch10/grid3/index.htm

```
<!doctype html>
<html lang="zh-TW">

<head>
    <meta charset="UTF-8">
    <title>各種 Layout</title>
    <link rel="stylesheet" href="style.css">
</head>

<body>
    <div class="container">
        <div class="item">1.Java</div>
        <div class="item">2.C語言</div>
        <div class="item">3.C++</div>
        <div class="item">4.Python</div>
        <div class="item">5.JavaScript</div>
        <div class="item">6.Visual C#</div>
        <div class="item">7.App Inventor</div>
        <div class="item">8.Scratch</div>
    </div>
</body>

</html>
```

以下的 CSS 設定檔中指定了用 CSS grid 屬性來進行網格版面的排版方式，並且以 grid-template-columns 屬性來設定網格子項目的寬度為 1fr，同時以 grid-template-rows 屬性來設定網格子項目的高度為 200px，而以 grid-gap 設定網格子項目的格線間距的寬度為 10px。

範例 ch10/grid3/style.css

```
@charset "UTF-8";
.container {
    display: grid;
    grid-template-columns:1fr 1fr;
    grid-template-rows:200px 200px 200px 200px;
    grid-gap:10 px;
}
```

```
.item {
    background: #bb0;
    color: #0ff;
    margin: 15px;
    padding: 15px;
}
```

【執行結果】

10-3 完整網頁內容外觀預覽

本章將練習 HTML5 的語意標記加上 CSS3 來排版，並運用前面所學的各種語法來完成一個格狀式網頁，包括網頁的標題圖片區塊、格狀式網頁及網頁的頁尾（Footer）區塊。以下為經過 CSS 樣式美化之後，完成的網頁最終成果外觀：

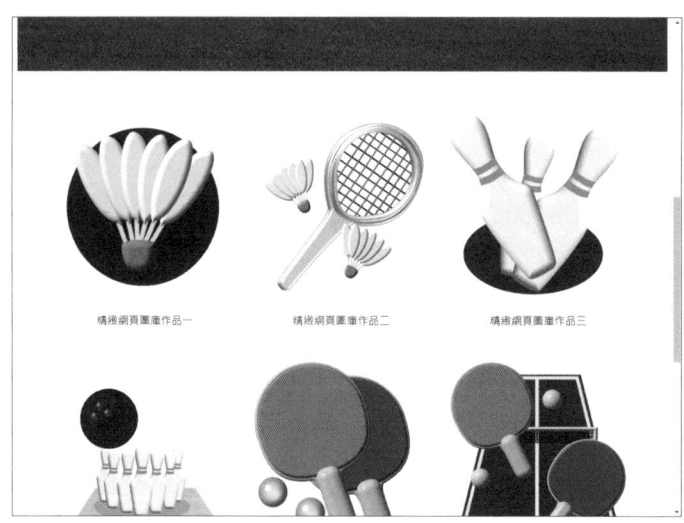

本範例所使用的圖檔在本章範例檔的「/images」資料夾裡都可以找到。

本範例所使用的 CSS 的樣式設定檔在「/css/ style.css」資料夾裡都可以找到。

以下為完整的「grid-example.html」檔案內容程式碼：

```
<!DOCTYPE html>
<html lang="zh-Hant-TW">
    <head>
        <meta charset="utf-8">
        <title>磚牆式版面示範</title>
        <meta name="description" content="各類圖片的介紹">

    <!-- CSS -->
        <link href="css/style.css" rel="stylesheet">
    </head>


    <body>
      <div id="draw" class="big-bg">
        <div class="draw-content wrapper">
            <h2 class="page-title">網頁美工圖庫</h2>
            <p>
                網頁製作已經可以說是現代資訊人必備的技能，但是網頁整體的美術設計及風
                格統一，向來讓不懂美工的網頁設計者傷透腦筋。市面上圖庫不計其數，
                而只有本圖庫是針對網頁設計者的需求所企劃製作。
```

```
            </p>
        </div>
    </div><!-- /#draw -->

    <!-- 建立磚牆式版面 -->
    <div class="wrapper grid">
        <div class="graph">
            <img src="images/001.jpg" alt="">
            <p>精緻網頁圖庫作品一</p>
        </div>
        <div class="graph">
            <img src="images/002.jpg" alt="">
            <p>精緻網頁圖庫作品二</p>
        </div>
        <div class="graph">
            <img src="images/003.jpg" alt="">
            <p>精緻網頁圖庫作品三</p>
        </div>
        <div class="graph">
            <img src="images/004.jpg" alt="">
            <p>精緻網頁圖庫作品四</p>
        </div>
        <div class="graph">
            <img src="images/005.jpg" alt="">
            <p>精緻網頁圖庫作品五</p>
        </div>
        <div class="graph">
            <img src="images/006.jpg" alt="">
            <p>精緻網頁圖庫作品六</p>
        </div>
        <div class="graph">
            <img src="images/007.jpg" alt="">
            <p>精緻網頁圖庫作品七</p>
        </div>
        <div class="graph">
            <img src="images/008.jpg" alt="">
            <p>精緻網頁圖庫作品八</p>
        </div>
        <div class="graph">
            <img src="images/009.jpg" alt="">
            <p>精緻網頁圖庫作品九</p>
        </div>
    </div><!-- /.grid -->

    <footer>
```

```
        <div class="wrapper">
            <p><small>ZCT Company</small></p>
        </div>
    </footer>

    </body>
</html>
```

以下為完整的「style.css」檔案內容程式碼：

```css
@charset "UTF-8";

/* 共通部分
------------------------------ */
html {
    font-size: 100%;
}
body{
    font-family: :Arial, Helvetica,  sans-serif,微軟正黑體;
    line-height: 1.7;
    color: #432;
}
a {
    text-decoration: none;
}
img {
    max-width: 100%;
}

p {
    text-align: center;
}

.wrapper {
    max-width: 1100px;
    margin: 0 auto;
    padding: 0 6%;
}

/* 標題 */
.page-title {
    font-size: 5rem;
    font-family: sans-serif,微軟正黑體;
    font-weight: bold;
```

```
}

/* 大型背景影像 */
.big-bg {
    background-size: cover;
    background-position: center top;
    background-repeat: no-repeat;
}

/* draw
---------------------------- */
#draw {
    background-image: url(../images/draw-bg.jpg);
    min-height: 100vh;
}
.draw-content {
    max-width: 560px;
    margin-top: 10%;
}
.draw-content .page-title {
    text-align: center;
}
.draw-content p {
    font-size: 1.125rem;
    margin: 10px 0 0;
}

.grid {
  display: grid;
  gap: 26px;
  grid-template-columns: 1fr 1fr 1fr;
  margin-top: 6%;
  margin-bottom: 50px;
}

/* 頁尾
---------------------------- */
footer {
    background: #432;
    text-align: center;
    padding: 26px 0;
}
```

製作網頁時，應該先規劃好網頁架構及版面安排，通常網頁版面可以劃分為幾個區塊，包含「標題區塊」、「格狀式版面」及「頁尾區塊」，如下圖：

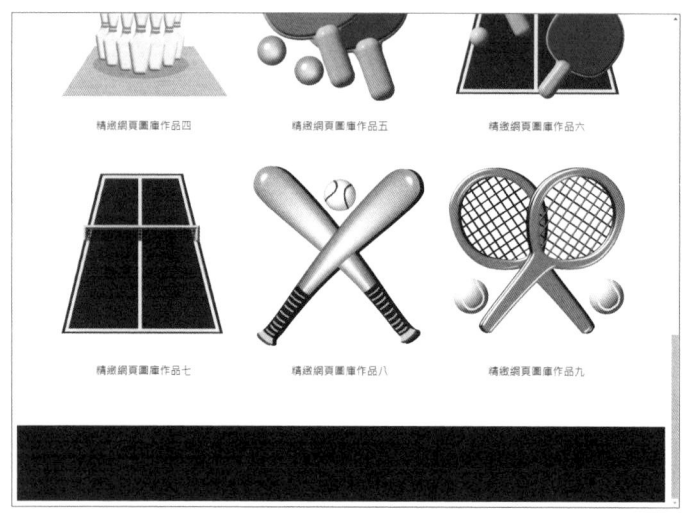

請根據上面的「grid-example.html」檔案的內容，跟著以下的說明將語意標記加入「grid-example.html」檔的適當位置。首先參考以下的語法加入本網頁頭的組成：

```
<head>
    <meta charset="utf-8">
    <title>磚牆式版面示範</title>
    <meta name="description" content="各類圖片的介紹">
    <!-- CSS -->
        <link href="css/style.css" rel="stylesheet">
</head>
```

10-4 製作網頁的標題背景圖

網頁的標題背景圖所使用的標記語法如下：

```
<div id="draw" class="big-bg">
<div class="draw-content wrapper">
        <h2 class="page-title">網頁美工圖庫</h2>
        <p>
                網頁製作已經可以說是現代資訊人必備的技能，但是網頁整體的美術設計及風
                格統一，向來讓不懂美工的網頁設計者傷透腦筋。市面上圖庫不計其數，
                而只有本圖庫是針對網頁設計者的需求所企劃製作。
        </p>
    </div>
</div><!-- /#draw -->
```

10-5 製作網頁的網格狀版面

我們在 <div id="draw" class="big-bg"> 和「footer」區塊之間加入一個 <div> 標籤，接著我們會在這個 <div> 標籤內安排 9 個 <div> 標籤，並插入各網格狀版面所要的圖片及該圖片的文字說明，如以下的語法所示：

```
<div class="wrapper grid">
    <div class="graph">
        <img src="images/001.jpg" alt="">
        <p>精緻網頁圖庫作品一</p>
    </div>
    <div class="graph">
        <img src="images/002.jpg" alt="">
        <p>精緻網頁圖庫作品二</p>
    </div>
    <div class="graph">
        <img src="images/003.jpg" alt="">
        <p>精緻網頁圖庫作品三</p>
    </div>
    <div class="graph">
        <img src="images/004.jpg" alt="">
```

```
            <p>精緻網頁圖庫作品四</p>
        </div>
        <div class="graph">
            <img src="images/005.jpg" alt="">
            <p>精緻網頁圖庫作品五</p>
        </div>
        <div class="graph">
            <img src="images/006.jpg" alt="">
            <p>精緻網頁圖庫作品六</p>
        </div>
        <div class="graph">
            <img src="images/007.jpg" alt="">
            <p>精緻網頁圖庫作品七</p>
        </div>
        <div class="graph">
            <img src="images/008.jpg" alt="">
            <p>精緻網頁圖庫作品八</p>
        </div>
        <div class="graph">
            <img src="images/009.jpg" alt="">
            <p>精緻網頁圖庫作品九</p>
        </div>
</div><!-- /.grid -->
```

這部份所設定的排版樣式可以參考 CSS 檔案中相關的樣式設定，內容如下：

```
.wrapper {
    max-width: 1100px;
    margin: 0 auto;
    padding: 0 6%;
}

.grid {
  display: grid;
  gap: 26px;
  grid-template-columns: 1fr 1fr 1fr;
  margin-top: 6%;
  margin-bottom: 50px;
}
```

10-6 製作網頁的頁尾區塊

頁尾區使用 <footer> 標記，通常用來放置聯絡方式或版權宣告。語法如下。請在 <div id="news" class="big-bg"> 這個區塊下面，也就是 </body> 這個結束標籤的前面加入我們要製作網頁的頁尾區塊，頁尾的語法是用 <footer> 及 </footer> 所包圍的內容。

```
<footer>
    <div class="wrapper">
    <p><small> ZCT Company</small></p>
    </div>
</footer>
```

以下為頁尾的相關 CSS 排版樣式的設定：

```
/* 頁尾
-------------------------------- */
footer {
    background: #432;
    text-align: center;
    padding: 26px 0;
}
```

NOTE

11

表單綜合範例應用——
線上購物表單

　　這個範例是將前面所學到的表單元件功能，運用到線上購物表單的設計之中，各位可以自行練習完成如下的表單，如果有不清楚的地方，再來參考範例的程式碼。

- 來源資料：title.jpg

- 完成檔案：buy.htm

- 顯示結果：

11-1 程式說明

　　我們將先針對製作步驟作一簡要說明，首先在紙上構思好表單上所要呈現的資料有哪些。例如本例中會在表單開頭加入插圖，在 HTML5 文件中先加入插圖「title.jpg」作為標題。

油漆式速記多國語言雲端系統
你想學的各國語言，這裡都有！
地表上最強速記單字神器
購買雲端帳號：
一年期會員1,200元，三年期會員3,000元。

　　接著加入 <form></form> 標記。依照分組先設定 <fieldset> </fieldset> 標記，並以 <legend> </legend> 設定分組標題。這個範例有下列三種分組設定：

　　其中「會員基本資料」區塊，包括了「會員帳號」及「會員密碼」的文字方塊。如下圖所示：

```
┌─會員基本資料──────────────────────────────────┐
│  會員帳號：[                    ]                      │
│  會員密碼：[                    ]                      │
└───────────────────────────────────────────┘
```

　　其中「購買品項」區塊，包括了「全腦速記台語中高級檢定」、「全腦速記新多益英語檢定」及「全腦速記學測考試精選」三項產品，每一種產品都分別有「電腦版」及「網路版」兩種模式的軟體，並分別以核取方塊的方式，提供使用進行勾選。如下圖所示：

```
┌─購買品項──────────────────────────────────────┐
│  全腦速記台語中高級檢定：□電腦版 □網路版                    │
│  全腦速記新多益英語檢定：□電腦版 □網路版                    │
│  全腦速記學測考試精選：□電腦版 □網路版                      │
└───────────────────────────────────────────┘
```

　　而「其他說明」區塊，包括了「付款方式」及「訊息及意見表達」的文字方塊。如下圖所示：

```
┌─其他說明──────────────────────────────────────┐
│  付款方式： ○郵局劃撥 ○銀行匯款                          │
│  訊息及意見表達：                                     │
│  ┌──────────────────────────────────┐     │
│  │                                        │     │
│  │                                        │     │
│  │                                        │     │
│  └──────────────────────────────────┘     │
└───────────────────────────────────────────┘
```

　　本表單範例中的各項資料以 <input> 標記的 type 來處理，而「訊息及意見表達」則以 <textarea> </textarea> 來處理。而段落設定則以 <p> 和
 做調整。

11-2 完整程式碼

```
<!DOCTYPE html>
<html lang="zh-TW">
<head>
    <title>油漆式速記法線上購物表單</title>
    <meta charset="utf-8">
</head>

<body>
<img src="title.jpg" with="960" hight="123">
<form method="post" action=" " enctype="text/plain">
<fieldset>
    <legend>會員基本資料</legend>
    會員帳號：<input type="text" name="username">
    <br>
    會員密碼：<input type="password" name="password" size="20">
</fieldset>
<p>
<fieldset>
    <legend>購買品項</legend>
    全腦速記台語中高級檢定：
    <input type="checkbox" name="Taiwanese" value="computer">電腦版
    <input type="checkbox" name="Taiwanese" value="web">網路版
    <br>
    全腦速記新多益英語檢定：
    <input type="checkbox" name="TOEIC" value="computer">電腦版
    <input type="checkbox" name="TOEIC" value="web">網路版
    <br>
    全腦速記學測考試精選：
    <input type="checkbox" name="GSAT" value="computer">電腦版
    <input type="checkbox" name="GSAT" value="web">網路版
    </fieldset>
<p>
<fieldset>
    <legend>其他説明</legend>
```

```
    付款方式：
    <input type="radio" name="pay" value="postoffice">郵局劃撥
    <input type="radio" name="pay" value="bank">銀行匯款
    <br>
    訊息及意見表達：
    <br>
    <textarea rows="8" name="opinion" cols="80"></textarea>
</fieldset>
<p>
<input type="submit" value="送出" />
<input type="reset" value="重寫" />
</form>
</body>
</html>
```

NOTE

12

HTML 網頁的
SEO 視角

　　網路行銷是一種涵蓋十分廣泛的商業交易，許多商家或個人都能透過網路的便利性提供一個新的經營模式來行銷或賺錢，透過網站服務在地化，等於直接將店面開在你家門口，隨著數位交易機制的進步，24 小時購物似乎已經是一件稀鬆平常的事了，對企業面而言，越來越多的網路競爭下，網站設計與推廣也更為重要。

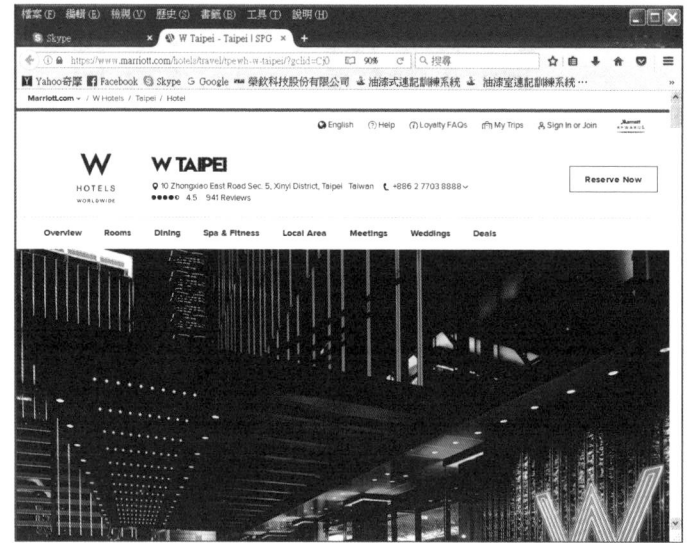

🌐 網站優化設計是網路集客與 SEO 優化的第一要務

　　一個好的電商網站不只是侷限於有動人內容，網站設計、編排和載入速度、廣告版面和表達型態都是影響訪客瀏覽的關鍵因素，店家如何開發出符合消費者習慣的介面與系統機制，也是網路行銷人員的一門重要課題，不論您是為了提升品牌知名度或增加訂單，無非是自身網站能夠被越多的潛在顧客看見，許多品牌及電商雖然已架設網站，可卻缺乏了妥善的網站 SEO 操作，導致網站淪為廣告門面，甚至毫無曝光效果。

TIPS 透過瀏覽器在 Web 上所看到的每一個頁面都可以稱為網頁（Web Page），網頁可分為「靜態網頁」與「動態網頁」兩種，通常網頁內容只呈現文字、圖片與表格，這類網頁就屬於靜態網頁，如果 HTML 語法再搭配 CSS 語法等等，不僅能讓網頁產生絢麗多變的效果，而且還能與瀏覽者進行互動，就屬於動態網頁。

12-1 搜尋引擎最佳化

　　網站流量一直是網路行銷中相當重視的指標之一，而其中一種能夠相當有效增加流量的方法就是「搜尋引擎最佳化」（Search Engine Optimization, SEO），根據統計調查，Google 搜尋結果第一頁的流量占據了 90% 以上，第二頁則驟降至 5% 以下。搜尋引擎最佳化也稱作搜尋引擎優化，是讓網站在搜尋引擎中取得排名優先的方式，終極目標就是要讓網站在搜尋引擎結果頁（SERP）排名能夠到達第一。簡單來說，SEO 就是運用一系列的方法，利用網站結構調整配合內容操作，讓搜尋引擎認同你的網站內容，同時對你的網站有好的評價，就會提高網站在 SERP 內的排名。

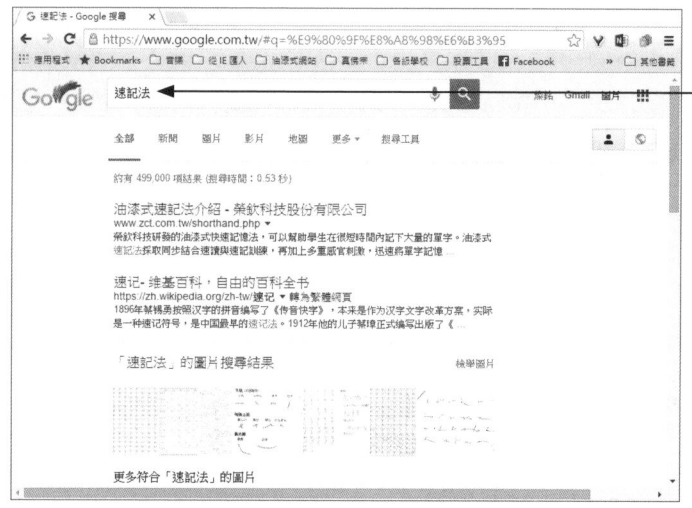

在此輸入速記法，會發現榮欽科技出品的油漆式速記法排名在第一位

🔵 **SEO 優化後的搜尋排名**

TIPS 　搜尋引擎結果頁（Search Engine Results Page, SERP）指經過搜尋引擎在內部網頁資料庫查詢後，所呈現給用戶的自然搜尋結果的清單頁面，SERP 的排名當然是越前面越好，終極目標就是要讓網站的排名能夠到達第一。

　　店家或品牌導入 SEO 不僅僅是為了提高在搜尋引擎的排名，主要是用來調整網站體質與內容，整體優化效果所帶來的流量提高及獲得商機，其重要性要比排名順序高上許多。對消費者而言，SEO 是搜尋引擎的自然搜尋結果，SEO 可以自己做，不用花錢去買，與關鍵字廣告不同，使網站排名出現在自然搜尋結果的前面，SEO 操作無法保證可以在短期內提升網站流量，必須持續長期進行，坦白說，SEO 沒有捷徑，只有不斷經營。通常點閱率與信任度也比關鍵字廣告來得高，進而讓網站的自然搜尋流量增加與增加銷售的機會。通常我們會將 SEO 分類為以下三種不同模式。

12-1-1　白帽 SEO

　　做好 SEO 可以省下許多行銷費用，但是這不是一兩天功夫就能看出成果的工作，所謂「白帽 SEO」（White Hat SEO）是腳踏實地來經營 SEO，也就是以正當方式優化 SEO，核心精神是只要對用戶有實質幫助的內容，排名往前的機會就能提高，例如加速網站開啟速度、選擇適合的關鍵字、優化使用者體驗、定期更新貼文、行動網站優先、使用較短的 URL 連結等，藉此幫助網站提升排名，盡力滿足搜尋引擎要替用戶帶來優質體驗的目標。

12-1-2　黑帽 SEO

　　「黑帽」一詞與「白帽」是相對比較的說法，所謂「黑帽 SEO」（Black Hat SEO）是指有些手段較為激進的 SEO 做法，透過欺騙或隱瞞搜尋引擎演算法的方式，獲得排名與免費流量，常用的手法包括建立無效關鍵字的網頁、隱藏關鍵字、關鍵字填充、購買舊網域、不相關垃圾網站建立連結或付費購買連結等。不過利用黑帽 SEO 技術，雖然有可能在短時間內提升排名，但只要讓 Google 發現，輕則排名會急速下降外，重則可能被完全刪除排名，也就是再也搜尋不到。

12-1-3　灰帽 SEO

所謂「灰帽 SEO」（Gray Hat SEO）就是一種介於黑帽 SEO 跟白帽 SEO 的優化模式，簡單來說，就是會有一點投機取巧，卻又不會嚴重的犯規，用險招讓網站承擔較小風險，遊走於規則的「灰色地帶」，因為這樣可以利用某些技巧來提升網站排名，同時又不會被搜尋引擎懲罰到，例如一些連結建置、交換連結、適當反覆使用關鍵字（盡量不違反 Google 原則）以及改寫別人文章，不過仍保有一定可讀性，也是目前很多 SEO 團隊比較偏好的優化方式。

12-2 搜尋引擎的演算邏輯

網路上知名的三大搜尋引擎 Google、Yahoo、Bing，每一個搜尋引擎都有各自的演算法與不同功能，網友只要利用網路來獲得資訊，大家所得到的資訊就會更加平等，搜尋引擎經常進行演算法更新，都是為了讓使用者在進行關鍵字搜尋時，搜尋結果能夠更符合使用者目的。

🌐 微軟推出的新一代搜索引擎— Bing

　　例如 Bing 是一款微軟公司推出取代 Live Search 的搜索引擎，市場目標是與 Google 競爭，最大特色在於將搜尋結果依使用者習慣進行系統化分類，而且在搜尋結果的左側，列出與搜尋結果串連的分類。對於多媒體圖片或視訊的查詢，也有其貼心獨到之處，只要使用者將滑鼠移到圖片上，圖片就會向前凸出並放大，還會顯示類似圖片的相關連結功能，而把滑鼠移到影片的畫面時，立刻會跳出影片的預告，喜歡再點選可轉到較大畫面播放。

12-2-1　搜尋引擎運作原理

　　Google 搜尋引擎平時最主要的工作就是在 Web 上爬行並且索引數千萬字的網站文件、網頁、檔案、影片、視訊與各式媒體，例如 Google 的 Spider 程式與爬蟲（Web Crawler），會主動經由網站上的超連結爬行到另一個網站，並收集該網站上的資訊，最後將這些網頁的資料傳回 Google 伺服器。請注意！開始搜尋主要是搜尋之前建立與收集的索引頁面（Index Page），不是真的搜尋網站中所有內容的資料庫，而是根據頁面關鍵字與網站相關性判

　🔵 Google 就是超級網路圖書館的管理員

斷，一般來說會由上而下列出，如果資料筆數過多，則會分數頁擺放。接下來就是網頁內容做關鍵字的分類，再分析網頁的排名權重，所以當我們打入關鍵字時，就會看到針對該關鍵字所做的相關 SERP 頁面的排名。

12-2-2　認識搜尋引擎演算法

　　為了避免許多網站過度優化，搜尋演算機制一直在不斷改進升級，Google 有非常完整的演算法來偵測作弊行為，千萬不要妄想投機取巧。Google 的目的就是為了全面打擊惡意操弄 SEO 搜尋結果的作弊手法在市場上持續作怪，所以每次搜尋引擎排名規則的改變都會在網站之中引起不小的騷動。各位想做好 SEO，就必須認識 Google 演算法，並深入了解 Google 搜尋引擎的運作原理。

🔵 Search Console 能幫網頁檢查是否符合 Google 的演算法

　　隨著搜尋引擎的演算法不斷改變，SEO 操作仍能提供相當大的網站流量，只是 Google 經過不斷的更新，變得越來越聰明。關於 Google 演算法的修改，還是源自於三個最核心的動物演算法的修改：熊貓、企鵝、蜂鳥，透過了解搜尋引擎演算法、優化網站內容與使用者體驗，自然就越有機會獲得較高的流量。以下是三種演算法的簡介。

熊貓演算法

　　熊貓演算法（Google Panda）主要是一種確認優良內容品質的演算法，負責從搜索結果中刪除內容整體品質較差的網站，目的是減少內容農場或劣質網站的存在，例如有複製、抄襲、重複或內容不良的網站，特別是避免用目標關鍵字填充頁面或使用不正常的關鍵字用語，這些將會是熊貓演算法首要打擊的對象，只要是原創品質好又經常更新內容的網站，一定會獲得 Google 的青睞。

企鵝演算法

　　企鵝演算法（Google Penguin）主要是為了避免垃圾連結與垃圾郵件的不當操縱，並確認優良連結品質的演算法，Google 希望網站的管理者應以產生優質的外部連結為目的，垃圾郵件或是操縱任何鏈接都不會帶給網站額外的價值，不要只是為了提高網站流量、排名，刻意製造相關性不高或虛假低品質的外部連結。

蜂鳥演算法與大腦演算法

　　蜂鳥演算法（Google Hummingbird）與熊貓演算法和企鵝演算法模式不同，主要是加入了自然語言處理（Natural Language Processing, NLP）的方式，讓 Google 使用者的查詢，與搜尋結果更精準且快速，還能打擊過度關鍵字填充，為大幅改善 Google 資料庫的準確性，針對用戶的搜尋意圖進行更精準的理解，去判讀使用者的意圖，期望是給用戶快速精確的答案，而不再只是一大堆的相關資料。

　　大腦演算法（RankBrain）算是蜂鳥演算法的補充加強版，Google 之所以能精準回答用戶的問題，這也就是拜 RankBrain 所賜，借用 AI 的機器學習（Machine Learning）模式，主要工作分析使用者的搜尋需求與意圖，用來幫助 Google 產生搜尋頁面的結果，讓跳出來的搜尋結果更符合使用者想要的內容，並且幫助 Google 提供用戶更精準與完美的搜尋體驗。

> **TIPS** 所謂自然語言處理（Natural Language Processing, NLP）就是讓電腦擁有理解人類語言的能力，也是一種藉由大量的文本資料搭配音訊數據，並透過複雜的數學聲學模型（Acoustic model）及演算法來讓機器去認知、理解、分類並運用人類日常語言的技術。
>
> 機器學習（Machine Learning）是人工智慧與大數據發展下的進程，機器透過演算法來分析數據、在大數據中找到規則，可以發掘多資料元變動因素之間的關聯性，進而自動學習並且做出預測，充分利用大數據和演算法來訓練機器。

12-3 HTML 標籤 SEO 相關常識

　　HTML（HyperText Markup Language，超文字標記語法）是一種純文字型態的檔案，並不是一種「程式」語言，簡單來說，它以一種標記的方式來告知瀏覽器該用何種方式來將文字、圖像、選單等網站結構多媒體資料呈現於網頁之中，是一種用於建立網頁的基礎語法，因為這類 HTML 構成的網頁文件並不具有動態變化能力,所以也稱之為「靜態網頁」。通常網頁的主檔名為 index 或 default,副檔名則為 htm、html 等。HTML 文件像一般文字檔一樣,可用任何文書編輯器(例如記事本)來編輯產生。編輯完成後只要存成 .htm 或 .html 的檔案格式就可以使用瀏覽器開啟瀏覽該份文件。

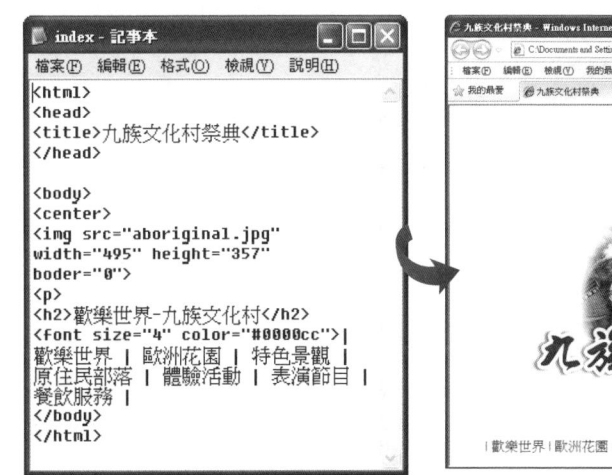

🔘 Google 網路爬蟲看的是 HTML 網頁原始碼

　　相信許多行銷菜鳥在接觸 SEO 時,所遇到最大的門檻就是沒有 HTML 網頁的基礎觀念,由於 HTML 語法掌管網站的呈現與搜尋引擎爬取的結果,各位如果想要完整了解 SEO 操作,首先就要對 HTML 語言有一定程度了解。因為進行 SEO 設定時,不但要檢查 HTML 網頁內容,也會需要利用 HTML 標籤來進行深入的優化設定,由於網頁是由許多 HTML 標籤所構成,有些 HTML 標籤對 Google 演算法有較高的影響力,以下我們將會為各位介紹。

12-3-1　HTML 與 SEO 關連性初體驗

　　我們知道 HTML 文件主要藉由標籤(Tags)來標示文件中語法的開始與結束。除了 <p>、
、<hr>、<img> 等之外,大部分的標記都是成雙成對,分別宣告該語法的開始與結束,在使用上並無大小寫之分。

其中標題標籤（Title）常放置於 <head>…</head> 之間，用來表達網頁標題的資訊，這部分是 Google 最先看到的區塊，清楚的規劃非常重要，在 SEO 搜尋排名占了非常重要的因素，是爬蟲第一個檢索到的要素，就好像是一本書的書名，不僅是決定使用者第一眼的印象，這裏更是放置關鍵字最佳的位置。格式如下：

```
<head>
<title>油漆式速記法 - 榮欽科技</title>
</head>
```

設置網頁標題可以幫助爬蟲將網頁做初步歸納，這有助於搜尋引擎清楚「關鍵字」與「網頁內容」之間的關聯性，除了搜尋結果頁面，網頁標題還會出現在網頁瀏覽器上。請注意！標題標籤中務必出現這個頁面的關鍵字或者關鍵字片語。

至於 meta description 即是「描述標籤」，和網頁標籤是形影不離，互利共生的好兄弟！描述標籤主要是註解網頁重要資訊給搜尋引擎，可以用來簡短描述網頁內容的，例如網站的敘述，包含公司名稱、主要產品和關鍵字等。好好撰寫一段簡潔、讓使用者容易了解的描述，對於搜尋引擎會有很大的吸引力，好像一本書的封面封底說明文。這區間內的文字也會顯示在搜尋結果裡面，並不會呈現在網頁上被使用者看到，只有在原始碼和搜尋結果中才能看到，其中的文字不會影響網頁的呈現效果。meta description 格式如下：

```
<head>
<meta name="description" content="油漆式速記法是一種在潛移默化中喚起大腦潛能的記憶法。">
</head>
```

12-3-2　SEO 相關的重要標籤

HTML 是由一堆標籤所組成的網頁架構，例如 <head></head> 標籤是用來辨識一個頁面的關鍵區塊的方式，搜尋引擎將他們當成線索，來釐清一個頁面的內容。標題字的變化可以提高瀏覽者的注意力，是代表網頁內容的標題，就像文章標題。

在 HTML 語法中是以 <h> 表示開始，</h> 表示結束，從最大的 <h1> 到最小的 <h6>，共有 6 種選擇。例如：<h1>…</h1>。如果在網頁內文中提到了重點關鍵字，建議最好設置粗體，使爬蟲程式更快找到網站重點，這也會吸引搜尋者的眼球。其中 h1 在 SEO 中占有相當重要的地位，是一個頁面的主要標題，重要性僅次於 title，也是引導訪客進一步瀏覽頁面的重要元素，所以將網頁內目標關鍵字規劃在 <h1> 中是相當重要的，而一個網頁只能有一個 h1 標籤。下一個層級的標題，則是使用 h2 標籤。善用標頭標籤 h1-h6（<h1>、<h2>…），除了將字體放大，也可以強調文字的重要性與關聯性。

nav 標籤

只要是在網站內的導航區塊，都適合使用 <nav> 標籤，可以用來連結其他頁面，或者連結到網站外的網頁，例如主選單、頁尾選單等，能讓搜尋引擎把這個標籤內的連結視為重要連結，不過並不是所有的連結都需要包在 <nav> 標籤裡面，它僅適用於主要的導航連結。

nofollow 標籤

由於連結是影響搜尋排名的其中一項重要指標，nofollow 標籤就是用於向 Google 表示目前所處網站與特定網站之間沒有關連，這個標籤是在告訴搜尋引擎，不要前往這個連結指向的頁面，僅僅是提供資訊而已，也不要將這個連結列入權重。

```
<a href="網址" rel="nofollow">
```

strong 標籤

用以加強文字的效果，有點像粗體文字，不過 <b></b> 標籤雖然也會將包裹的內容文字變成是粗體字的效果，但是僅止於樣式的用途，不像是 <strong> 是用來強調一段內容特別重要，如果要在網頁內文中標示重點關鍵字，可以試著運用 <strong> 標籤告訴 Google 重點在哪裡。

12-3-3　圖片及超連結的 SEO 布局

　　圖片在網站中地位是非常重要，高品質的影片或圖片能更容易讓訪客了解商品內容，也是網站內容的一個重要附加價值，不但能吸引更多流量來源，也能提高使用者瀏覽體驗。在實際應用當中，網友對圖片的搜尋並不比網頁少，所以做好圖片優化是相當重要的工作。由於搜尋引擎非常重視關聯性，圖片檔案名稱建議使用具有相關意義的名稱，例如與關鍵字或是品牌相關的檔名，這也是圖片優化的技巧之一。

　　此外，越多人連結你的網站，代表可信度越高，連結（Link）是整個網路架構的基礎，網站中加入相關連結（Inbound Links），讓訪客可以進一步連到相關網頁，達到延伸閱讀的效果，還能留住使用者繼續瀏覽網站，減少網站跳出率，超連結所指向的網頁必須同樣是搜尋引擎演算法則下的優質文章，當然也是 SEO 的加分題。

　　在網頁中插入圖片的標記為 <img>，而超連結的標記為 <a></a>，以下來看看這兩個標記的用法。

標記	說明
<img>	加入圖片

<img> 屬性如下：

</> src 屬性

　　圖檔來源，可以使用 gif、jpg 以及 png 格式。若圖片檔與 HTML 文件檔放在同一個目錄中則只需寫上圖檔名稱，否則必須加上正確的路徑，例如：

```
<img src="pic01.jpg">
<img src="images/pic01.jpg">
```

`</>` width、height 屬性

設定圖片大小，圖片寬度及高度，一般是用 pixels 為單位，如果圖片大小為原圖大小則可省略此設定。

`</>` hspace、vspace 屬性

設定圖片邊緣空白的距離。hspace 是設定圖片左右的空白距離，vspace 則是設定圖片上下的空白距離，一般是用 pixels 為單位。

`</>` border 屬性

邊框大小。

`</>` align 屬性

設定圖片四周文字的位置。設定值有 top, middle, bottom, left, right。

`</>` alt 屬性

如果圖片壓縮後能顯示同樣效果，最好就要盡量用力壓縮圖片。alt 標籤可以建立圖片的替代文字，對於圖片的優化非常重要。Google 爬蟲擅長讀取文字而不是圖片，因此會在爬取網站時利用圖片標籤來辨認圖片內容，它們會讀取圖片標籤中的敘述文字，讓圖片與關鍵字產生關連，對於無法看到圖片的使用者理解圖片也十分有幫助。因此，設定符合網站內容或關鍵字的檔名與圖片描述，可確保使用者體驗，當然最後在網頁文章當中，利用關鍵字連結到圖片，也是對 SEO 有加分的作用。

`</>` lowsrc 屬性

預先載入低解析度圖片（通常是灰階圖形）。通常使用在圖檔較大的情況，因大圖載入時間較久，預先載入低解析度圖片，可以讓瀏覽者先大略知道原始圖片的樣式。

　　HTML 標籤裡，超連結是以 <a> 標記來表示，使用 "a" 標籤來定義文字的連結標記，告訴搜尋引擎後面的超連結與內容，而它還可再細分為「文字超連結」及「圖片超連結」兩種。當我們在網頁上按下超連結後，便會將瀏覽者帶到所指定的另一份網頁去。其屬性有 <href>、<name> 以及 <target> 三種。

屬性	說明
href 屬性	href 是設定所要連結的文件名稱，連結方式可分為「外部連結」以及「內部連結」兩種。 外部連結： <a href =" 檔名 #..."> 關鍵文字 </a> 內部連結： <a href =" #..."> 關鍵文字 </a> 在引號內的超連結表示我們將指向的網址 URL 或同一份文件內的連結點，該連結點還必須使用 name 屬性，可先在文件內設定好。
name 屬性	用來設定文件內部被連結點，該連結點並不會顯示在螢幕上，使用時必須搭配 href 參數來連結。其標記方式為： <a name=".."> 關鍵文字 </a>
target 屬性	按下連結之後指定顯示的視窗，可輸入的值有：框架名稱、_blank、_parent、_self 以及 _top。

`</>` href 屬性

　　href 是設定所要連結的文件名稱，連結方式可分為外部連結以及內部連結。外部連結是指連結到其他檔案，而內部連結指的是連結到同一份文件內的連結點，該連結點必須使用 name 屬性，可先在文件內設定好。

`</>` name 屬性

　　name 屬性用來設定文件內部被連結點，該連結點並不會顯示在螢幕上，使用時必須搭配 href 參數來連結，例如：

```
<a name="公司簡介">...<a>
<a href="#公司簡介">...</a>
```

其中「公司簡介」就是自行設定的連結點，href 屬性必須以「#」號來識別。

target 屬性

按下連結之後指定顯示的視窗，可輸入的值有：框架名稱、_blank、_parent、_self 以及 _top：

target=" 框架名稱 "	將連結結果顯示在某一個框架中，框架名稱是事先由框架標記所命名
target="_blank"	將連結結果顯示在新的視窗，也可以寫成 target="new"
target="_top"	通常是使用在有框架的網頁中，表示忽略框架而顯示在最上層
target="_self"	將連結結果顯示在目前的視窗（框架）中，此為 target 屬性的預設值

當搜尋引擎使用爬蟲分析網路上的頁面時，會抓取頁面上所有的連結，包括內部連結（Internal Link）與外部連結（External Link），因為搜尋引擎會評估連結的品質和數量。對於建立網站架構和傳遞連結權重來說，內部連結也是大大加分題。

> **TIPS**
>
> 「反向連結」（Back Link）或稱「外部連結」，就是從其他外部網站連到你的網站的連結，如果你的網站擁有優質的反向連結（例如：新聞媒體、學校、大企業、政府網站），代表你的網站越多人推薦，當反向連結的網站越多、就越被搜尋引擎所重視。就像有篇文章常被其他文章引用，可以想見這篇文章本身就評價不凡，這也是網站排名因素的重要一環。

所謂最佳化佈署內部連結，實際上就是在優化構築整個網站的架構，將相關的內容歸類在一起，避免加入沒有相關的連結，可以幫助網站建立訊息與訪客瀏覽的層級，特別是應用「錨點文字」（Anchor Text），能顯示可點擊的超連結文字或圖片，撰寫時要讓消費者一看就懂的語法，訪客只要點選超連結就可以跳到錨點所在位置，除了有助於內部的導覽，更強調了頁面的某個重點部份，在 SEO 排名上也有相當的助益，如果沒有另外撰寫錨點文字，網址就可能會作為該連結自己的錨點文字。

12-3-4　麵包屑導覽列

　　網站就如一棟四通八達的大賣場，裡面包羅萬象，若沒有好好的規劃環境「導覽列指標」絕對會影響到 SEO 的排名。麵包屑導覽列（Breadcrumb Trail），也稱為導覽路徑，是一種基本的橫向文字連結組合，透過層級連結來帶領訪客更進一步瀏覽網站的方式，讓用戶清楚知道自己在哪裡，可以快速跳到想到的分類或頁面，大幅提高網路爬蟲的瀏覽速度，也能讓內部連結增加。

　　許多網站在搜尋結果中的網址以麵包屑形式顯示網址或網站的結構，可以幫助使用者與搜尋引擎理解目前位置，對於使用便利性與搜尋引擎在檢索、理解網站內容時卻是非常重要又有效的功能，特別是方便訪客瀏覽並改善用戶體驗來說，是相當有幫助。例如經常在網頁上方位置看到：

「首頁 > 商品資訊 > 流行女飾 > 小資女必備 > 洋裝」

　　訪客可以經由「麵包屑」快速地回到該篇文章的上一層分類或主分類頁，也能夠讓搜尋引擎更清楚頁面層級關係，提高網頁易用性，特別是每一階層的文字要簡潔簡短與連結都必須是有效連結，如果在其中多埋入目標關鍵字，SEO 的效果會更好。

- 網頁可分為「靜態網頁」與「動態網頁」兩種，通常網頁內容只呈現文字、圖片與表格，這類網頁就屬於靜態網頁，如果 HTML 語法再搭配 CSS 語法語法等等，不僅能讓網頁產生絢麗多變的效果，而且還能與瀏覽者進行互動，就屬於動態網頁。

- 搜尋引擎最佳化（SEO）也稱作搜尋引擎優化，是讓網站在搜尋引擎中取得排名優先的方式，終極目標就是要讓網站在搜尋引擎結果頁（SERP）排名能夠到達第一。

- 搜尋引擎結果頁（Search Engine Results Page, SERP）指經過搜尋引擎在內部網頁資料庫查詢後，所呈現給用戶的自然搜尋結果的清單頁面，SERP 的排名當然是越前面越好，終極目標就是要讓網站的排名能夠到達第一。

- SEO 分類為以下三種不同模式：白帽 SEO（White Hat SEO）、黑帽 SEO（Black Hat SEO）、灰帽 SEO（Gray Hat SEO）。

- Google 搜尋引擎平時最主要的工作就是在 Web 上爬行並且索引數千萬字的網站文件、網頁、檔案、影片、視訊與各式媒體。

- 搜尋引擎演算法：熊貓演算法（Google Panda）、企鵝演算法（Google Penguin）、蜂鳥演算法（Google Hummingbird）與大腦演算法（RankBrain）。

- 自然語言處理（Natural Language Processing, NLP）就是讓電腦擁有理解人類語言的能力，也就是一種藉由大量的文本資料搭配音訊數據，並透過複雜的數學聲學模型（Acoustic Model）及演算法來讓機器去認知、理解、分類並運用人類日常語言的技術。

- 機器學習（Machine Learning）是機器透過演算法來分析數據、在大數據中找到規則，可以發掘多資料元變動因素之間的關聯性，進而自動學習並且做出預測，充分利用大數據和演算法來訓練機器。

- 標題標籤（Title）常放置於 <head>…</head> 之間，用來表達網頁標題的資訊，在 SEO 搜尋排名占了非常重要的因素，是爬蟲第一個檢索到的要素。

- 描述標籤主要是註解網頁重要資訊給搜尋引擎，可以用來簡短描述網頁內容的，例如網站的敘述，包含公司名稱、主要產品和關鍵字等。好好撰寫一段簡潔、讓使用者容易了解的描述，對於搜尋引擎會有很大的吸引力，好像一本書的封面封底說明文。

- h1 在 SEO 中占有相當重要的地位，是一個頁面的主要標題，重要性僅次於 title，也是引導訪客進一步瀏覽頁面的重要元素，所以將網頁內目標關鍵字規劃在 <h1> 中是相當重要的。

- 在網站內的導航區塊，都適合使用 <nav> 標籤，可以用來連結其他頁面，或者連結到網站外的網頁，例如主選單、頁尾選單等，能讓搜尋引擎把這個標籤內的連結視為重要連結。

- nofollow 標籤就是用於向 Google 表示目前所處網站與特定網站之間沒有關連，這個標籤是在告訴搜尋引擎，不要前往這個連結指向的頁面，僅僅是提供資訊而已，也不要將這個連結列入權重。

- 搜尋引擎非常重視關聯性，圖片檔案名稱建議使用具有相關意義的名稱，例如與關鍵字或是品牌相關的檔名，這也是圖片優化的技巧之一。

- 網站中加入相關連結（Inbound Links），讓訪客可以進一步連到相關網頁，達到延伸閱讀的效果，還能留住使用者繼續瀏覽網站，減少網站跳出率，超連結所指向的網頁必須同樣是搜尋引擎演算法則下的優質文章，當然也是 SEO 的加分題。

- alt 標籤可以建立圖片的替代文字，對於圖片的優化是非常重要。Google 爬蟲擅長讀取文字而不是圖片，因此會在爬取網站時利用圖片標籤來辨認圖片內容，它們會讀取圖片標籤中的敘述文字，讓圖片與關鍵字產生關連。

- HTML 標籤裡，超連結是以 <a> 標記來表示，使用 "a" 標籤來定義文字的連結標記，告訴搜尋引擎後面的超連結與內容，而它還可再細分為「文字超連結」及「圖片超連結」兩種。

- 當搜尋引擎使用爬蟲分析網路上的頁面時，會抓取頁面上所有的連結，包括內部連結（Internal Link）與外部連結（External Link），因為搜尋引擎會評估連結的品質和數量。對於建立網站架構和傳遞連結權重來說，內部連結也是大大加分題。

- 「反向連結」（Back Link）或稱「外部連結」，就是從其他外部網站連到你的網站的連結，如果你的網站擁有優質的反向連結（例如：新聞媒體、學校、大企業、政府網站），代表你的網站越多人推薦，當反向連結的網站越多、就越被搜尋引擎所重視。

- 麵包屑導覽列（Breadcrumb Trail），也稱為導覽路徑，是一種基本的橫向文字連結組合，透過層級連結來帶領訪客更進一步瀏覽網站的方式，讓用戶清楚知道自己在哪裡，可以快速跳到想到的分類或頁面，大幅提高網路爬蟲的瀏覽速度，也能讓內部連結增加。

評 量 時 間

選擇題

1. ( ) 下列何者不是 SEO 的分類模式？

   A. 紅帽 SEO   B. 白帽 SEO   C. 黑帽 SEO   D. 灰帽 SEO

2. ( ) 下列何者不是屬於搜尋引擎的演算法？

   A. 熊貓演算法   B. 企鵝演算法   C. 蜂鳥演算法   D. 爬蟲演算法

3. ( ) 下列何者超連結不是以 <a> 標記的屬性？

   A. link 屬性   B. href 屬性   C. name 屬性   D. target 屬性

4. ( ) 下列何者是用以取代 Live Search 的搜索引擎？

   A. Google   B. Bing   C. Yahoo   D. Openfind

簡答題

1. 什麼是「反向連結」？

2. 請簡介麵包屑導覽列（Breadcrumb Trail）？

3. 試比較「font」及「h1」-「h6」兩者間的不同。

4. HTML 標記中有四個屬性可以讓您選定文字顏色、連結字顏色、甚至您按下連結文字後的顏色變化，請說明之。

5. 請簡介 HTML 標籤的超連結功能。

6. 請簡述 title 標籤與 SEO 的關聯性。

7. 請簡介 alt 標籤。

8. 請簡介 nofollow 標籤。

9. 請簡介 Google 搜尋引擎運作原理。

10. 請簡介自然語言處理（NLP）。

NOTE

JavaScript 快速入門

　　JavaScript 是一種直譯式（Interpret）的描述語言，具有易學、快速、功能強大的特點，是目前相當熱門的程式語言。JavaScript 具有跨平台、物件導向、輕量的特性，通常會與其他應用程式搭配使用，最廣為人知的當屬 Web 程式的應用。例如 JavaScript 與 HTML 及 CSS 搭配撰寫 Web 前端程式就能透過瀏覽器讓網頁具有互動效果。

　　JavaScript 程式是在用戶端的瀏覽器直譯成執行碼，將執行結果呈現在瀏覽器上，不會增加伺服器的負擔，並且透過簡單的語法就能控制瀏覽器所提供的物件，輕輕鬆鬆就能製作出許多精采的動態網頁效果。

　　以下程式是很基本的 HTML 語法加上 JavaScript 語法，框起處使用 JavaScript 語法，其他程式碼則是 HTML 語法。

```
<!DOCTYPE HTML>
<html>
    <head>
    <title>一起學JavaScript</title>
    <meta charset="utf-8">
    <script>
    document.write("5+7=" + (5+7) + "<br>");        ← JavaScript 語法
    </script>
    </head>
</html>
```

　　您可以使用記事本開啟「exa」範例資料夾（博碩文化官網提供下載）的 testJS.htm 檔案，就能查看上述程式碼。由於 HTML 檔案會以預設瀏覽器開啟，新版的瀏覽器對 JavaScript 都能有很好的支援，當您快按兩下 testJS.htm 檔案，就會開起瀏覽器來執行，網頁就會顯示 5+7 的結果。第一行程式 <meta charset="utf-8"> 是用來告訴瀏覽器使用的編碼方式是 utf-8，避免中文字會呈現亂碼。

A-1 JavaScript 執行環境

撰寫程式之前最重要的就是設定好開發的環境與工具，雖然 JavaScript 只要有記事本就能夠寫程式，不過有些免費的程式碼編輯器具有即時預覽、以及用顏色區分不同程式碼等功能，能夠讓我們撰寫程式更加得心應手。

傳統的 JavaScript 運行環境只能夠在前端（用戶端）運行，Node.js 的出現讓 JavaScript 也能夠在後端（伺服器端）執行，本節將分別介紹 JavaScript 在前端與後端的測試及執行原理及方法，您可以自由選擇採用哪一種方式來執行程式。（為了方便在演算法的學習過程中，可以快速看到執行結果及修改程式，本書採用在 Node 執行環境下來擷取執行結果）

前面已示範了如何使用瀏覽器在執行 JavaScript，除此之外，我們也可以透過 Node.js 環境執行 JavaScript 程式碼，Node.js 是一個網站應用程式開發平台，採用 Google 的 V8 引擎，提供 ECMAScript 的執行環境。主要使用在 Web 程式開發，Node.js 具備內建核心模組並提供模組管理工具 NPM，安裝 Node.js 時 NPM 也會一併安裝，只要連上網路透過 NPM 指令就能下載各種第三方模組來使用，十分容易擴充。

JavaScript 的主要核心有兩個，一個是 ECMAScript 另一個是 DOM API，ECMAScript 主要定義程式語法、流程控制、資料型別、物件與函數、錯誤處理機制等基本語法，而 DOM API 則用來存取及改變網頁文件物件結構與內容。

以下將介紹如何在 Node.js 環境下執行 JavaScript 程式碼，您可以到 Node.js 官方網站下載安裝，Node.js 官方網站網址如下：https://nodejs.org/en/。

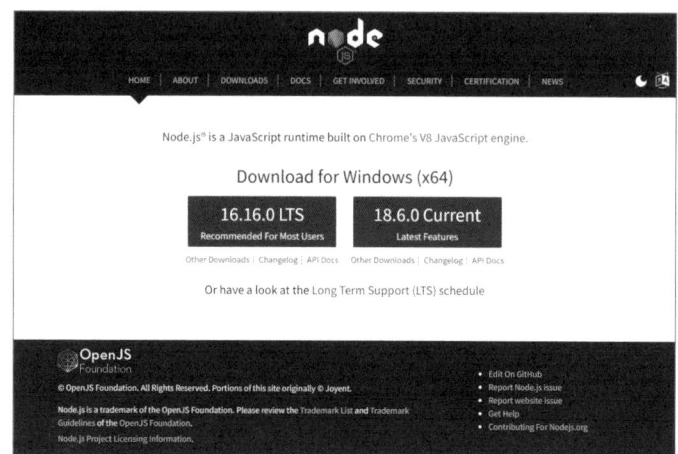

LTS（Long Term Support）版本通常是比較穩定的版本，如果您想試試 Node.js 建議您安裝 LTS 版本，只要跟著安裝精靈逐步安裝（不需更改設定），安裝精靈預設會在 path 環境變數配置 Node.js 路徑，您可以利用以下方式檢查 PATH 環境變數，Windows 系統的使用者可以在執行或搜尋輸入「cmd」，按下 Enter 鍵或直接啟動「命令提示字元」。請在命令提示字元視窗輸入「path」按下 Enter 鍵。

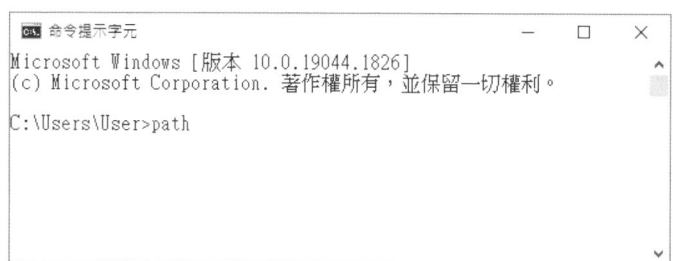

視窗會輸出一長串的 path 路徑，裡面包含「C:\Program Files\Node.js\」就表示 node.js 的 path 環境變數已經配置完成。

```
PATH=…;C:\Program Files\Node.js\;…..
```

Node.js 的指令要是在命令行（Command Line）運行，只要在命令提示字元視窗輸入「node」就能執行 Node.js 指令，接著請在命令提示字元視窗輸入「node -v」，視窗就會顯示 Node.js 的版本了。

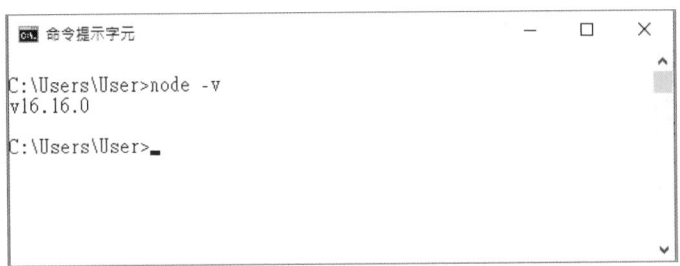

接著示範如何執行 JavaScript 程式，Node.js 提供了一個類似終端機模式的 REPL 環境（Read Eval Print Loop，稱為交互式開發環境），只要輸入 JavaScript 程式碼就能立即得到執行結果，很適合用來測試程式。

只要在命令提示字元視窗輸入「node」按下 Enter 鍵，出現 REPL 的提示字元（>），表示已經進入 REPL 環境。如下圖所示：

```
Microsoft Windows [版本 10.0.19042.985]
(c) Microsoft Corporation. 著作權所有，並保留一切權利。

C:\Users\USER>node
Welcome to Node.js v14.16.1.
Type ".help" for more information.
>
```

進入 REPL 環境之後就可以直接輸入 JavaScript 程式碼，例如要輸出「Hello World」字串，請直接輸入下列程式碼：

```
console.log("Hello World");
```

【執行結果】

```
Microsoft Windows [版本 10.0.19042.985]
(c) Microsoft Corporation. 著作權所有,並保留一切權利。

C:\Users\USER>node
Welcome to Node.js v14.16.1.
Type ".help" for more information.
> console.log("Hello World");
Hello World
undefined
>
```

由於在 REPL 環境不管輸入函數或變數,都會顯示它的返回值,由於 console.log() 方法並沒有返回值,因此輸出 Hello World 之後會接著顯示 undefined。

至於如果想要離開 REPL 環境,有兩種比較快速的方式:

- 輸入「.exit」。
- 按下 Ctrl+D。

除了在 REPL 環境執行 JavaScript 程式之外,您也可以將 JavaScript 程式碼先儲存成檔案,再透過 Node.js 來執行。例如請以 Windows 記事本開啟一個空白的純文字檔案,輸入「console.log ("Hello World");」,接著將檔案儲存,例如筆者此處示範是將檔案命名為 hello.js,並儲存在「D:\sample\exa」的目錄下。

接著透過透過 Node.js 來執行這個 JS 檔案,請在命令提示字元視窗先下達「cd sample」先切換到 sample 目錄。接著輸入下行指令:

```
D:\>cd sample
D:\sample>node exa/hello.js
```

【執行結果】

```
D:\>cd sample

D:\sample>node exa/hello.js
Hello World

D:\sample>
```

A-2 選擇程式的文字編輯器

不管您選擇使用瀏覽器或 Node.js 來測試 JavaScript 程式，都需要一個文字編輯器來編寫程式碼，並儲存成 JS 檔案來執行，其實 Windows 內建的記事本也可以，只是不太好用。通常程式碼編輯工具包括純文字編輯器或者是功能完善的 IDE（整合開發環境，Integrated Development Environment）。

純文字編輯器常見的有 EditPlus、NotePad++、PSPad、UltraEdit 等等，這類的文字編輯器，通常包含記事本的編輯功能，並具有程式碼著色與顯示行號等輔助功能。

其中 NotePad++ 是自由軟體，有完整的中文介面並且支援 Unicode 格式（UTF-8）和 JavaScript，包括幾項好用的功能：語法著色及語法摺疊功能、自動完成功能（Auto-completion）、自動補齊功能、同時編輯多重檔案、搜尋及取代…等功能，很適合用來撰寫 JavaScript 程式。以下是以 NotePad++ 的外觀：

A-3 基本資料處理

JavaScript 是一種描述語言（Script），在 HTML 語法用 <script></script> 標記來使用或嵌入 JavaScript 程式，各位只要將編輯好的文件儲存為 .htm 或 .html，就可以使用瀏覽器來觀看執行結果。JavaScript 基本語法架構如下：

```
<script type="text/javascript">

    JavaScript程式碼

</script>
```

由於 HTML5 的 script 預設值就是 JavaScript，所以也可以直接用 <script></script> 來使用 JavaScript 程式，以下來看一個簡單的範例。

範例 helloJS.htm

```
<script>
    document.write("JavaScript好簡單！");
</script>
```

【執行結果】

其中 document.write 是 JavaScript 的語法，功能是將括號 () 內容顯示在瀏覽器上，括號內使用單引號（'）或雙引號（"）將字串包起來。document 是一個 HTML 物件，而 write 是方法（Method）。

A-3-1　程式敘述與原生型別

　　JavaScript 程式是由一行行的程式敘述（Statements）組成，程式敘述包含變數、運算式、運算子、關鍵字以及註解等等，例如：

```
var x, y;
x = 8;
y = 5;
document.write( x + y );   //將兩個變數值相加後輸出
```

　　上述程式碼中的「註解」只是做為程式說明，並不會在瀏覽器顯示出來，註解程式碼可以讓程式碼更易讀也更容易維護。

　　JavaScript 語法的註解分為「單行註解」以及「多行註解」。

單行註解用雙斜線(//)

　　只要使用了 // 符號則從符號開始到該行結束都是註解文字。

多行註解用斜線星號（/*...註解...*/）

　　如果註解超過一行，只要在註解文字前後加上 /* 及 */ 符號就可以了。

　　當程式敘述結尾使用分號時，可以將敘述寫在同一行，例如前述程式可以如下表示：

```
var x, y; x = 8; y = 5; document.write( x + y );
```

　　不過，當遇到區塊結構時，會使用大括號「{}」來包圍程式敘述，很清楚定義出區塊程式的起始與結束，就不需要再加分號。

　　至於 JavaScript 原生型別包括字串（String）、數字（Number）、布林（Boolean）、undefined（未定義）和 null（空值），物件型別（Object）以及 Symbol（符號），以下將簡介幾個原生資料型態。

</> 數值資料型態

JavaScript 唯一的數值型別，可以是整數或是帶有小數點的浮點數，例如：888、3.14159。

</> 布林資料型態

布林資料型別只有兩種值，true(1) 跟 false(0)。任何值都可以被轉換成布林值。

1. false、0、空字串（""）、NaN、null、以及 undefined 都會成為 false。

2. 其他的值都會成為 true。

    我們可以用 Boolean() 函數來將值轉換成布林值，例如：

```
Boolean(0)      //false
Boolean(123)    //true
Boolean("")     //false
Boolean(1)      //true
```

</> 字串資料型態

字串是由 0 個或 0 個以上的字元結合而成，用一對雙引號（"）或單引號（'）框住字元，例如 "Happy Birthday"、"Summer"、'c'，字串內也可以不輸入任何字元，稱為空字串（""）。例如：

```
var str = "Happy holiday!";
document.write(str.length);
```

上面的 length 是字串物件的屬性，用來得知字串的長度。

</> undefined（未定義）

undefined 是指變數沒有被宣告；或是有宣告變數，但尚未指定變數的值。我們可以使用 typeof 關鍵字來判斷變數的型態是否為 undefined。

</> null（空值）

當我們想要將某個變數的值清除，就可以指定該變數的值為 null，表示「空值」。

除了上述幾種之外,其他都可以歸類到物件型別(Object),像是 function(函數)、Object(物件)、Array(陣列)、Date(日期)等,例如:[7, 8, 9](陣列)、function a() { ... }(函數)、new Date()(日期)。

A-4 變數宣告與資料型別轉換

JavaScript 會在宣告變數時完成記憶體配置,例如:

```
var a = 123; // 分配記憶體給數字
var s = 'hello'; //  分配記憶體給字串
var arr = [1, 'hi'];  // 分配記憶體給陣列
var d = new Date(); //  分配記憶體給日期物件
```

A-4-1 使用 var 關鍵字宣告變數

我們可以使用 var 與 let 關鍵字來宣告變數、const 宣告常數。其中 let 與 const 關鍵字從 ES6 開始才正式加入規範中。使用變數會包含兩個動作,「宣告」以及「初始化」。所謂「初始化」是給變數一個初始值,我們可以先宣告變數之後再指定初始值,也可以宣告一併初始化。

</> 宣告變數

```
var age;
```

</> 宣告多個變數

```
var name, age;
```

上述方式只宣告變數,這時變數並沒有初始值,同一行可以宣告多個變數,只要用逗號(,)區隔開變數就可以了。

宣告變數並初始化

宣告變數時同時指定初始值：

```
var name="Peter", age=36;
```

JavaScript 變數宣告時並不需要加上型別，JavaScript 會視需求自動轉換變數型態，例如：

```
var data;
data = 100;  //變數data的內容為數值100
data = "Wonderful";  //變數data的內容為字串Wonderful
```

範例 var.js

```
01  var x="5",y="4",z="3",w=null;
02  a=x+y+z;     //字串內容為數值時，相加仍是字串
03  b=x-y-z;     //字串內容為數值時，相減則為數值
04  c=w*100;       //變數值為null時，乘以任何數皆為0
05  console.log("x+y+z=", a);
06  console.log("x-y-z=", b);
07  console.log("w*100=", c);
```

【執行結果】

```
D:\sample>node exa/var.js
x+y+z= 543
x-y-z= -2
w*100= 0

D:\sample>
```

A-4-2　使用 let 關鍵字宣告變數

其實 let 關鍵字宣告方式與 var 相同，只要將 var 換為 let，例如：

```
let x;
let x=5, y=1;
```

我們知道 var 關鍵字認定的作用域只有函數，但是程式中的區塊不只有函數，程式的區塊敘述是以一對大括號 { } 來界定，像是 if、else、for、while 等控制結構或是純粹定義範圍的純區塊 {} 等等都是區塊。ECMAScript 6 的 let 宣告語法帶入了區塊作用域的概念，在區塊內屬於區域變數，區塊以外的變數就屬於全域變數。

A-4-3　使用 const 關鍵字宣告常數

它跟 let 一樣，具有區塊作用域的概念，const 是用來宣告常數，也就是不變的常量，因此常數不能重複宣告，而且必須指定初始值，之後也不能再變更它的值，例如：

```
const x = 10;
x = 15;    //常數不能再指定值
console.log(x);
```

A-4-4　變數名稱的限制

JavaScript 雖然是較鬆散的語法，不過變數名稱還是有些規則必須遵守喔！

1.　第一個字元必須是字母（大小寫皆可）或是底線（_），之後的字元可以是數字、字母或底線。

2.　區分大小寫，Money 並不等於 money。

3.　變數名稱不能用 JavaScript 的保留字，所謂保留字是指程式開發時已事先定義好，每一識別字都有特別的意義，程式設計者不可以再重複賦予不同的用途。下表列出 JavaScript 的保留字供您參考：

abstract	boolean	break	byte	case
catch	char	class	const	continue
default	do	double	else	extends
false	final	finally	float	for
function	goto	if	implements	import

in	instanceof	int	interface	long
native	new	null	package	private
protected	public	return	short	static
super	switch	synchronized	this	throw
throws	transient	true	try	var
void	while	with		

A-4-5　強制轉換型別

　　JavaScript 具有自動轉換資料型別（Coercion）的特性，讓我們在撰寫程式時更靈活有彈性。例如：

```
let x = 3,y = '5';
let z = x + y;
console.log(x+y);
console.log(typeof z);   //string
```

　　從上面敘述看得出來 y 是字串，所以依照前面所學，您應該判斷的出來 z 的答案，答案就是字串 35；我們可以用 typeof 指令來查看變數 z 的型別，會得到 z 是 string 型別。

　　除此之外，我們也可以利用一些 JS 內建的函數來轉換資料型別，以下就來介紹常用來轉換型別的內建函數。

</> parseInt() 將字串轉換為整數

　　由字串最左邊開始轉換，一直轉換到字串結束或遇到非數字字元為止，如果該字串無法轉換為數值，則傳回 NaN。例如：

```
a = parseInt("168");     //  a = 168
b = parseInt("99.2");    //  b = 99
c = parseInt("5福國中");   //  c = 5
d = parseInt("number 5"); //  d = NaN
```

A-5 輸出指令

程式設計常需要電腦輸出執行結果，都可以透過 console.log 或 process.stdout. write 指令來完成。

A-5-1 console.log 指令

console 是操作主控台 console 物件的 API，提供許多方法供我們使用 console. log() 是其中一個方法，功能是輸出一些訊息到主控台。例如：

範例 **log.js**

```
08   name="陳大忠";
09   age=30;
10   console.log(name,'的年齡是',age,'歲');
```

【執行結果】

```
D:\sample>node exa/log.js
陳大忠 的年齡是 30 歲

D:\sample>_
```

A-5-2 process.stdout.write 指令

而 process.stdout.write() 方法可以在 Node 環境下進行標準輸出，例如：

```
process.stdout.write('排序後的結果是：');
```

範例 **write.js**

```
01   name="陳大忠";
02   age=30;
03   process.stdout.write (name+'的年齡是'+age+'歲');
```

【執行結果】

```
D:\sample>node exa/write.js
陳大忠的年齡是30歲
D:\sample>
```

A-5-3　輸出跳脫字元

除了輸出一般的字串或字元外，也在字元前加上反斜線「\」來通知編譯器將後面的字元當成一個特殊字元，形成所謂「跳脫字元」（Escape Sequence Character）。例如 '\n' 表示換行功能的「跳脫字元」，下表為幾個常用的跳脫字元：

跳脫字元	說明
\t	水準跳格字元（Horizontal Tab）
\n	換行字元（New Line）
\"	顯示雙引號（Double Quote）
\'	顯示單引號（Single Quote）
\\	顯示反斜線（Backslash）

例如：

```
process.stdout.write ('程式語言！\n越早學越好');
```

執行結果如下：

```
程式語言！
越早學越好
```

A-6 運算子與運算式

運算式是由運算子與運算元所組成。其中 =、+、* 及 / 符號稱為運算子，運算元則包含了變數、數值和字元。

A-6-1 算術運算子

算術運算子主要包含了數學運算中的四則運算、餘數運算子、取得整除數運算子、指數運算子等運算子。例如：

```
X = 58 + 32;
X = 89 - 28;
X = 3 * 12;
X = 125 / 7;
X = 145 // 15
X = 46 % 5;
```

A-6-2 複合指定運算子

由指定運算子「=」與其他運算子結合而成，也就是「=」號右方的來源運算元必須有一個是和左方接收指定數值的運算元相同。例如：

```
X += 1;     //即 X = X + 1
X -= 9;     //即X = X - 9
X *= 6;     //即X = X * 6
X /= 2 ;    //即 X = X / 2
X **= 2;    //即 X = X ** 2
X %= 5;     //即 X = X % 5
```

A-6-3 關係運算子

用來比較兩個數值之間的大小關係，通常用於流程控制語法，如果該關係運算結果成立就回傳真值（True）；不成立則回傳假值（False）。（下例 A=5, B=3）

運算子	說明
>	A 大於 B，回傳 true
<	A 小於 B，回傳 false
>=	A 大於或等於 B，回傳 true
<=	A 小於或等於 B，回傳 false
==	A 等於 B，回傳 false
!=	A 不等於 B，回傳 true

A-6-4　邏輯運算子

主要有三個運算子：!、&&、||，下表詳列常用的比較運算子。

邏輯運算子	範例	說明
&&	a&& b	and（只有 a 與 b 兩方都為真，結果才為真）
||	a|| b	or（只要 a 與 b 一方為真，結果就為真）
!	!a	not（只要不符合 a 者，皆為真）

例如：

```
console.log( (100>2) && (52>41));  //輸出true
total = 124;
value = (total % 4 == 0) && (total % 3 == 0)
console.log (value);  //傳回false
```

A-6-5　運算子優先順序

當程式執行時，擁有較高優先順序的運算子會在擁有較低優先順序的運算子之前執行，下表列出 JavaScript 運算子的優先順序：

功能	運算子
括號	.、[]、()
變號、增量、減量	++、--、-、~、!
乘除法	*、/、%
加減法	+、-
位移	<<、>>
比較	<、<=、>、>=
等值、不等值	==、!=
位元邏輯	&
位元互斥邏輯	^
位元邏輯	|
且	&&
或	||
三項運算式	?:
算術	=

A-7 流程控制

所謂「結構化程式設計」包括三種流程控制結構:「循序結構」、「選擇結構」以及「重複結構」。本單元將針對 JavaScript 的「選擇結構」及「重複結構」的相關指令加以說明。

A-7-1 選擇性結構

選擇結構是經常使用的一種控制結構,JavaScript 提供了「if...else」以及「switch...case」二種選擇結構,讓我們撰寫程式能夠靈活有彈性。

</> if…else 條件敘述

if...else 條件敘述主要是判斷條件式是否成立,當條件式成立時才執行指定的程式敘述。如果只有單一判斷,我們也可以單獨使用 if 敘述。其格式如下:

```
if (條件運算式){

    程式敘述;

}
```

在上述格式中,若條件運算式的值是 true,則執行括號 {} 中的程式碼;反之,則跳過 if 敘述而往下執行其他敘述。如果 if 內的程式敘述只有一行,可以省略大括號 {}:

```
if (條件運算式)
    程式敘述;
```

如果條件運算式有兩種以上不同的選擇,則可使用 if-else 敘述,格式如下所示:

```
if (條件運算式){
    程式敘述;
} else{
    程式敘述;
}
```

當 if 條件運算式的值成立(True),將執行 if 程式敘述內的程式,並跳過 else 內的敘述;當 if 條件運算式的值不成立(False),則執行 else 內的程式敘述。

如果 if 及 else 內的程式敘述只有一行,同樣可以省略大括號 {}。例如:

```
if(a==1) b=1; else b=2;
```

上述敘述也可以使用三元運算子「?:」來達成,三元運算子格式如下:

```
條件運算式? 程式敘述1 : 程式敘述2
```

條件運算式成立就執行程式敘述 1，否則就執行程式敘述 2，例如上面敘述可以如下表示：

```
b = (a==1?1:2);
```

在這裡三元運算子並不需要加上括號，加上括號只是為了程式易讀。

如果有超過兩種以上的選擇，可以使用 else if 敘述來指定新條件，格式如下：

```
if (條件運算式1) {
    程式敘述;
} else if (條件運算式2) {
    程式敘述
} else {
    程式敘述
}
```

範例 season.js

```
01   month=6;
02   if (2<=month && month<=4)
03       console.log('充滿生機的春天');
04   else if (5<=month && month<=7)
05       console.log('熱力四射的夏季');
06   else if (month>=8 && month <=10)
07       console.log('落葉繽紛的秋季');
08   else if (month==1 || (month>=11 && month<=12))
09       console.log('寒風刺骨的冬季');
10   else
11       console.log('很抱歉沒有這個月份!!!');
```

【執行結果】

```
D:\sample>node exa/season.js
熱力四射的夏季

D:\sample>
```

又例如以下範例會自動產生一個 0~99 的隨機整數，並判斷此整數是大於等於 50 或小於 50。

範例 ifelse.js

```
01  //if...else判斷式
02
03  let n = Math.floor(Math.random()*100);
04
05  if (n >= 50)
06  {
07      console.log(n + " 大於等於50");
08  }else{
09      console.log(n + " 小於50");
10  }
11
12  //使用三元運算子的寫法
13  n >= 50 ? (
14      console.log(n + " 大於等於50")
15  ) : (
16      console.log(n + " 小於50")
17  );
```

【執行結果】

```
D:\sample>node exa/ifelse.js
17 小於50
17 小於50

D:\sample>
```

這裡使用了 JavaScript 的內建函數 Math.random() 及 Math.floor()，Math. random() 用來隨機產生出 0~1 之間的小數，Math.floor() 則是回傳無條件捨去後的最大整數。

如果使用 else if 敘述就必須寫很多層，不僅撰寫容易出錯，程式也不易閱讀，這時，我們可以考慮使用另一種條件判斷結構─ switch...case 敘述。

⟨/⟩ switch…case 敘述

　　switch 敘述只要先取得變數或運算式的值，然後與 case 值比對是否符合，符合時就執行對應的程式敘述，如果沒有任何 case 匹配，則執行預設的程式敘述。其格式如下：

```
switch(變數或運算式)
{
    case value1:
        程式敘述;
        break;
    case value2:
        程式敘述;
        break;
        .
        .
        .
    case valueN:
        程式敘述;
        break;
    default:
    程式敘述;
}
```

　　在 switch 敘述中可以有任意數量的 case 敘述，value1~valueN 是指用來比對的值，當括號 () 內變數的值與某個 case 的變數值相同時，則執行該 case 所指定的敘述，當值與每個 case 值都不相同，會執行 default 所指定的指令。JavaScript 只要執行到 break 關鍵字時，就會離開 switch 程式區塊。

　　以下範例利用 switch...case 敘述判斷今天是星期幾。

範例 switch.js

```
01   //switch...case判斷式
02   let day;
03   day=3;
04   switch (day) {
05     case 0:
```

```
06      day = "星期日";
07      break;
08   case 1:
09      day = "星期一";
10      break;
11   case 2:
12       day = "星期二";
13      break;
14   case 3:
15      day = "星期三";
16      break;
17   case 4:
18      day = "星期四";
19      break;
20   case 5:
21      day = "星期五";
22      break;
23   case 6:
24      day = "星期六";
25   }
26   console.log('輸出結果: ',day);
```

【執行結果】

```
D:\sample>node exa/switch.js
輸出結果:   星期三

D:\sample>
```

A-7-2 for 迴圈

JavaScript 的迴圈敘述有 for 敘述、for..in 敘述、while 敘述跟 do…while 敘述。

⟨/⟩ for 迴圈

for 迴圈的變數可以使用 const、let 或 var 來宣告，使用 const、let 宣告的變數生命周期只在迴圈裡，迴圈執行結束就跟著結束，格式如下：

```
for(let 變數起始值 ; 條件式 ; 變數增減值)
{
    程式敘述;
}
```

　　for 迴圈在每次迴圈重複前，會先測試條件式是否成立。如果成立，則執行迴圈內部的程式；如果不成立，就跳出迴圈，而繼續執行迴圈之後的第一行程式。

　　以下範例中將利用 for 迴圈來計算 1~10 的平方值。

範例 for.js

```
01  //for迴圈
02  for (i=1; i<=10; i++) {
03      console.log(i + " 平方 = " + (i*i));
04  }
05  console.log(" 現在i值 = " + i);
```

【 執行結果 】

```
D:\sample>node exa/for.js
1 平方 = 1
2 平方 = 4
3 平方 = 9
4 平方 = 16
5 平方 = 25
6 平方 = 36
7 平方 = 49
8 平方 = 64
9 平方 = 81
10 平方 = 100
 現在i值 = 11

D:\sample>
```

　　範例中的 for 迴圈敘述：

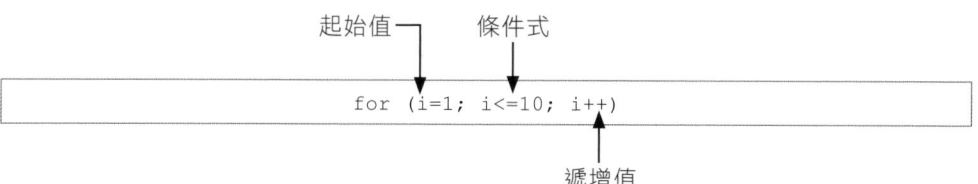

A-25

for 迴圈每執行一次 i 值就會加 1，當 i 值小於或者等於 10 時，就會進入迴圈執行迴圈內的敘述，當 i 值增加到 11 時，不符合條件式（i<=10），就會離開迴圈。

</> for...in 迴圈

for...in、forEach、for...of 迴圈主要是用來遍歷可迭代物件，所謂的「遍歷」是指不重複拜訪物件元素的這個過程。for…in 是針對具有可列舉屬性（Enumerable）的物件使用，格式如下：

```
for (let 變數 in 物件) {
    程式敘述
}
```

範例 forin.js

```
01  let fruit = ["apple", "banana", "grape"];
02  for (let x in fruit) {
03      console.log(fruit[x]);
04  }
```

【執行結果】

```
D:\sample>node exa/forin.js
apple
banana
grape

D:\sample>
```

JavaScript 的物件屬性是一對鍵（Key）與值（Value）屬性的組合，上述程式建立一個名為 fruit 的陣列物件，陣列內有三個元素，每個陣列元素會自動指定從 0 開始的 Key 值，如同下表：

Key	Value
0	"apple"
1	"banana"
2	"grape"

forEach 與 for...of 迴圈

forEach 迴圈只能使用於陣列（Array）、地圖（Map）、集合（Set）等物件，用法與 for...in 用法類似，格式如下：

```
物件.forEach(function(參數[,index]){
    程式敘述
})
```

這裡的 function 是匿名函式，這個函式將會把物件的每一個元素作為參數，帶進函式裡一一執行。function 也可以使用 ES6 規範的箭頭函式。

```
物件.forEach(參數=> {
    程式敘述
})
```

範例 forEach.js

```
01    //forEach迴圈
02    let fruit = ["apple", "banana", "grape"];
03    fruit.forEach(function(x) {
04        console.log(x);
05    })
```

【執行結果】

```
D:\sample>node exa/forEach.js
apple
banana
grape

D:\sample>
```

for...of 迴圈

for...of 迴圈語法看起來與 for...in 語法相似，應用的範圍很廣泛，像是陣列（Array）、地圖（Map）、集合（Set）、字串（String）、arguments 物件都可以使用，不過不能用來遍歷一般物件（Object），變數可以使用 const，let 或 var 來宣告，格式如下：

```
for (let 變數of物件) {
    程式敘述
}
```

範例 for_of.js

```
01    //for..of迴圈
02    let fruit = ["apple", "banana", "grape"];
03    for (x of fruit) {
04        console.log(x);
05    }
```

【執行結果】

```
D:\sample>node exa/for_of.js
apple
banana
grape

D:\sample>
```

A-7-3　while 迴圈

　　如果所要執行的迴圈次數確定，那麼使用 for 迴圈指令就是最佳選擇。但對於某些不確定次數的迴圈，while 迴圈就可以派上用場了。while 結構與 for 結構類似，都是屬於前測試型迴圈，也就是必須滿足特定條件，才能進入迴圈。兩者之間最大不同處是在於 for 迴圈需要給它一個特定的次數；而 while 迴圈則不需要，它只要在判斷條件持續為 true 的情況下就能一直執行。

　　while 迴圈內的指令可以是一個指令或是多個指令形成的程式區塊。同樣地，如果有多個指令在迴圈中執行，就可以使用大括號括住。以下是 while 指令執行的流程圖：

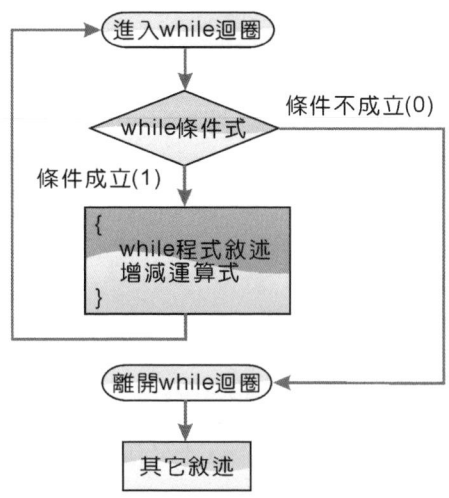

while 迴圈格式如下：

```
while(條件判斷式)
{
    程式敘述
}
```

while 迴圈會在條件式成立時，反覆執行 {} 內的程式敘述。

範例 while.js

```
01  product=1;
02  i=1;
03  while (i<6) {
04      product=i*product;
05      console.log('i=',i,'\tproduct=',product);
06      i+=1;
07  }
08  console.log('\n連乘積的結果=',product);
09  console.log();
```

【執行結果】

```
D:\sample>node exa/while.js
i= 1        product= 1
i= 2        product= 2
i= 3        product= 6
i= 4        product= 24
i= 5        product= 120

連乘積的結果= 120
```

A-7-4 do...while 迴圈

do...while 迴圈指令和 while 迴圈指令十分類似，只要判斷式條件為真時都會去執行迴圈內的區塊程式。但是 do...while 迴圈的最重要特徵就是由於它的判斷式在迴圈後方，所以一定會先執行迴圈內的指令至少一次，而前面所介紹的 for 迴圈和 while 迴圈都必須先執行判斷條件式，當條件為真後才能繼續進行。以下是 do...while 指令執行的流程圖：

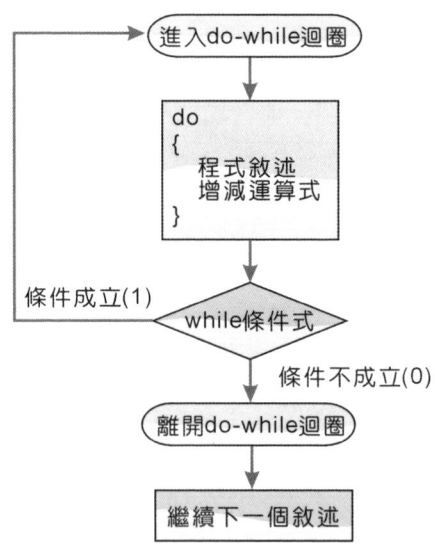

do...while 迴圈格式如下：

```
do{
    程式敘述
} while(條件式)
```

範例 dowhile.js

```
01  //do...while迴圈
02  let i=1;
03  do {
04      console.log(i + " 的 5 倍 = " + (i*5));
05  i++;
06  } while(i<=10)
07
08  console.log(" 現在i值 = " + i);
```

【執行結果】

```
D:\sample>node exa/dowhile.js
1 的 5 倍 = 5
2 的 5 倍 = 10
3 的 5 倍 = 15
4 的 5 倍 = 20
5 的 5 倍 = 25
6 的 5 倍 = 30
7 的 5 倍 = 35
8 的 5 倍 = 40
9 的 5 倍 = 45
10 的 5 倍 = 50
 現在i值 = 11

D:\sample>
```

do...while 迴圈與 while 迴圈一樣，都必須注意要指定變數起始值，並在迴圈內指定變數的增減值。

A-7-5　break 和 continue 敘述

break 指令就像它的英文意義一般，代表中斷的意思，各位在 switch 指令部份就使用過了。break 指令也可以用來跳離迴圈的執行，在例如 for、while 與 do while 中，主要用於中斷目前的迴圈執行，如果 break 並不是出現內含在 for、while 迴圈中或 switch 指令中，則會發生編譯錯誤。語法格式相當簡單，如下所示：

```
break;
```

break 指令通常會與 if 條件指令連用，用來設定在某些條件一旦成立時，即跳離迴圈的執行。由於 break 指令只能跳離本身所在的這一層迴圈，如果遇到巢狀迴圈包圍時，可就要逐層加上 break 指令。

相較於 break 指令的跳出迴圈，continue 指令則是指繼續下一次迴圈的運作。也就是說，如果是想要終止的不是整個迴圈，而是想要在某個特定的條件下時，才中止某一層的迴圈執行就可使用 continue 指令。continue 指令只會直接略過以下尚未執行的程式碼，並跳至迴圈區塊的開頭繼續下一個迴圈，而不會離開迴圈。語法格式如下：

```
continue;
```

break 敘述及 continue 敘述的使用方法請參考以下範例。

範例 break.js

```
01   //continue and break敘述
02   for (let a = 0 ; a <= 10 ; a++) {
03       if (a === 5){
04           console.log(a);
05           continue;
06       }
07       if (a === 7) {
08           console.log(a);
09           break;
10       }
11       console.log("a="+a);
12   }
```

【執行結果】

```
D:\sample>node exa/break.js
a=0
a=1
a=2
a=3
a=4
5
a=6
7

D:\sample>_
```

　　當 a 等於 5 時，就會執行到 continue; 敘述，忽略以下的程式，回到 for 迴圈開始處，所以就不會輸出 a=5。當 a 等於 8 時，會執行到 break; 敘述，於是跳出迴圈。

A-8 陣列宣告與實作

　　陣列（Array）是 JavaScript 提供的內建物件之一，是一群具有相同名稱與資料型態的集合，並且在記憶體中占有一塊連續記憶體空間，最適合儲存一連串相關的資料。這個觀念有點像學校的私物櫃，一排外表大小相同的櫃子，區隔的方法是每個櫃子有不同的號碼。

A-8-1 陣列宣告

　　陣列宣告方式有下列三種：

📋 方法一

```
var arrayName =new Array();
```

先建立陣列物件 arrayName，再利用索引（Index）來指定每一個元素的值。
例如：

```
arrayName[0]= "元素一";
arrayName[1]= "元素二";
```

陣列索引從 0 開始，例如 arrayName 陣列的第一個元素為 arrayName[0]，第
二個元素為 arrayName[1]…依此類推。

⟨/⟩ 方法二

```
var arrayName = new Array("元素一","元素二");
```

宣告陣列物件 arrayName，() 括號裡每一項代表陣列的元素，元素個數就是陣
列的長度。

⟨/⟩ 方法三

```
var arrayName = ["元素一","元素二"];
```

以中括號（[]）指定陣列的元素，使用括號表達式建立陣列時，陣列會自動初
始化，並以元素個數來設定陣列的長度。

例如我們宣告一個陣列 school，並指定陣列元素值為「清華」、「台大」、「輔
大」，那麼您可以這麼表示：

```
var school =new Array();
school[0]= "清華";
school[1]= "台大";
school[2]= "輔大";
```

也可以這麼表示：

```
var school=new Array("清華","台大","輔大");
```

或者這樣寫：

```
var school=["清華","台大","輔大"];
```

A-8-2 取用陣列元素的值

陣列存放的每筆資料稱為「元素」，元素的個數就是陣列的「長度」（Length），透過陣列的「索引」（Index）來存取每個元素，索引值從 0 開始。例如我們想取出陣列 school 中的「輔大」，則可以這樣表示：

```
school[2];
```

「輔大」是陣列 school 的第二個元素，所以索引值是 2。

範例 array.js

```
01   //Array
02
03   newspaper=new Array('1.水果日報','2.聯合日報','3.自由報',
04                        '4.中國日報','5.不需要');     //宣告陣列
05   for (i = 0; i<newspaper.length; i++) { //利用length屬性取得陣列的元素個數
06       console.log(`第${i+1}個陣列元素是 ${newspaper[i]}`);
07   }
```

【執行結果】

```
D:\sample>node exa/array.js
第1個陣列元素是 1.水果日報
第2個陣列元素是 2.聯合日報
第3個陣列元素是 3.自由報
第4個陣列元素是 4.中國日報
第5個陣列元素是 5.不需要

D:\sample>
```

A-9 函式定義與呼叫

所謂函數，就是一段程式敘述的集合，並且給予一個名稱來代表此程式碼集合，只要呼叫該函式，就可以執行，也就是將程式「模組化」的意思。使用函式（Function）有下列幾項優點：

1. 可重複叫用，簡化程式流程。
2. 程式除錯容易。
3. 便於分工合作完成程式。

A-9-1 函式的定義與呼叫

使用者可以自行定義引數個數與引數資料型態，並指定回傳值型態。以下先來看看如何定義函式。

定義函式

JavaScript 中的函式包含函式名稱（Function name），定義函式的格式如下：

```
function 函式名稱()
{
    程式敘述;

    return回傳值    //可省略
}
```

如果需要函式回傳值給主程式，可用 return 敘述來傳回資料。

呼叫函式

函式呼叫的方法如下：

```
函式名稱();
```

例如：

```
function run() {      //定義myJob函式
    console.log("呼叫了run函式!");
}
run()   //呼叫函式
```

A-9-2 函式參數

函式可以將參數（Parameter）傳入函式裡面，成為函式裡的變數，讓程式能夠根據這些變數做處理。函式參數只會存活函式裡面，函式執行完畢也會跟著結束。定義函式表示方式如下：

```
function 函式名稱(參數1,參數2,…,參數n){…};
```

參數與參數之間必須以逗號（,）區隔。呼叫函式傳入的引數（Argument）數量最好與函式所定義的參數數量相符合，格式如下：

```
函式名稱(引數1,引數2,…,引數n);
```

JavaScript 呼叫函式的時候，並不會對引數數量做檢查，只從左到右將引數與參數配對，沒有配對到的參數值會是 undefined。請參考以下範例。

範例 parameter.js

```
01  //函式參數
02
03  function grade(Name,Chi,Com) {      //設定3個參數
04      console.log("引數數量：" + arguments.length );
05      console.log("學生姓名："+Name+"\t國文成績："+Chi+"\t電腦成績："+Com);
06      console.log()
07  }
08
09  grade("陳瑋婷","98","64");      //傳入3個引數
10  grade("王郁宜","88");           //傳入2個引數
11  grade("林俊豪","98","92","87"); //傳入4個引數
```

【執行結果】

```
D:\sample>node exa/parameter.js
引數數量：3
學生姓名：陳瑋婷        國文成績：98    電腦成績：64

引數數量：2
學生姓名：王郁宜        國文成績：88    電腦成績：undefined

引數數量：4
學生姓名：林俊豪        國文成績：98    電腦成績：92

D:\sample>
```

A-9-3　函式回傳值

當我們希望能取得函式執行處理之後的結果，那麼就可以利用 return 敘述來達成，格式如下：

```
return value;
```

return 敘述會終止函式執行並回傳 value，如果省略 value 則表示只終止函式執行，會回傳 undefined。

範例 return.js

```
01   //有回傳值的函式
02
03   function myAvg(Name='', Math = 0, Eng = 0) {
04       let score =( Math + Eng ) / 2;
05       return score;   //回傳值
06   }
07
08   let avg = myAvg("陳大豐",86,94); //變數avg接收myAvg函式回傳值
09   console.log("數學及英文的平均成績：" + avg);
```

【執行結果】

```
D:\sample>node exa/return.js
數學及英文的平均成績：90

D:\sample>
```

A-9-4　箭頭函式（Arrow Function）

箭頭函式（Arrow Function）一種函式精簡的寫法。基本的格式如下：

```
(參數) => {
    程式敘述;
    return value;
}
```

以下是一般函式表達式的寫法：

```
var myfunc = function(a) {    //函式表達式
    return a + 5;
}
console.log(myfunc (7))    //呼叫函式
```

如果改用箭頭函式就直接以箭頭來替代 function，如下所示：

```
var myfunc = (a) => {    //箭頭函式表達式寫法
    return a + 5;
}
console.log(myfunc (7))    //呼叫函式
```

如果函式裡只有單一行敘述，也可以省略大括號 {} 與 return 關鍵字，如下式：

```
var myfunc = (a) => a + 5;
```

箭頭函式如果只有一個參數，可以不加括號，例如以下兩種寫法都可以。

```
var myfunc = (a) => console.log("箭頭函式" + a);
var myfunc = a => console.log("箭頭函式" + a);   //一個參數可以不加括號
```

如果箭頭函式沒有參數，仍必須保留括號，例如：

```
var myfunc = () => console.log("箭頭函式");
```

A-9-5　全域變數與區域變數

請注意 var 關鍵字宣告的變數依其有效範圍可區分為全域變數及區域變數。

全域變數

不在函式內的變數都屬於全域範圍變數，也就是說程式內的其他位置都可以使用此一變數。

區域變數

當變數宣告在函式之內，那麼只有在函式區域內可以使用此一變數，這種變數就稱為區域變數。函式內的變數請使用 var 或 let 來宣告，當函式執行完，記憶體也會回收，如果變數不進行宣告，該變數會是全域變數，這一點請特別留意。

範例 scope1.js

```
01  var x=3;
02  var cal=()=>{      //定義cal函式
03      var x=6, y=3;
04      console.log(x+y); //9
05  }
06  cal();    //執行cal函式
07  console.log(x); //3
```

【執行結果】

```
D:\sample>node exa/scope1.js
9
3

D:\sample>
```

宣告在 cal 函式的變數 x 是區域變數，作用域只有函式裡面，不會影響全域變數，因此第 7 行的 x 仍然是全域變數的值。不過，如果程式修改如下，執行結果又完全不同了。

範例 scope2.js

```
01   var x=3;
02   function cal(){       //定義cal函式
03       x=6, y=3;     //x是全域變數
04       console.log(x+y); //9
05   }
06   cal();   //執行cal函式
07   console.log(x); //6
```

程式第 3 行沒有用 var 來宣告變數，此時的變數是全域變數 x，因此當函式內的 x 變更為 6，等於改變了全域變數 x 的值，第 7 行的 x 值也會跟著變更。

```
D:\sample>node exa/scope2.js
9
6

D:\sample>
```

變數使用前必須先宣告，否則會出現 ReferenceError 錯誤，例如：

```
var x=y+1;//ReferenceError: y is not defined
```

上行敘述的變數 y 尚未宣告，就會出現「ReferenceError: y is not defined」的錯誤訊息。

　　然而變數可以不宣告直接給初始值，省略宣告的變數都會被視為全域變數，例如：

```
y=2;
var x=y+1;//3
```

　　JavaScript 的宣告具有 Hoisting（提升）的特性，這種特性會在程式碼開始執行之前先建立一個執行環境，這時變數、函式等物件會被建立起來，直到執行階段才會賦值。這也就是為什麼呼叫變數的程式碼就算放在宣告之前，程式碼仍然可以正常運作的原因。由於建立階段尚未有值，變數會自動以 undefined 初始化，例如：

```
console.log(x);   // undefined
var x;
```

　　上面程式執行並不會出現錯誤，只是 console 會顯示返回的 undefined。Hoisting 是開發 JavaScript 程式很容易被忽視的特性，如果程式設計師沒有注意到這種特性，所撰寫的程式執行結果就有可能出錯，為了避免錯誤，在使用變數之前，最好還是進行宣告並指定初始值比較妥當。

A-10　物件的屬性與方法

　　除了原生型別 number、string、boolean、null、undefined 之外，JavaScript 到處都是物件，不管是陣列、函式或是瀏覽器的 API 都是物件，物件具有屬性（Properties）與方法（Methods）可以操作。

A-10-1　認識物件導向程式設計

　　每一個物件（Object）均有其相應的屬性（Attributes）及屬性值（Attribute Values）。建立物件之前必須先定義物件的規格形式，稱為「類別（Class）」，也就是先定義好這個物件長什麼樣子以及要做哪些事情。類別（Class）是具有相同結構及行為的物件集合，是許多物件共同特徵的描述或物件的抽象化。例如小明與小華都屬於人這個類別,他們都有出生年月日、血型、身高、體重等類別屬性。類別定義的樣式,稱為「屬性」(Properties),「屬性」則是用來描述物件的基本特徵與其所屬的性質,例如:一個人的屬性可能會包括姓名、住址、年齡、出生年月日等。

要做的事情或提供的服務,稱為「方法」(Methods)。「方法」則是物件導向資料庫系統裡物件的動作與行為,我們在此以人為例,不同的職業,其工作內容也就會有所不同,例如:學生的主要工作為讀書,而老師的主要工作則為教書。類別中的一個物件有時就稱為該類別的一個實例(Instance)。

「物件」則是由類別利用 new 關鍵字建立的物件實體(Instance),由類別建立物件實體的過程稱為「實體化(Instantiation)」。

A-10-2 在 JavaScript 使用物件

JavaScript 雖然是物件導向語言,不過它與其他物件導向程式(例如 C++、Java)有很大的差別。因為 JavaScript 沒有真正的類別(Class)!JavaScript 是以原型(Prototype-based)為基礎的物件導向,它是利用函式來當做類別(Class)的建構子(Constructor),稱為建構子函式,並利用複製建構子函式的方式來模擬繼承。雖然現有版本的 JavaScript 語法提供使用 class 關鍵字來定義類別,程式看起來很接近一般認知的物件導向,不過仍然是以原型為基礎。

舉例來說,我們想要製作一個名稱為 Cat(貓)的物件,並且給兩個屬性名稱:Name、Age,以及一個 run 的方法,建立完成之後,只要用 new 關鍵字就能夠產生物件實體。物件實作完成了,我們就可以使用點(.)來調用物件的屬性(Attribute)與方法(Method),由於方法是函式,所以要加上括號來調用。

另外,「this」關鍵字是一個指向變數,this 到底指向誰,必須視執行時的上下文環境(Context)而定。如果使用建構子函式 new 一個新物件,此時的 this 會指向物件實體所建構的環境。

```
class Cat {
    constructor(catName,catAge) {
        this.Name = catName;
        this.Age=catAge;
    }
    run() {
        console.log(this.Name, "跑走了!");
    };
};

var animal=new Cat('kitty', 12);
console.log(animal);
```

接下來的範例，就請各位練習實作一支簡單的物件導向程式。

範例 oop.js

```
01  class Person{
02      constructor(name, age) {
03          this.name = name;
04          this.age = age;
05      }
06
07      showInfo() {
08          return '(' + this.name + ', ' + this.age + ')';
09      }
10  }
11
12  var obj = new Person('吳健銘', '35');
13  console.log('姓名: ',obj.name);
14  console.log('姓名: ',obj.age);
```

【執行結果】

```
D:\sample>node exa/oop.js
姓名: 吳健銘
姓名: 35

D:\sample>
```

NotePad++文字編輯器

下載完成並安裝或解壓縮，啟動 NotePad++ 就可以開始使用了。我們可以在桌面建立 NotePad++ 文字編輯器程式執行捷徑，作法如下：

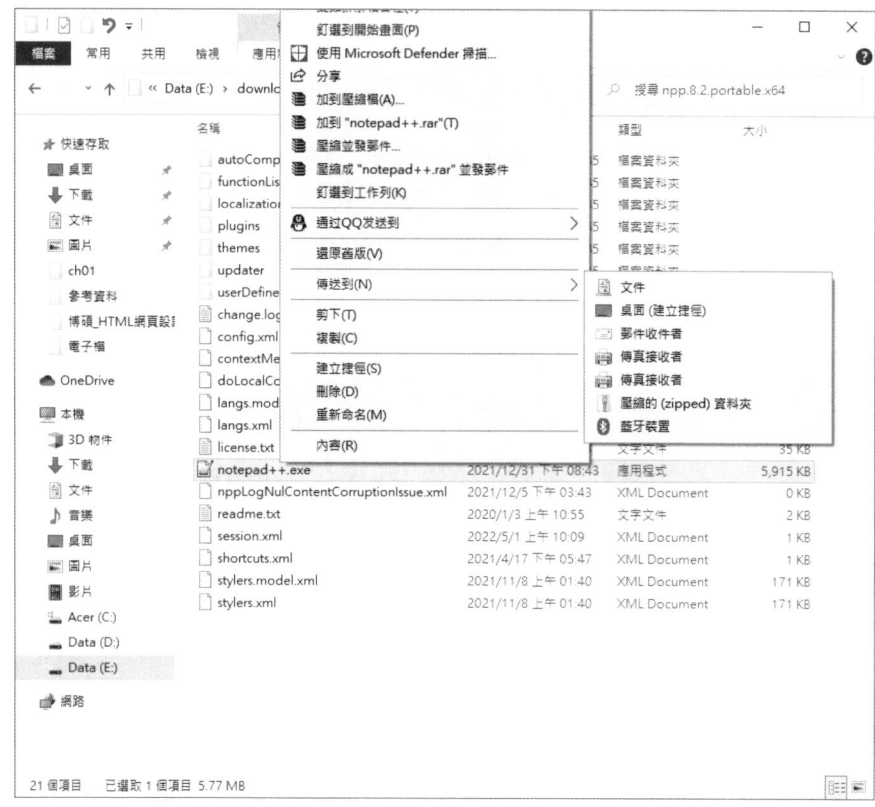

以下介紹 NotePad++ 的基本設定與使用方法。

B-1 偏好設定

執行「設定功能表 / 偏好設定」指令，從偏好設定對話視窗可以依據個人喜好進行設定。

- 「一般」項目，可以設定「語言」，在「頁籤列」可以進行檔案頁籤的相關設定。

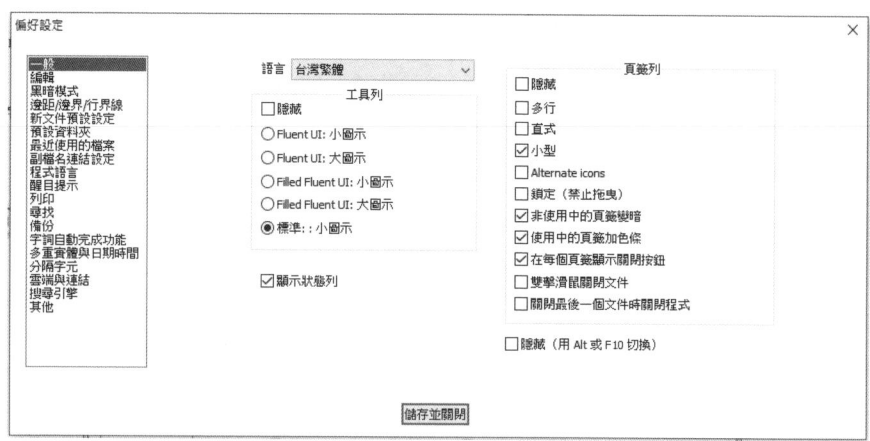

- 「新文件預設設定」項目將編碼設定為 UTF-8，更改完畢之後，日後開啟的新
  頁籤就會使用設定的格式。

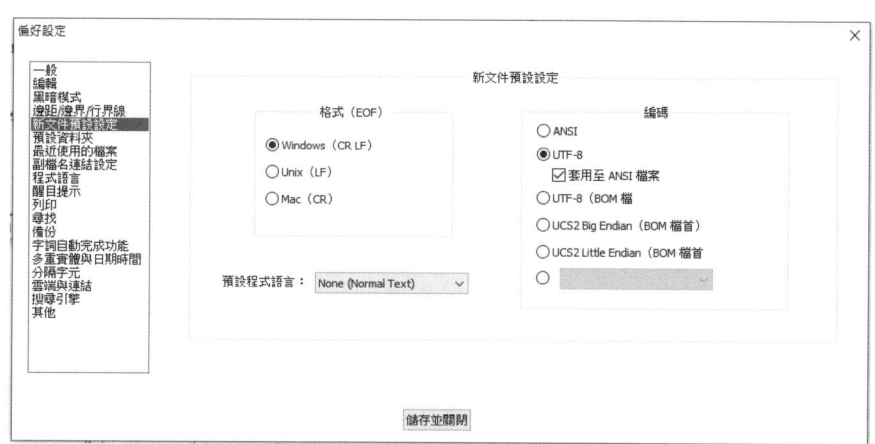

　　編碼格式有多個方式可選擇，基於通用考量，建議使用 UTF-8 編碼格式。請
注意！編碼格式 UTF-8 與 UTF-8（BOM 檔）是不相同的，選擇編碼格式時要特別
留意。BOM（Byte-Order Mark）是識別位元組順序的標記符號，如果選擇 UTF-8
（BOM 檔首）存檔時會在檔首自動加上 BOM 符號，文件內容看起來沒有差異，
但使用十六進位（HEX）模式來檢視，就會發現文件內容最前方會有「EF BB BF」
字元。

```
00000000   3C 21 44 4F 43 54 59 50  45 20 48 54 4D 4C 3E 0D   <!DOCTYPE HTML>.
00000010   0A 3C 68 74 6D 6C 3E 0D  0A 20 3C 68 65 61 64 3E   .<html>.. <head>
00000020   0D 0A 20 20 3C 74 69 74  6C 65 3E E4 B8 80 E8 B5   .. <title>.....
```

🔘 UTF-8 存檔

```
00000000   EF BB BF 3C 21 44 4F 43  54 59 50 45 20 48 54 4D   ...<!DOCTYPE HTM
00000010   4C 3E 0D 0A 3C 68 74 6D  6C 3E 0D 0A 20 3C 68 65   L>..<html>.. <he
00000020   61 64 3E 0D 0A 20 20 3C  74 69 74 6C 65 3E E4 B8   ad>.. <title>..
00000030   80 E8 B5 B7 E5 AD B8 4A  61 76 61 53 63 72 69 70   .......JavaScrip
```

🔘 UTF-8+BOM 存檔

　　一般程式碼的純文字文件不需要加 BOM，通常只有在文件需要提供給其他軟體使用時才會加上 BOM，舉例來說 Microsoft Excel 預設會以 ASCII 編碼方式開啟文件，當文件需要匯出給 Excel 使用時，加上 BOM 讓 Excel 識別 Unicode 編碼，就能避免開啟的文件內容變成亂碼。

* 「字詞自動完成功能」項目，建議您先取消「啟動自動完成功能」，一開始學習程式之前先練習輸入語法，等到語法都熟悉之後，再開啟自動完成功能。

B-2 開啟空白文件

點選工具列的「新增」或執行「檔案功能表 / 新增」指令，都可以開啟全新的空白文件，就可以開始輸入程式碼。

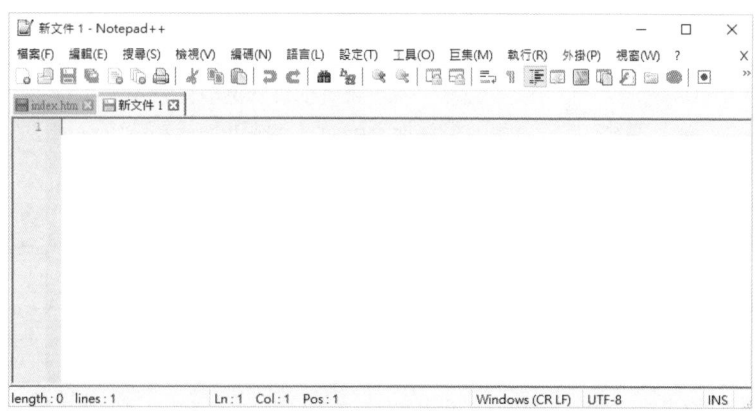

編輯程式碼的過程中如果需要選取整列的程式碼，可以利用「Alt+Shift+方向鍵」、「Shift+方向鍵」或是「Alt+滑鼠左鍵」來連續選擇多行或多列的程式碼。

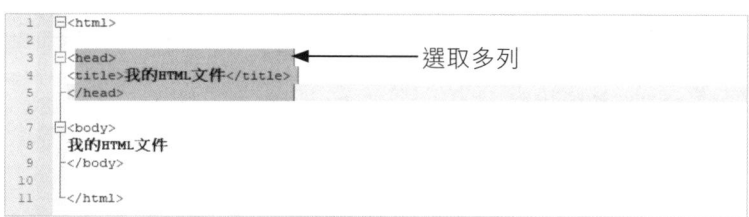

選取多列

B-3 快捷鍵

NotePad++ 提供非常多的快捷鍵，熟悉這些快捷鍵，能幫助我們撰寫程式事半功倍，常用的快捷鍵如下表。

快捷鍵	說明
Ctrl+A	全選
Ctrl+S	儲存文件
Ctrl+Alt+S	另存文件
Ctrl+Shift+S	儲存所有打開文件
Ctrl+L	刪除游標插入點所在行
Ctrl+Q	將游標插入點所在行或選取區轉換為註解
Ctrl+Shift+Q	將游標插入點所在行或選取區轉換為註解，如游標所在行沒有文字會添加註解符號
Ctrl+B	跳至配對的括號
Ctrl+F	開啟尋找對話視窗
Ctrl+ 滑鼠滾輪	放大或縮小頁面

NotePad++ 的快捷鍵是可以修改的，只要執行「設置 / 管理快捷鍵」指令，就能自訂快捷鍵。

B-4 尋找與取代

尋找與取代是經常使用的功能之一，可以按 Ctrl+F 來開啟對話視窗。

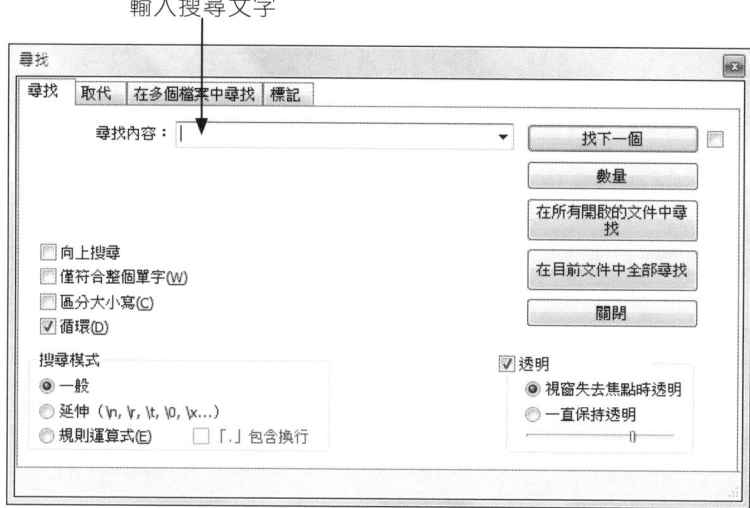

切換到「在多個檔案中尋找」面板，可以在多個檔案尋找或取代文字。

B-5 儲存檔案

　　程式編寫時記得要時常存檔，筆者習慣在開啟空白文件之後就先執行「檔案／另存新檔」指令，選擇儲存位置並輸入檔案名稱進行儲存的動作，撰寫程式過程中想要存檔只要按下 Ctrl+S 就可以直接存檔。如果您有固定的存檔路徑，可以在偏好設定的「預設資料夾」設定開啟與儲存的資料夾位置。

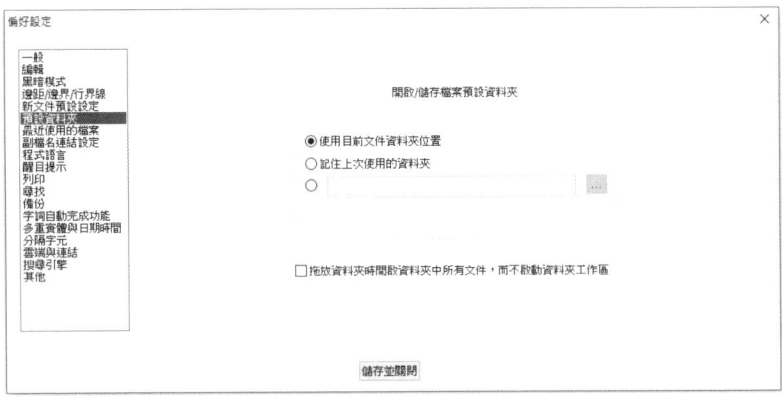

　　NotePad++ 預設會開啟定期備份功能，您可以從偏好設定的「備份」來設定啟動備份的時間與資料夾。

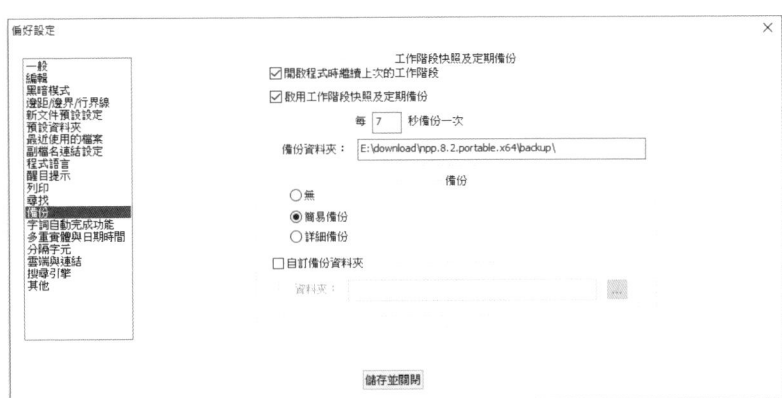

　　如果有開啟定期備份功能，當來不及存檔時，就可以從備份資料夾找到最近一次備份的文件。

內嵌 YouTube 影音

YouTube 是源自美國的影片分享網站，讓使用者可以上傳、觀看、分享或評論影片。不少人會將自己拍攝或製作的影片上傳到 YouTube 與他人分享，任何人都可以在 YouTube 網站上觀看影片、上傳影片或留言。這裡介紹的是透過 iframe 標記來播放 YouTube 影片。其標記方式如下：

```
<iframe src="URL" width="N" height="N" frameborder="1"></iframe>
```

其中 src 屬性用來指定內嵌框架的網址，width 和 height 屬性則用來指定 iframe 框架在網頁所顯現的寬度與高度，一般都習慣以像素值來指定，但也可以使用百分比，如："70%"。而 frameborder 則是設定框架的邊框是否顯現。

了解以上的基本語法後，現在我們將示範如何在自己的網頁當中內嵌 YouTube 影片。

步驟 1

請在 <body> 和 </body> 標記中先加入如下 <iframe> 的基本語法，並指定內嵌框架所要顯示的比例大小。

```
<body>
<h1 style="background-color:#FF9E28;color:rgb(255,255,255)">影片欣賞</h1>
<iframe src="url" width="480" height="360" frameborder="1">
</iframe>
</body>
```

步驟 2

請先在 YouTube 網站找到找到您要使用的影片，並按「Ctrl」+「C」鍵複製網址。

複製影片網址

步驟 3

回到網頁檔，將標記中的「url」選取後，按「Ctrl」+「V」鍵使貼入影片網址。

```
<iframe src="https://www.youtube.com/watch?v=QDzLUqDdlds" width="480"
height="360" frameborder="1">
```

步驟 4

請將網址中的「watch?v=」選取後，變更為「embed/」，使觀看的影片變成內嵌方式。另外在網址最後加入「?autoplay=1」，這樣在開啟網頁時就會自動播放影片。完整語法如下：

```
<iframe src="https://www.youtube.com/embed/QDzLUqDdlds?autoplay=1"
width="480" height="360" frameborder="1">
```

變更完成後網頁上就可以正確顯示 YouTube 影片，各位可參閱範例檔「iframe. htm」，其顯示結果如下：

<iframe> 標記是屬於框架標記，除了將 YouTube 影片嵌入至框架中，也可以將網頁檔嵌入，不過在設定時必須使用 name 屬性來指定框架名稱，另外所連結的檔案，也必須使用 target 屬性來指定框架名稱。標記方式如下：

```
<iframe name="框架名稱" src="檔名.htm" width="n" height="n" >
```

```
<a href="檔名.htm" target="框架名稱">
```

D

常用的 HTML 標籤

網頁基本結構與宣告 HTML5 文件

標籤	主要功能說明
<!DOCTYPE html>	宣告 HTML5 文件
<html></html>	表示 HTML 文件的起始與結束
<head></head>	這是 HTML 的起頭符號，讓閱讀文件者了解此為程式的開頭
<title></title>	網頁的標題名稱，它會顯示在瀏覽器的標題列上
<body></body>	文件的主要內文部份。在 <body></body> 之間的 HTML 標記經瀏覽器解讀之後，會顯示在瀏覽器中，也就是瀏覽者所看到的畫面，此部份也是搜尋引擎最關心的地方
<meta>	<meta> 標記必須置放於 <head> 與 </head> 標記之間，標記有很多實用的功能，包括設定網頁編碼、重新整理網頁以及自動轉頁等等
<link>	HTML 文件中只要在 <head></head> 標題區內加入樣式表檔的連結路徑與檔名，即可連結至樣式表檔
<!-- 註解文字 -->	在編輯 HTML 文件時，如果文件較為複雜，可以使用註解來提示自己，一方面易於日後對文件的修改，另一方面也能讓其他維護網頁的工作者了解該段程式碼的用途。註解的文字內容並不會在瀏覽器上顯示出來，純粹是用來輔助說明

標題與內文的編排

標籤	主要功能說明
<h1>-<h6>	標題字，從最大的 <h1> 到最小的 <h6> 共有六種選擇性。加入此標記後，可以讓標題凸顯出來
<p></p>	<p> 標記用來定義段落，以 <p> 為開始標記，以 </p> 為結束標記
 	 標記則是定義為換行，沒有結束標記。這兩個標記的差別在於，<p> 標記除了換行之外，還會增加一個空白列，就如同 Word 軟體中的「Shift」+「Enter」鍵是換行，而「Enter」鍵是換段落一樣

標籤	主要功能說明
<img>	利用 <img> 標記定義圖像，即可在網頁上順利顯現圖片
<a>	不管是文字或圖片都可以加入超連結，使它連結到指定的地址。標記中的 <a> 用來定義鏈結，而 href 屬性用來定義鏈接的地址
<hr>	水平分隔線的作用是製造一個分隔的空間，使文件清楚明瞭，易於區分出主題或區塊
<pre>	定義預格式化文字，如果你希望在 HTML 看到的畫面，和你在一般文字檔中所加入的文字間隔、空白、跳行完全相同，不會做任何的更動，那麼 <pre> 標記可以達到你的要求
<ol><li>	編號清單又稱為「有序清單」（Ordered List），當您想要以順序的條列方式顯示資料時，那麼就要使用編號清單。其特徵是在列表時會以數字編號顯示在前端且數字會自動遞增
<ul><li>	符號清單又稱為「無序清單」（Unordered List），它的特點是文字之前會以實心圓形的符號放置在分項的最前端，以達到醒目的效果。標記時必須先在條列選項的前面加上開始標記 <ul>，而結尾處加上 </ul> 結尾標記。而條列選項則以 <li> 和 </li> 標記在開始與結尾處
<strong>	定義重要的文字，通常以粗體表示
<blockquote>	<blockquote> 標記是用來表示引用文字，會將標記內的文字換行並縮排
<small>	定義更小的文字
<audio></audio>	在 HTML5 裡是使用 <audio></audio> 標記來加入音樂，<audio> 標記只支援 mp3、wav 及 ogg 三種音樂格式
<video></video>	網頁中要加入視訊影片是使用 <video></video> 標記，使用方法大致和 <audio> 標記相同，而 <video> 標記支援的視訊格式有 ogg（Theora 編碼）、mp4 及 Web（VP8 編碼）三種，另外 width 和 height 用來指定視訊影片的寬度與高度
<script>	在 HTML 語法加上 JavaScript 語法，框起處使用 JavaScript 語法

標籤	主要功能說明
\<font>\</font>	定義文字的字型、顏色及尺寸，HTML5 不支援，用 CSS 代替
\\	將文字設為粗體字
\<i>\</i>	將文字設為斜體字
\<u>\</u>	將文字加上底線
\[\]	文字以上標字顯現
_\	文字以下標字顯現

表格

標籤	主要功能說明
\<table>\</table>	用來宣告表格的開始與結束，並負責整個表格的屬性，此外可加入 border 屬性來指定是否顯示表格框線
\<tr>\</tr>	此標記放置在 \<table> 與 \</table> 中，用來宣告每一橫列的開始與結束
\<td>\</td>	標記放置在 \<tr> 與 \</tr> 中，用以宣告表格資料的開始與結束
\<caption>\</caption>	為表格加入標題文字，可透過 \<caption> 和 \</caption> 標記來設定，要注意的是，此標籤只能放在 \<table> 標記之後，預設情況下會以置中方式呈現
\<th>	表格的標題列也可以定義，只要在 \<tr>\</tr> 標記之間加入 \<th> 和 \</th> 標記即可，該列的文字就會以粗體和置中方式顯示。若要設定標題列對齊的方式，則必須使用 CSS 做設定

表單元素

標籤	主要功能說明
<form></form>	建立表單，<form> 標記就像是個容器，裡面可以放置各種的表單件
<input type="text">	文字方塊是以 type="text" 來表示，其特徵是呈現單行的文字區塊供用戶輸入文字
<input type="password">	密碼欄位是以 type="password" 來表示，其特徵是一長方形的區塊供用戶輸入文字，但是輸入的文字會以圓點顯示，保護所輸入的資料不被他人看見
<input type="radio">	使用 type="radio" 來表示，它會產生單一選擇的圓鈕讓使用者點選，像是性別、科系、地點…等皆可使用
<input type="checkbox">	複選是使用 type="checkbox" 來表示，通常用於多重選擇的場合，例如：興趣、愛好等選項，這種表單的外觀會顯示一個小方框
<input type="submit"> <input type="reset"> <input type="button">	按鈕元件有三種，一種是表單填寫完成之後，按下「送出按鈕」（Submit）將表單送出；一種是提供使用者清除表單內容的「重寫按鈕」（Reset）；還有一種是「一般按鈕」（Button），這種按鈕本身並無任何作用，通常會搭配 Script 語法來達到想要的效果
<select>/<select>	<select> 和 </select> 標記用來建立下拉式的清單，裡面的選項內容則以 <option> 做標記
< fieldset></ fieldset> <legend></legend>	如果表單內容很多很長，最好將表單內容分門別類，這樣能讓用戶一目了然。表單分組的標記是 <fieldset> 和 </fieldset>。另外如果希望設定分組標題，可以使用 <legend></legend> 標記
<textarea></textarea>	文字區域欄位可建立多行的文字輸入區域，標記方式是使用 <textarea> 和 </textarea>
<label>	<label> 用來給表單的控制元件一個說明標題，可以搭配 <label> 的像是 input, textarea, select, button 這些表單元素

區塊元素與語意標籤

標籤	主要功能說明
`<div>`	`<div>` 標記是圍堵標記，結束必須有 `</div>` 標記，它屬於獨立的區塊標記（Block-level），也就是説它不會與其他元件同時顯示在同一行，`</div>` 標記之後會自動換行。`<div>` 標記的功能有點類似群組，只要放在 `<div></div>` 標記裡的元件，都會視為單一物件
`<span>`	`<span>` 標記與 `<div>` 標記有點類似，差別在於 `</div>` 標記之後會換行，而 `<span>` 是屬於行內標記（Inline-level），可與其他元件顯示於同一行
`<header>`	位在網頁頂端，用來顯示網站名稱、主題或是主要資訊，首頁動畫通常都會放置在此處
`<nav>`	定義導覽與連結的選單，方便瀏覽者瀏覽整個網站內容，或用來連結到其他主題
`<main>`	網頁的主要內容
`<article>`	用來定義主內容區，文件的主要內容很多時，可透過 `<article>` 來做區分
`<section>`	設定專題的章節或段落
`<aside>`	放置於網頁的左右兩側，用以顯示主內容以外的相關訊息
`<footer>`	位在網頁底端，用來放置版權宣告、作者、公司聯絡等相關資訊
`<time>`	顯示日期時間
`<mark>`	`<mark>` 標記用於強調一小塊內容

E

APPENDIX

常用的 CSS 屬性

　　本附錄以分門別類表格的方式整理書中所介紹的較常見的 CSS 屬性，在表格中包括了三欄，分別是 CSS 屬性名稱、屬性功能及允許設定的屬性值。

</> 文字效果及段落屬性

CSS 屬性名稱	屬性功能	允許設定的屬性值
font	一次設定所有與文字相關的屬性，像是字體大小、字體粗細、顏色、字型	可以設定包括 font-style、font-family、font-size、font-weight、line-weight、font-variant 等值
color	設定顏色	通常以 16 進位碼顯示，也可以使用 RGB 碼或用顏色名稱
font-family	字型名稱	可以同時指定多種字型，中間以逗號（,）分隔，瀏覽器會依照排列順序找到符合的字型。字型名稱最好以雙引號（"）括起來
font-size	字型大小	用來指定字體大小，可用數值 + 百分比（%），或是數值 +px、mm、pt、em 等單位
font-style	文字樣式	文字樣式設定值有三種，分別是 normal（正常字）、italic（斜體字）及 oblique（斜體字），italic 與 oblique 效果是相同的
font-weight	字體粗細	字體粗細設定值可以輸入 100~900 之間的數值，數值越大，字體越粗，也可以輸入 normal（普通）、bold（粗體）、bolder（超粗體）、以及 lighter（細體）
line-weight	設定行高	也就是上一行與下一行間的距離。單位可以是 px、pt、百分比（%）或 normal（自動調整）。例如： `h1 { line-height:140%;}`
text-align	對齊方式	設定文字水平對齊的方式，可使用 left（靠左）、center（置中）、right（靠右）與 justify（左右對齊）四種

CSS 屬性名稱	屬性功能	允許設定的屬性值
text-decoration	用來設計網頁文字的修飾線條	text-decoration: blink text-decoration: line-through text-decoration: none text-decoration: overline text-decoration: underline
letter-spacing	設定字元與字元之間的距離	設定字元與字元之間的距離，讓字距變寬鬆或緊密，可輸入負值，字元間距就會變緊密 `h1 { letter-spacing:5px;}`
font-variant	設定文字是不是要以小型大寫（Small Caps）字體顯現，在小型大寫字體中，所有的字母都是大寫，但是會比一般大寫小一點	可以設定的值為 small-caps 和 normal
direction	用來設定文字的方向	可能的值為 'ltr' 及 'rtl'
text-indent	首行縮排距離	設定首行縮排的距離，也就是每一段的首行前方要留多少空間，設定方式可用數值 + 百分比（%），或是數值 + 單位。例如： `h1 { text-indent:20px;}`
text-transform	控制文章中的文字字母大小寫	• text-transform:uppercase;- 　定義所有字母均為大寫 • text-transform:lowercase; 　定義所有字母均為小寫 • text-transform:capitalize; 　定義單字的第一個字母大寫，其他字母小寫
vertical-align	對齊方式	設定文字垂直對齊的方式，設定值可為 baseline（一般位置）、top（對齊頂端）、middle（垂直置中）、bottom（對齊底部）、super（上標）、sub（下標）等方式。例如： `h1 { vertical-align:middle;}`

CSS 屬性名稱	屬性功能	允許設定的屬性值
text-shadow:h-shadow v-shadow blur color	設定陰影的樣式	這是設定陰影的樣式，依序為：水平方向的陰影大小、垂直方向的陰影大小、模糊淡化程度、以及陰影的顏色。例如： `text-shadow: 5px 5px 10px #7F7F7F;`

🖥 網頁背景

CSS 屬性名稱	屬性功能	允許設定的屬性值
background	一次設定所有與背景相關的屬性	background 是比較特別的屬性，它可以一次設定好所有的背景屬性，各個屬性值沒有前後順序，只要以空格分開即可

background-color	設定背景顏色	控制網頁背景色，顏色值可為 16 進位碼顯示、RGB 碼。其基本語法如下：
		
		`background-color:顏色值`
		
		使用範例：
		
		`body {background-color:#E9F47B;}`

background-image	設定網頁背景圖案	用的圖片格式為 jpg、png、gif 三種。其基本語法為：
		
		`background-image:url（圖檔路徑與名稱）`
		
		使用範例：
		
		`body {background-image:url(images/bg5.jpg);}`

background-attachment	背景圖案是否隨網頁捲軸捲動	background-attachment 的設定值有兩種： 1. fixed：當網頁捲動時，背景圖案固定不動 2. scroll：當網頁捲動時，背景圖案會隨捲軸捲動，這是預設值
background-position	背景圖案位置	1. background-position 的設定值必須有兩個值，分別是 x 值與 y 值，x 與 y 值可以是座標數值，或是直接輸入位置，如下所示： `background-position：20px 50px`

CSS 屬性名稱	屬性功能	允許設定的屬性值
		2. 如果不想計算座標值，可以直接輸入水平方向與垂直方向的位置即可，水平有 left（左）、center（中）、right（右），垂直有 top（上）、center（中）、bottom（下），例如： `background-position:center center`
background-repeat	是否重複顯示背景圖案	background-repeat 的設定值共有四種：「repeat」是重複並排顯示，為預設值，「repeat-x」是水平方向重複顯示，「repeat-y」是垂直方向重複顯示，「no-repeat」則為不重複顯示
background-size	設定背景尺寸	length（長寬） percentage（百分比） cover（縮放至最小邊能符合元件） contain（縮放至元素完全符合元件）
background-origin	設定背景原點	padding-box border-box content-box
linear-gradient	線性漸層	`linear-gradient（漸層方向, 色彩1, 位置1, 色彩2,位置2....）` 線性漸層的方向，只要設定起點即可，例如 top 表示由上至下，left 表示由左至右，top left 代表由左上到右下，也可以用角度來表示，例如 45 度表示左下到右上，-45 度表示左上到右下

寬度與高度

CSS 屬性名稱	屬性功能	允許設定的屬性值
width	指定元件的寬度值	單位可為 px 或 pt。例如： `div{ width:300px;height:225pt;}`
height	指定元件的高度值	單位可為 px 或 pt。例如： `div{ width:300px;height:225pt;}`

📺 邊界設定與留白

CSS 屬性名稱	屬性功能	允許設定的屬性值
margin margin-top margin-bottom margin-left margin-right	可分別設定上下左右四邊 設定上邊界 設定下邊界 設定左邊界 設定右邊界	可以一次設定好邊界的屬性值，其邊界值的排列順序與語法如下，而中間以空白分隔即可。 margin: 上邊界值 右邊界值 下邊界值 左邊界值 例如：margin:30px 100px 50px 50px 設定值可為長度單位（px、pt）、百分比（%）、或 auto，auto 為預設值
padding padding-bottom padding-left padding-right padding-top	邊界留白設定	邊界留白 padding 是指邊框內側與文字／圖片邊緣的距離，通常可以設定上下左右四邊的屬性，例如：padding-top（上邊界留白距離），或是一次指定好邊界留白的數值。其設定值可為長度單位（px、pt）、百分比（%）、或是 auto。如果要一次設定好邊界留白距離的屬性設定順序如下： padding: 上邊界留白 右邊界留白 下邊界留白 左邊界留白

📺 邊框設定

CSS 屬性名稱	屬性功能	允許設定的屬性值
border	統一設定框線顏色、樣式及粗細	一次設定邊框的屬性包括：border-color、border-image、border-style、border-width 等
border-color	設定邊框顏色	可用 16 進位碼、RGB 碼或用顏色名稱
border-image	設定圖像邊框	圖像邊框的語法表示方式如下： border-image:source slice width repeat
border-style	設定邊框的樣式	目前提供 8 種設定值，包括 solid（實線）、dashed（虛線）、dotted（點線）、double（雙實線）、ridge（3D 凸線）、groove（3D 凹線）、inset（3D 嵌入線）、outset（3D 浮凸線）。如要設定上下左右的邊框樣式，可設定為「border-top-style」，依此類推

CSS 屬性名稱	屬性功能	允許設定的屬性值
border-width	設定邊框寬度	可以使用寬度數值 + 單位，或是使用 thin（薄）、thick（厚）、medium（中等）。通常設定邊框寬度前先要設定邊框樣式 border-style，否則邊框寬度無法顯現
border-radius	設定圓角邊框	可使用長度（px）或百分比。例如：border-radius:30px
border-bottom	一次設定下方邊框的顏色、樣式及粗細	一次設定下方邊框的屬性包括：border-color、border-image、border-style、border-width 等
border-bottom-color	設定下方邊框的顏色	可用 16 進位碼、RGB 碼或用顏色名稱
border-bottom-style	設定下方邊框的樣式	同 border-style 的 8 種設定值
border-bottom-width	設定下方邊框的粗細	可以使用寬度數值 + 單位，或是使用 thin（薄）、thick（厚）、medium（中等）
border-top	一次設定上方邊框的顏色、樣式及粗細	一次設定上方邊框的屬性包括：border-color、border-image、border-style、border-width 等
border-top-color	設定上方邊框的顏色	可用 16 進位碼、RGB 碼或用顏色名稱
border-top-style	設定上方邊框的樣式	同 border-style 的 8 種設定值
border-top-width	設定上方邊框的粗細	可以使用寬度數值 + 單位，或是使用 thin（薄）、thick（厚）、medium（中等）
border-left	一次設定左側邊框的顏色、樣式及粗細	一次設定左側邊框的屬性包括：border-color、border-image、border-style、border-width 等
border-left-color	設定左側邊框的顏色	可用 16 進位碼、RGB 碼或用顏色名稱
border-left-style	設定左側邊框的樣式	同 border-style 的 8 種設定值
border-left-width	設定左側邊框的粗細	可以使用寬度數值 + 單位，或是使用 thin（薄）、thick（厚）、medium（中等）
border-right	一次設定右側邊框的顏色、樣式及粗細	一次設定右側邊框的屬性包括：border-color、border-image、border-style、border-width 等
border-right-color	設定右側邊框的顏色	可用 16 進位碼、RGB 碼或用顏色名稱
border-right-style	設定右側邊框的樣式	同 border-style 的 8 種設定值
border-right-width	設定右側邊框的粗細	可以使用寬度數值 + 單位，或是使用 thin（薄）、thick（厚）、medium（中等）

清單項目

CSS 屬性名稱	屬性功能	允許設定的屬性值
list-style	一次設定所有與清單符號相關的屬性	只要在各個設定值之間以半形空格隔開即可。設定的語法如下： ```\nul {\n list-style: circle url(image/mypic.png) inside;\n}\n```
list-style-image	自訂清單符號圖示，這個屬性設定不能被應用在編號清單符號，它只能在條列式清單中指定一張圖片，來變換條列式清單的清單符號圖示外觀。	它的設定方式必須提供該圖像檔案的 URL。可支援的圖片檔案格式如：png
list-style-position	設定清單符號位置	可以設定的參數值為「outside」及「inside」分別用來指定清單符號顯示在外側及內側的位置
list-style-type	設定清單符號種類	• none　　• decimal • disc　　• decimal-leading-zero • circle　　• armenian • square　　• lower-greek • lower-alpha　　• lower-roman • upper-alpha　　• upper-roman

排版（**Flexbox**）

CSS 屬性名稱	屬性功能	允許設定的屬性值
display	使用 Flexbox 排列子元素，也就是說子項目的排列方式為左右水平的方式來進行版面配置	display:flex;

CSS 屬性名稱	屬性功能	允許設定的屬性值
flex-direction	設定子元素的排列方向	• row：預設值，功用是設定子項目由左往右排列 • row-reverse：功用是設定子項目由右往左排列 • column：功用是設定子項目由上向下排列 • column -reverse：功用是設定子項目由下向上排列
flex-wrap	設定子元素是否進行換行動作	• nowrap：預設值，功用是設定就是不換行 • wrap：功用是設定子項目 " 換行 " 的意思 • wrap-reverse：就是會換行，但換行後子項目的排列方式會改相反方向，即由下往上排列
justify-content	設定子元素的水平對齊方式	• flex-start：預設值，功用是設定子項目從前面開始排列並向左對齊 • flex-end：功用是設定子項目從後面開始排列並向右對齊 • center：置中對齊 • space-between：左右對齊，會將第一個元素及最後一個元素分別放在左右的兩端，其餘子項目再以等距的方式排列 • space-around：分前對齊，所有子項目的元素均以等距的方式排列
align-items	設定子元素垂直方向的對齊方式	• stretch：預設值，功用是設定拉伸，如果彈性項目沒有設定尺寸就會被 " 拉伸 "，但如果都有的話就不會被拉伸 • flex-start：功用是設定子項目從前面開始排列並向上對齊 • flex-end：功用是設定子項目從後面開始排列並向下對齊 • center：置中對齊 • baseline：基線對齊，第一行文字的最下方那條線會相互對齊

CSS 屬性名稱	屬性功能	允許設定的屬性值
align-content	設定子元素橫跨多行時的對齊方式	• stretch：預設值，功用是設定拉伸，會根據父元素的高度進行延伸填滿，即每行內容元素全部撐開至 flexbox 大小 • flex-start：功用是設定子項目從前面開始排列 • flex-end：功用是設定子項目從後面開始排列 • center：置中對齊，每行對齊交錯軸線中間 • space-between：上下對齊，會將第一個元素及最後一個元素分別放在上下的兩端，其餘子項目再以等距的方式排列 • space-around：分散對齊，所有子項目的元素均以等距的方式排列

</> 排版（**CSS 格線**）

CSS 屬性名稱	屬性功能	允許設定的屬性值
display	使用 CSS 格線排列子元素	grid
grid-template-columns	設定網格子項目的寬度	數值加上單位，可以使用的單位有「px」、「fr」、「rem」、「%」
grid-template-rows	設定網格子項目的高度	數值加上單位，可以使用的單位有「px」、「fr」、「rem」、「%」
grid-gap	設定網格子項目的格線間距的寬度	數值加上單位，可以使用的單位有「px」、「fr」、「rem」、「%」

</> 其他實用的 **CSS** 屬性

CSS 屬性名稱	屬性功能	允許設定的屬性值
position	設定元件位置的排列方式	• static（由上而下，由左至右） • relative（相對位置） • absolute（絕對位置） • fixed（固定位置）

CSS 屬性名稱	屬性功能	允許設定的屬性值
left	指定元件與左邊界的距離（X 座標）	距離數值，每一個方向（top, right, bottom, left）的位置值可以是長度、百分比、或是 auto
right	指定元件右邊界的距離（Y 座標）	距離數值，每一個方向（top, right, bottom, left）的位置值可以是長度、百分比、或是 auto
top	指定元件與上邊界的距離（X 座標）	距離數值，每一個方向（top, right, bottom, left）的位置值可以是長度、百分比、或是 auto
bottom	指定元件下邊界的距離（Y 座標）	距離數值，每一個方向（top, right, bottom, left）的位置值可以是長度、百分比、或是 auto
float	用來定義區塊的浮動，可以設定為靠左浮動或靠右浮動，常見用法像是文字繞圖片的特效或是 div 區塊排版上使用	CSS float 浮動方向可以用的值有 left（靠左浮動）、right（靠右浮動）、none（預設值，也就是不浮動）以及 inherit（繼承自父層的屬性），提醒一下最後的這個 inherit 盡量不要使用，避免 IE 不支援的情況發生
clear	清除 float 效果	可能的值有： • left：消除左邊的浮動 • right：消除右邊的浮動 • both：消除左右兩邊的浮動 • none：預設值，不消除任何一邊的浮動 • inherit：繼承浮動，IE 未支持此屬性值
z-index	設定元件的層次，我們可以將網頁想像成一個由水平 X 軸與垂直 Y 軸所構成的平面，而 z-index 就是指 Z 軸上的層次數值。z-index 是定位語法，必須與 position 屬性一起使用	z-index 的用途是當元件相互重疊時，可以指定元件之間的上下層次順序。z-index 數值越大，層次越高，也就是說 z-index 數值大的元件會排在數值小的元件上面
visibility	用於指定是否 render 由元素產生的 box，可用來顯示或隱藏 box	預設值為 visible，產生的 box 是可見的，而 hidden 產生的 box 是不可見的，這兩個值是較常設定

CSS 屬性名稱	屬性功能	允許設定的屬性值
clip	用於定義要顯示的絕對定位元素的指定區域，所有其他不是指定區域的範圍會被隱藏	• auto：預設值，不會有任何裁剪 • shape：用於裁剪指定形狀，例如 clip:rect（top, right, bottom, left）；用於定義可見部分 • initial：初始設置預設值，即不會有任何裁剪 • inherit：繼承從父元素接收屬性
cursor	可以改變滑鼠游標的形狀	常見的設定值有： • cursor: auto;　　• cursor: nw-resize; • cursor: crosshair;　• cursor: pointer; • cursor: default;　　• cursor: progress; • cursor: e-resize;　• cursor: s-resize; • cursor: help;　　• cursor: text; • cursor: move;　　• cursor: w-resize; • cursor: n-resize;　• cursor: wait; • cursor: ne-resize;　• cursor: inherit;
filter	也就是 CSS 的濾鏡效果，它可以對 web 中所元設定光暈濾鏡	10 種濾鏡效果： • brightness 亮度　• invert 負片 • contrast 對比　　• hue-rotate 色相旋轉 • saturate 飽和　　• blur 模糊 • grayscale 灰階　• opacity 透明度 • sepia 懷舊　　• drop-shadow 陰影
overflow	當元件內容超過元件的長度與寬度時，可以設定內容的呈現方式	設定值有以下四種： • visible：不管元件長寬，內容完全呈現 • hidden：超出長寬的內容就不顯示 • scroll：無論內容會不會超出長寬，都加入捲軸 • auto：依狀況決定是否顯示捲軸

CSS 屬性名稱	屬性功能	允許設定的屬性值
page-break-after	設置元素後的 page-breaking 行為	<ul><li>auto 預設值：如果必要則在元素後插入分頁符</li><li>always：在元素後插入分頁符</li><li>avoid：避免在元素後插入分頁符</li><li>left：在元素之後足夠的分頁符，一直到一張空白的左頁為止</li><li>right：在元素之後足夠的分頁符，一直到一張空白的右頁為止</li><li>inherit：規定應該從父元素繼承 page-break-after 屬性的設置</li></ul>
page-break-before	設置元素前的 page-breaking 行為	<ul><li>auto 預設值：如果必要則在元素前插入分頁符</li><li>always：在元素前插入分頁符</li><li>avoid：避免在元素前插入分頁符</li><li>left：在元素之前足夠的分頁符，一直到一張空白的左頁為止</li><li>right：在元素之前足夠的分頁符，一直到一張空白的右頁為止</li><li>inherit：規定應該從父元素繼承 page-break-before 屬性的設置</li></ul>

NOTE

博碩文化

博碩文化